中国审美文化史

秦汉魏晋南北朝卷

陈炎 主编

仪平策 著

第三版

图书在版编目（CIP）数据

中国审美文化史. 秦汉魏晋南北朝卷 / 仪平策著. —— 上海：上海古籍出版社，2013.7

ISBN 978-7-5325-6951-9

Ⅰ.①中… Ⅱ.①仪… Ⅲ.①审美文化—美学史—中国—秦汉时代②审美文化—美学史—中国—魏晋南北朝时代 Ⅳ.①B83-092

中国版本图书馆CIP数据核字（2013）第172381号

陈 炎 主编

中国审美文化史·秦汉魏晋南北朝卷

仪平策 著

上海世纪出版股份有限公司　出版发行
上海古籍出版社
（上海瑞金二路272号邮政编码200020）
（1）网址：www.guji.com.cn
（2）E-mail:guji@guji.com.cn
（3）易文网网址：www.ewen.cc

发行经销　新华书店上海发行所
制版印刷　上海丽佳制版印刷有限公司
开　本　787×1092　1/16
印　张　17 12/16
插　页　1 10/16
字　数　355,000
印　数　1—2,100
版　次　2013年7月第1版
　　　　2013年7月第1次印刷
ISBN　978-7-5325-6951-9/B·830
定　价　77.00元

目 录

一、秦汉之际的"大美"气象

中华民族走向政治、经济、文化"大一统"的历史，是从秦汉时代开始的。"大一统"是这一时代的命脉和灵魂。它带给这一时代以前所未有的生机、活力、幻想和激情，它给这一时代确立了文化规则和权威，它也让中国从此围绕着"大一统"主题而书写着一代代的风云和史诗。所以，这是一个承前启后、继往开来的时代。中国因秦汉时代而为世界所瞩目，世界也从秦汉时代而为中国所认知。

说到秦汉审美文化，人们差不多都会想起这样一些举世闻名的煌然"景观"：秦兵马俑，秦汉建筑，汉乐舞，汉大赋，霍去病墓前巨石群雕，"马踏飞燕"青铜造像，汉画像石、画像砖，秦小篆和汉隶书……这一切，均赋予秦汉时代审美文化以鲜明的历史个性和特征。

用理性的、宏观的眼光来审视整个中国审美文化，就会发现，如果将先秦时代视为审美文化发展的"自发"阶段（以"艺术"尚未同"非艺术"分别开来为标识），而将魏晋以降视为其发展的"自觉"阶段（以"艺术"开始走向独立为标志）的话，那么，秦汉时代恰好可以看作中国审美文化由"自发"向"自觉"过渡转化的一条历史长廊。这条历史长廊的基本"画面"可描述为：由偏于外向、体物、象形、叙事、伦理、功用、壮丽……向偏于内敛、抒情、写神、表意、心理、形式、优美……逐步过渡和转化。或许，在不同审美文化现象之间，这种过渡转化的形态不是平行的、均衡的，而是迂回曲折、复杂多样的，但这并不改变其总体上普遍共有的"过渡"性质和趋势。因此，这个"过渡性"，应是我们对秦汉审美文化所作的总体判断和表述。

同时，在普遍的审美文化形态上，秦汉时代最突出的特征是，它表现出一种"大美"气象。"大美"者，高大、宏大、博大、壮大之美也；而所谓"气象"，从直观上说，它指某种景象、情状、态势；从神韵方面论，它则指的是某种气势、气魄和气概。

　　秦汉之际的"大美"气象的具体涵义，可从两个层面来理解，一是从直接的表象层面上说，它主要表现为审美文化活动或"作品"的场面之大、规模之巨、力度之强、数量之众、造像之高、形势之伟、地域之阔、物色之繁，以及节奏之铿锵、动作之奔放、色彩之强烈、音声之亢扬、语辞之华丽、描述之铺张、气魄之恢弘、情势之雄壮等等，均达到无所不用其极的程度。无疑，这是一种外在的、感性的、直观的"大美"。二是从间接的历史文化意蕴上说，那种表象层面上的外在感性之"大美"，并不是纯自然形态的；它们作为当时人们审美活动的一种"对象"和"作品"，又内在地凝结着秦汉时代特有的审美文化理想，彰显着那个时代人们特有的宇宙观念、主体意识、生命冲动和创造激情，昭示着当时人们渴望向外开拓、探问进取、占有万物、征服世界的伟大信念和高远情怀。于是，这内在的、间接的历史文化意蕴凝结、显现在外在的、直接的感性表象形态上，便构成了"大美"气象。

1 "乐舞寖盛"：
审美活剧在荆歌楚舞中拉开帷幕

　　荆歌楚舞是秦汉之际审美文化的典范形式之一。

　　项羽和刘邦是秦汉之际荆歌楚舞发展中最早见于记载的"表演"者，是需要最先提到的两个有意味的文化符号。

　　公元前202年，项羽被刘邦的各路大军围困于垓下。在兵少粮尽、大势已去的绝境中，项羽对着他的虞美人慷慨悲歌，唱道：

　　　　力拔山兮气盖世，时不利兮骓不逝。骓不逝兮可奈何，虞兮虞兮奈若何！

曾经叱咤风云、不可一世的项羽，如今已是英雄末路，四面楚歌。面对连他心爱的虞妃都保不住的悲剧命运，项羽只能徒唤奈何！这曲《垓下歌》，真切地抒发了其内在的深切悲哀和痛苦。

　　公元前195年，汉高祖刘邦平定了淮南王黥布的叛乱后返回京都，路过故乡沛（今江苏沛县）时，在沛宫召请故人父老诸母子弟一起饮宴庆贺。当酒喝到兴头时，刘邦离席，击筑起舞。他一边跳舞，一边高歌他自作的《大风歌》，并令在场的儿童们都跟着唱：

　　　　大风起兮云飞扬，威加海内兮归故乡，安得猛士兮守四方？

一统天下的胜利感，荣归故里的自豪感，安邦定国的紧迫感，求贤若渴的焦虑感等等，这一切郁积心中的复杂情感，皆在铿锵有力的高歌狂舞中宣泄出来，使在场者无不动容，连刘邦本人也在慷慨抒怀的激动中难以自抑，潸然泪下。

　　刘邦死后，汉惠帝将沛宫辟为高祖庙，《大风歌》成了祭祀高祖刘邦的"雅"乐舞，而当年跟刘邦一起演唱《大风歌》的120名儿童也被召来，专门从事这一"雅"乐舞的演唱。若有空缺，随时补足。此后遂成高祖祭祀之定制。

《史记》中的这两段记载，对我们今天的阅读而言意味着什么？它似乎是那一时代审美文化活剧的一次彩排，一种预演，一场序幕。这种亦歌亦舞的形式，娱人耳目，荡人心魄。它创造了秦汉之际一种特有的抒情表意形式，传达着这一时代雄健奔放的人格气概和真率自然的人性风采，显露着秦汉风尚的独有状貌和楚荆习俗的特殊魅力，表征着南风北渐的文化新变和以俗为雅的艺术新声。总而言之，它意味着，一场恢弘浩大的审美文化历史活剧已在荆歌楚舞中拉开了帷幕。

《乐府诗集》卷五十二云："自汉以后，乐舞寖盛"，此话极是。当然这并不是说，汉以前没有乐舞。只是随着秦汉之际楚人的大举北上，"大一统"的汉代帝国确实迎来了一个以"楚声"、"楚舞"为代表的乐舞文化新时代。这是一个在中国审美文化史上少见的充满活力和激情的，甚至还带点蛮野味道的乐舞时代。那么，为什么会形成这样一个空前繁盛的乐舞时代呢？

文化大交融的时代

汉乐舞的空前繁盛，在根本上得益于由当时社会的空前"大一统"所带来的多种文化，特别是南北文化的大交融。

秦汉建立了多民族的大一统国家，客观上为中国文化的发展提供了一种新的态势和可能，即它一改先秦时代以纵向承继为主的文化演进方式，而变为以横向拓展、交流与融合为特色的文化发展模式。秦汉之际，特别是汉代堪称这种文化发展模式的典范。这是中国历史上一个规模最大、持续时间最长、对后世影响最为深远的文化大交流、大融汇的时代。

这种文化的大交融展现在多个方面和层次，主要有汉文化与周边各少数民族文化之间、汉文化与域外各国文化之间等等的相互交融。这一点特别体现在乐舞文化上。如汉代宫廷经常演奏的"四夷之乐"就来自周边少数民族，其中尤以"北狄乐"最有名。"北狄乐"即流行于北方（主要是当今陕西、甘肃、内蒙一带）匈奴、鲜卑、吐谷浑等游牧民族的一种音乐形式。这些民族常常骑在马上，吹奏着笳、角之类乐器，并以铙、鼓、排箫等伴奏歌唱（时称"铙歌"）。其声浑厚悠远，苍凉悲壮，在广袤无际的塞北大地上久久回荡。北狄乐传入中原后，又与汉乐及其他民族音乐结合起来，便形成了风行汉代、风格多样的"鼓吹乐"。我们从大量的汉画像石、画像砖上，即可窥见汉人演奏"鼓吹乐"的一些具体情景（图1-1）。

图1-1 马上鼓吹（四川新都汉画像石）

同时，汉代流行的这种"鼓吹乐"，也不仅是汉乐与北狄乐的结合，同时也有其他外域音乐的影响在内。所谓"鼓吹"，包含"鼓舞歌吹"之义。这样"鼓吹乐"就不仅是音乐，同时还是舞蹈。再进一步说，它既含有"胡乐"，也含有"胡舞"。晋人崔豹《古今注》载："《横吹》，胡乐也。张博望入西域，传其法于西京，唯得摩诃、兜勒二曲。李延年因胡曲更造新声二十八解。"（卷中·音乐第三）李延年用"胡乐"创作出的二十八解"新声"，深得汉武帝喜爱，并流传至魏晋时代。

在汉代审美文化的大交融中，大概最重要、最深刻的莫过于南、北之间的大交融了。秦汉之际，发生了陈胜称王、项羽北进、刘邦灭秦称帝这样一些重大历史事件。在这些事件所带来的磅礴惨烈的社会变动中，以楚人为主体的南方军民大量入主黄河流域，成为北方乃至全国实际上的政治统治阶层（不仅刘姓皇族，连汉初大臣也大都为南方人）；与此相关，以荆楚为代表的南方文化也潮水般涌入河朔大地，同原本在格调、情趣、风尚、形式诸方面皆有差异的北方文化直接碰撞、交织、混融、调和在一起。这可以说是中国历史上南北文化之间第一次全面的交流与融合。很显然，这次南北文化的交流与融合，对于汉代审美文化，尤其是乐舞文化的发展而言，具有重大的意义。

从相对的意义上说，中国文化大体以秦岭——淮河为界分为南、北两域。当然，南、北方各自也并非铁板一块，也是有许多文化类别的。如南方文化又分为荆楚文化、巴蜀文化、吴越文化、闽粤文化等等，但同北方文化比起来，这些文化类型又有某种共通性、相似性，从而形成南方文化这一大类别。北方文化也如此。从局部看，北方也有齐鲁文化、中原文化、三秦文化、燕赵文化等等分别，但相对于南方文化而言，这些局部文化又有某种相近之处，因而构成北方文化这一大的范畴。

南、北文化之间的差别，其实很难用准确的概念表述出来。因为不仅这种差别是模糊的，没有明确界限的，而且这种差别也是历史的，动态的，不断变化的。但话又说回来，这种差别又确实是存在的。南、北文化的差异，实际上已在历史的演化过程中积淀为一些类型化的经验表象模式。

大致说来，秦汉时代，北方文化呈现出的基本特点（类型）是，倡功名，重教化，主伦理，尚世俗，等等，折射在文化形态上，则主要表现为质朴严谨、凝重浑厚之特色。又由于北方的燕赵文化、三秦文化等与塞外游牧民族文化相邻互通，故北方文化在质朴严谨、凝重浑厚之中，又有着粗犷豪放、雄大宏远之风采。而此时的南方文化，则明显以荆楚文化为主体，其他如巴蜀、吴越、岭南等文化类型则居其次。这就使得汉代南方文化有了不同于别的时代，比如不同于六朝时代南方文化的个性特征。作为南方文化之主体的荆楚文化有三大特点：一是较少礼教法制的濡染，显出鲜明的蛮野剽悍、狂放不拘、酣畅自由之情采。司马迁说："夫荆楚僄勇轻悍，好作乱，乃自古记之矣。"（《史记·淮南衡山列传》）二是"信鬼神，重淫祀"，巫风盛行，故表现出浓厚的奇幻色彩和神秘意味。三是由于和吴越文化相毗近，因而其狂放自由的"前文化"形态同吴越间"阴柔"型文化风尚糅合起来，就使荆楚文化在蛮野剽悍之外，又具有了舒展流畅的优美格调。比如汉代盛行的"楚舞"中最常见的"长袖飘舞"动作（图1-2），就既有狂放飞扬、健朗奋发的时代色彩，又有些许婉转轻盈、婀娜多姿的优美韵味。

那么当时北方文化与南方文化之间是一种什么样的关系格局呢？常见的说法是，汉乐舞即为"楚声"、"楚舞"。此说值得商榷。实际上，汉乐舞不独"楚声"、"楚舞"一脉，而应当说是南音北调的齐唱共舞。北方乐舞仍是汉代乐舞的重要组成部分。如《汉书·杨敞传》载杨敞之子杨恽在

图1-2 长袖舞（河南南阳汉画像石）

《报会宗书》中说：

> 家本秦也，能为秦声。妇，赵女也，雅善鼓瑟。

这里提到的"秦声"、"赵妇"，即可约略看出"北调"亦盛行于汉的某些真实情景。这说明，汉乐舞并非"楚声"、"楚舞"的一统天下。

但"楚声"、"楚舞"又确为汉乐舞的一大主干。特别在刘邦等帝王皇族的大力推动下，南方乐舞更是身价倍增，一跃而为宫廷乐舞（图1-3），进而风靡京都，流行全国。鲁迅认为：

> 楚汉之际，诗教已熄，民间多乐楚声，刘邦以一亭长登帝位，其风遂亦被宫掖。盖秦灭六国，四方怨恨，而楚尤发愤，誓虽三户必亡秦，于是江湖激昂之士，遂以楚声为尚（《汉文学史纲要·汉宫之楚声》）。

也就是说，汉代大兴楚声，其因有二：一是秦汉之际民间多喜欢楚声，后终因刘邦称帝而广被宫掖。二是在秦汉之际，楚声代表的是一种亡秦意识和反抗精神，所以"楚声"的极盛于汉是很自然的。

总之，在秦汉之际"大一统"的社会政治格局中所出现的南、北文化大交融，是汉乐舞走向鼎盛的主要原因。这种交融给乐舞艺术本身带来的深刻变化，一是"南音"的蛮野狂放、舒展自由与"北调"的质朴凝重、粗犷豪放相互融合，形成了汉乐舞特有的阳刚之气和飞扬之美；二是这种以"俗"（民间化）为主的乐舞形式对传统的"雅"乐舞造成了猛烈而深刻的冲击，从而影响了古代乐舞文化的发展方向，其意义可以说至为深远。

歌舞伎乐：汉代一大审美景观

可以这样说，恐怕没有哪个时代会像汉代那样，勿论尊卑上下，不管四夷八方，几乎都在歌舞伎乐面前表现得如痴如醉，趋之若鹜。大凡帝王将相、诸侯九卿、重臣大吏、文人学子、豪门大族、商贾巨富、妃姬妾婢、贩夫走卒……差不多都被裹挟进这一歌舞伎乐的时代风尚中。该时尚渗入到社会生活的方方面面，其流布之广，浸滋之深，形制之繁，势焰之烈，影响之巨，均可称得上前无古人，后无来者。可以说，歌舞伎乐已成为汉代一种全社会的生活方式和文化景观。

在热衷歌舞迷恋伎乐的人群中，我们不妨将视线聚焦于两类人，一类是帝王，一类是

"女伎"。通过对这两类人的描述,我们大致可以了解到汉代乐舞所达到的繁盛程度。

汉代皇帝对乐舞的痴迷,大约要以高祖刘邦为开其先者。他不仅在故乡众多父老乡亲、男女长幼面前,击筑高唱《大风歌》,留下千古佳话,而且他与他的爱姬戚夫人之间以乐舞相取悦的故事,也是历史上有名的趣闻。《西京杂记》载:

> 高帝戚夫人善鼓瑟击筑。帝常拥夫人,倚瑟而弦歌,毕,每泣下流涟。(卷一)
>
> (高帝)辄使夫人击筑,高祖歌《大风诗》以和之。又……尝以弦管歌舞相欢娱……十月十五日,(高祖与戚夫人)共入灵女庙,以豚黍乐神,吹笛击筑,歌《上灵》之曲。既而相与连臂,踏地为节,歌《赤凤凰来》(卷三)。

这些记载,向我们展现的是一幅幅美丽动人的以歌传情、以舞相娱的图画。《汉书·礼乐志》云:"高祖乐楚声",确非虚言。在这里,我们看到了一代枭雄刘邦性格中温情的一面。

汉武帝在歌舞方面也堪称行家里手,风流独绝。他在众多嫔妃姬女侍从中独喜善舞妙歌者,便是一证。比如皇后卫子夫,当初就是以善歌而获武帝宠幸的。卫子夫原是平阳侯邑的一名歌女。武帝路过平阳,主人让十余名美女侍候武帝,见武帝并不开心,于是,"既饮,讴者进,帝独悦子夫"(《汉书·外戚传》)。什么是讴者?颜师古注曰:"齐歌曰讴。"可见卫子夫能在众多歌女中一枝独秀,不单纯是以色媚帝(因为汉武帝对美女皆"不悦"),更是以歌艺打动了武帝。当然,因善歌舞而被武帝宠幸的人不止卫子夫一个,有名有姓的女子还有李夫人、尹捷妤等,其中他与李夫人的关系尤为亲笃。《汉书·外戚传》中说:"孝武李夫人,本以倡进。"倡,即乐伎。那么,李夫人本为一名乐伎,怎么被武帝看上了呢?据载,李夫人的兄长李延年,有一天在陪侍武帝时,边舞边唱道:

> 北方有佳人,绝世而独立。一顾倾人城,再顾倾人国。宁不知倾城与倾国,佳人难再得。

汉武帝一听,喟然叹息道:"太好了!可世上哪有这样的佳人呢?"平阳公主就向武帝推荐了这位李夫人。武帝召来一看,李夫人果然"妙丽善舞",不由得一见钟情,宠爱有加。但李夫人年轻轻地就去世了,武帝对她一直无法忘怀。他让画师将李夫人的形象描画下来,挂在甘泉宫里,早晚观瞻。但还是不行,心里依然"思念李夫人不已"。于是有齐国方士少翁,自称能让李夫人的神灵重现。夜晚,这位方士"张灯烛,设帷帐,陈酒肉,而令上居他帐,遥望见好女如李夫人之貌,还幄坐而步"。但由于汉武帝"居他帐",无法近前看个明白,心里着急,就"愈益相思悲感,为作诗曰:'是邪,非邪?立而望之, 偏何姗姗其来迟？'令乐府诸音家弦歌之"。作诗为歌仍未尽意, 武帝又专门写了一篇《悼李夫人赋》, 以进一步表其恩宠不绝、思念不已的绵绵情怀（《汉书·外戚传》）。

汉武帝不仅喜爱歌舞, 而且在歌词创作方面也堪为大家。据史书载, 他曾作《瓠子之歌》、《芝房之歌》、《交门之歌》、《太一之歌》、《大宛之歌》等。逯钦立在所纂辑的《先秦汉魏晋南北朝诗》中, 收有汉武帝所作《瓠子歌》、《秋风辞》、《天马歌》、《李夫人歌》、《思奉车子侯歌》、《柏梁诗》等数首歌词, 其中《秋风辞》写得尤为沉郁悲慨, 缠绵动人。辞曰：

> 秋风起兮白云飞, 草木黄落兮雁南归。兰有秀兮菊有芳, 怀佳人兮不能忘。泛楼船兮济汾河, 横中流兮扬素波, 萧鼓鸣兮发棹歌。欢乐极兮哀情多, 少壮几时兮奈老何？

鲁迅对此歌词极是嘉赏, 称其"缠绵流丽, 虽词人不能过也"（《汉文学史纲要》）。

汉武帝在歌舞方面的另一大功劳便是设置了著名的"乐府"。作为官方的音乐机构, 乐府的主要职能就是采集民歌俚谣。其用途大致有三, 一为祭祀, 二为娱乐, 三为观风俗知民情。《汉书·艺文志》云：

> 自孝武立乐府而采歌谣, 于是有代赵之讴, 秦楚之风, 皆感于哀乐, 缘事而发, 亦可以观风俗, 知薄厚云。

这些感于哀乐、缘事而发的代、赵、秦、楚等地歌谣, 被宫廷乐师李延年等人配上音调, 即在祭祀、宴飨等活动中用以歌舞表演。《汉书·礼乐志》云："至武帝定郊祀之礼……乃立乐府, 采诗夜诵, 有赵、代、秦、楚之讴。以李延年为协律都尉, 多举司马相如等数十人造为诗赋, 略论律吕, 以合八音之调, 作十九章之歌。以正月上辛用事甘泉圜丘, 使童男女七十人俱歌, 昏祠至明。"从这里可以得知, 乐府"俗乐", 已开始参与祭祀等重大活动, 变成"雅乐"。正因如此, 汉武帝设置乐府, 就进一步推动了乐舞文化的大发展。

除高祖、武帝外, 其他汉代皇帝也大都算得上是歌舞"票友", 有的甚至还非常精于此道, 如景、宣、元、成诸帝即是。其中汉成帝对善舞的赵飞燕和善歌的赵合德姊妹二人的迷恋和专宠, 更是尽人皆知的故事。它至少告诉我们, 西汉皇帝们喜楚声、善歌舞已发展到何等程度。歌舞伎乐已不再仅仅是普通的伎艺活动, 它实际上成了汉代帝王们重要的生活方式, 并因他们位极至尊而使这一生活方式成为整个社会审美文化的主流价值取向。

皇帝们带动了整个汉代男权社会的乐舞文化需求, 与之相应, 汉代女性则大量地走向"乐伎"一途,以歌舞伎艺来争得自己生存发展的机遇。这一选择首先来自男权社会的强力压迫。秦始皇统一了中国,固然是一大进步,但他也同时将六国宫室的美人统统掠来为己所用,宫人女乐达万人以上。为造阿房宫,他还征用包括女乐在内的所谓"罪人"七十余万,"关中离宫三百所,关外四百所,皆有钟磬帷帐、妇女倡优……锦绣文彩,满府有余;妇女倡优,数巨万人;钟鼓之乐,流漫无穷"(《说苑》卷二十)。这可视为中国男权社会对女性群体的一次大掳掠、大剥夺、大奴役。

西汉的皇权统治虽较秦代稍温和,但女性整体上被掳掠被奴役的情势却有增无减。她们被大量地劫掠、购买、蓄养、禁闭在宫廷深宅里,供男权阶层享用。元帝时谏大夫贡禹曾奏书曰:"古者宫室有制,宫女不过九人。……(而)武帝时,又多取好女至数千人,以填后宫。……(而今)取女皆大过度,诸侯妻妾或至数百人,富豪吏民畜歌者至数十人。"(《汉书·贡禹传》)实际上,贡禹这里所透露出来的具体数字恐怕是已经打了折扣的。我们只能把这理解为女性、特别是女伎情况的一个侧面,一个缩影。

当然,女性群体走向"乐伎"一途,其原因也不完全来自男权社会的强力压迫,而是还有更为复杂的缘由。当秦汉之际的大批女性被男权社会掳为"女乐"、蓄为"舞伎",在整体上沦为低贱群体时,她们中的许多人却因此而受到命运之神的"眷顾",获得了跻身中、上层社会的机会。不但有大量女子因妙善琴瑟歌舞而为王侯将相、官宦世族、富豪吏民等纳为宠姬爱妾,地位由"贱"而"贵",而且其中一些女子还因此而大受皇帝青睐与宠幸,从此一步登"天",有的因此成为妃嫔,"贵倾后宫";有的则因此位尊皇后,"母仪天下"。比较著名的有,汉高祖爱姬戚夫人以"善为翘袖折腰之舞"(《西京杂记》)而专宠后宫,高祖侍从石奋之姊因能鼓瑟而被召为美人,位比三公,汉武帝时的卫子夫因善歌唱而被立为皇后,汉武帝爱姬、李延年之妹李夫人亦因"妙丽善舞"而红极掖庭,汉宣帝之母王翁须因歌舞得幸于武帝之孙(号称"史皇孙")而生宣帝,谥为悼后,而汉成帝对待赵飞燕姊妹俩的态度,就更是人所共知的了。

据说汉成帝有一次微服出宫,在阳阿公主家见到舞女赵飞燕,立刻为其轻盈高超的舞艺所倾倒,便马上召其入宫,封为婕妤,极尽宠幸。不久又将许皇后废掉,立赵飞燕为正宫。传说赵飞燕腰肢纤细,体态轻盈,"身轻若燕,能为掌上舞"。一次她在一个高台上表演歌舞《归风送远之曲》,成帝在一旁用文犀簪鼓击玉盆为她打着拍子。歌舞正酣,忽然一阵风吹来,飞燕随风扬袖飘舞,似欲乘风而去,吓得成帝急急喊人将她拉住。相传成帝还专门造了一个水晶盘,令宫人用手托盘,让飞燕在盘子上面跳舞。赵飞燕的妹妹赵合德,则擅长音乐,其歌声轻柔抒情,悦耳动听。她也被汉成帝召入宫中,封为昭仪。这可是当时除皇后外级别最高的嫔妃了。从此,这姊妹二人,一歌一舞,珠连璧合,把个汉成帝迷得神魂颠倒，无暇他顾了。

这种以歌舞伎艺而贵倾掖庭的情形，一直延续到东汉。如汉质帝之陈夫人，"少以声伎人孝王宫，得幸"，汉少帝之妻唐姬亦以歌舞见宠（《后汉书·皇后纪》）等等，皆属此类。大凡历朝各代，以声伎乐舞入宫的女子皆不鲜见，但因之专宠后宫、位极尊贵者，却大体以汉为最。这也说明了汉代乐舞文化的盛隆与发达。

毫无疑问，这种因妙善歌舞而一步登"天"的人生"神话"，对于女性群体来说，自然具有激励示范效应。于是，为了能得到填乎绮室、列乎深堂的人生机遇，一种习歌舞、善乐律、通伎艺的文化习尚便在大江南北的女性中盛行起来。于是便出现了诸如中山之地的"女子则鼓鸣瑟，跕屣，游媚贵富，入后宫，遍诸侯"（《史记·货殖列传》）的情景。《史记·货殖列传》还记述道：

> 今夫赵女郑姬，设形容，挟鸣琴，揄长袂，蹑利屣，目挑心招，出不远千里，不择老少者，奔富厚也。

这里写郑女赵姬抱着琴瑟，穿着舞鞋，不远千里、"目挑心招"地"奔富厚"的情景，与前述中山女子的"游媚贵富"之举，可谓同出一辙。实际上，不止郑、赵、中山之地的女子是这样，几乎全国各地的女子也都是如此。正如班固在《西都赋》中所说：

> 于是既庶且富，娱乐无疆。都人士女，殊异乎五方。游士拟于公侯，列肆侈于姬姜。

仅西京长安一带，就聚集着来自全国各地（"五方"）的女子，而从"娱乐无疆"一语看，这些女子肯定不少是从事歌舞伎乐的。由此，汉代乐舞的繁盛状况可见一斑。

总之，通过聚焦于皇帝与"女伎"这两类人，我们大体可以窥见，乐舞伎艺确实已成为汉人在典礼、祭祀、交际、生活等许多方面须臾难离的基本"节目"。由史书记载可知，歌舞伎乐已遍布于汉代社会生活方方面面，郊庙祭祀有"雅乐"，民间有鼓舞乐，天子进食有食举乐，欢宴群臣有黄门鼓吹乐，振旅献捷有军乐，出行卤簿有鼓吹乐，豪富吏民宴婚嘉合亦有乐，丧葬有挽歌，甚至到了"今俗因人之丧以求酒肉，幸与小坐而责辨，歌舞俳优，连笑伎戏"（桓宽《盐铁论·散不足》）的地步。这说明，歌舞伎乐是西汉社会一道最鲜亮的审美文化景观。

犷放雄健的壮美形态

从这种社会性、全民性的乐舞文化景观中，我们感受最强烈的是什么呢？简单说，就是一种"万舞奕奕,钟鼓喤喤"(张衡《东京赋》)的浩荡场景,以及从中显露出来的粗犷奔放、雄肆健朗的壮美文化形态。这是秦汉之际乐舞文化区别于其他时代乐舞的突出审美特点。

首先最强烈地震撼我们的,是该时代歌舞那种浑厚、苍凉、高亢、雄壮的"音响效应"。傅毅《舞赋》中有句曰:"动朱唇,纤清阳,亢音高歌为乐方",即指出了汉乐舞以高亢为主的审美特点。特别值

图1-4 建鼓舞(河南唐河汉画像石)

得一提的是鼓的作用。汉代主要的舞蹈大都以鼓为名,如著名的《鞞鼓舞》、《建鼓舞》(图1-4)、《盘鼓舞》、《磬鼓舞》等等,都是以鼓为主导乐器的。所以"鼓舞"堪称汉代乐舞的主要形式。除鼓之外,还有以铎、钟、磬、铃、钲等响器为道具的舞蹈,如《铎舞》、《磬舞》等。通常,这些响器主要跟鼓配合使用,从而构成了以打击乐为主要伴器的舞乐声响效果。可以想象,当这些鼓乐响起,诉诸人们听觉的,该是一种多么高亢激越、铿锵有力、节奏强烈、恢弘雄壮的大声响!打击乐一般具有强烈宏壮之效果,而鼓尤其如此,所以,以鼓为主,伴以铎、钟、磬、铃、钲等响器的舞乐大声响,再同苍凉浑厚、亢扬豪放的歌唱之声交汇一处,其振聋发聩、惊心动魄的雷霆般大气势,确实是够壮美的。对此,当时人多有记述。《汉书·礼乐志》中有"殷殷钟石羽籥鸣"之句,班固《东都赋》中有"钟鼓铿鍧,管弦烨煜"之辞,张衡《东京赋》中有"撞洪钟,伐灵鼓,旁震八鄙,軯礚隐訇,若疾霆转雷而激迅风也"之语,曹植《鞞舞歌·大魏篇》中有"乐人舞鞞鼓,百官雷抃赞若惊"之叹……从这些描述中,不难感受到西汉歌舞追求宏大之美、壮伟之势的那种场面与气魄。

其次,西汉歌舞的动作一如其声响,也一般显示出粗犷、劲健、迅急、有力的审美特征。在这方面,各种"鼓舞"为最典型。如《盘鼓舞》(图1-5),舞人不仅要踏鼓,还要踏盘,其动作就容不得迟缓拖沓,慵懒无力。它必须表现为旋转、跨越、奔跳、腾挪、蹬踏、跃动等一系列"刚性"姿态。汉代傅毅在《舞赋》中是这样描写《盘鼓舞》的:

> 其少进也,若翱若行,若竦若倾,兀动赴度,指顾应声。罗衣从风,长袖交横,骆驿飞散,飒擖合并。鶣鷅燕居,拉搰鹄惊,绰约闲靡,机迅体轻。……仿佛神动,回翔竦

图1-5 盘鼓舞（四川彭县画像石）

峙。击不致笑，蹈不顿趾，翼尔悠往，暗复辍已。及至回身还入，迫于急节。浮腾累跪，跗蹋摩跌。纤形赴远，漼似摧折。

这段文字描写了女舞人（即本赋开头所说"郑女"）独舞、群舞的情景。惟其为女舞人，所以句中免不了一些"柔性"描写，如"绰约闲靡"、"机迅体轻"之类，从中不难领略女舞人动作的轻柔舒缓、飘忽娇媚之态。但她们又毕竟是大汉时代的女舞人，因此她们的动作姿态更多的是柔中见刚，婉而有力。从傅毅的描写中可以看出，她们的举手投足，旋动跳跃，确实让人感受到一种强烈的出似疾风、跃比惊鸿、静若处子、动如脱兔的矫健之气和疾速之美。这是西汉审美文化特有的阳刚品格在女舞人动作中的反映。

男舞人的动作姿势就更是如此了。从汉画像石、画像砖资料中得知，"武舞"在当时是很发达的。这些"武舞"大都为手执武器的舞蹈，并以所执武器种类为舞名，主要有《剑舞》、《棍舞》、《刀舞》、《干舞》、《戚舞》、《拳舞》（图1-6）等，而其舞人自然多为男性，其舞姿也多呈劲健威猛、刚伟有力之形象。《剑舞》则剑拔弩张，《棍舞》则凶险激烈，《干舞》（即《盾牌舞》）则紧张雄峙，《戚舞》（执斧而舞）则横蛮勇猛，《拳舞》则抑扬骁勇，《刀舞》则威势逼人……总之，无一不透着一股犷野雄豪之气魄。

需要一说的还有汉代流行的《长袖舞》、《巾舞》。这类舞男子和女子都可表演，以挥舞长袖或双巾为特色。通常说来，这种舞蹈容易显得较为柔媚。但实际上，西汉以来的《长袖舞》、《巾舞》，虽不乏体态轻盈、婀娜多姿的优美造型，然而更多的却显露出一种狂放飞扬、健朗奋发的时代气息，反映了一种感性化、动态化的壮美文化精神。这

图1-6 拳舞（河南南阳汉画像石）

一方面是因为这些舞蹈往往有建鼓、鼗、铙等具有宏大音响的响器伴奏，另一方面也因为其动作本身也显示出一种勃扬风发的力度美，即傅毅所谓"罗衣从风，长袖交横"（《舞赋》），边让所谓"长袖奋而生风"（《章华台赋》）等。《长袖舞》的基本舞姿就是左手抚腰，右臂上举，抛长袖高扬过头，再顺左肩垂拂而下，有时则是右袖高扬过头，左袖飘曳于地，左腿微曲而立，右腿向后蜷起，皆呈奔跃挥舞尽力张扬之势态。《巾舞》（图1-7）的基本舞姿则是舞人手舞双巾，使其在身体两旁上下抛扬，转环飘飞，或一手让长巾扭动翻飞，一手使长巾斜曳拖下；或右脚踏鼓，双手舞巾，一巾向右上方展飞，一巾向左下方飘扬，动作皆进退迅速，奔跑奋力，矫捷激越，翩然壮观。

再次，汉乐舞文化的壮美形态还表现在其"巨型化"场面与规模上。最有代表性的要数西汉始盛的"相和大曲"和"角抵百戏"。

"相和大曲"堪称汉代民间的大型歌舞曲。《晋书·乐志下》说："相和，汉旧歌也，丝竹更相和，执节者歌。"这说明相和大曲即起于汉代。该书又说："凡此诸曲，始皆徒歌，既而被之管弦。"这是说相和大曲原为清唱歌曲，后来加上管弦伴奏，配以舞蹈形式，就成了融歌、舞、器乐于一体的相和大曲。相和大曲的曲体结构复杂。《乐府诗集》

图1-7 巾舞（河南南阳汉画像石）

卷二十六的"小序"说:"诸调曲皆有辞、有声,而大曲又有艳,有趋、有乱。辞者其歌诗也,声者若羊吾夷伊那何之类也,艳在曲之前,趋与乱在曲之后。"所谓"艳",即大曲之先的一段引子,算是一段舞蹈序曲。所谓"趋"和"乱",有人说是两种器乐过门,伴有舞蹈,还有的说"趋"是形容迅急奔放的舞蹈步法的,而"乱"是形容演奏末章时众音鸣奏的声响的,二者均为歌舞曲的高潮部分。由此可知,相和大曲是一种有序曲、有过门、有主体、有尾声的大型歌舞形式,其结构俨然为一种歌舞剧,最适宜表现相对丰富复杂的现实内容。据《宋书·乐志》载,汉魏"相和大曲"传至南朝宋,尚存有十五曲,那么可以推断在汉代繁荣期它的歌曲数量会更多一些。这样,它在体制规模上就自然不同于一般的杂舞小曲,它显得要庞大、恢弘得多,所以,被冠以大曲之名是不过分的。

"角牴百戏"是西汉盛行的一种集乐舞、杂技、幻术、俳优等为一体的大型表演样式,类似今天的"艺术节"或"综艺大观"节目形式,但乐舞在其中仍为主角。张衡在《西京赋》中就记载了一次大场面、多内容的"百戏"活动。此次百戏演出共有五场,其名目分别是:《百戏》、《总会仙倡》、《曼延之戏》、《东海黄公》、《侲僮程材》。《百戏》主要为乐舞杂技节目,《总会仙倡》是仙人仙兽的歌舞会演,《曼延之戏》为模仿鱼龙巨兽的歌舞表演,《东海黄公》为以"黄公斗虎"为中心情节的歌舞戏,《侲僮程材》则为幼童在行进的车上奏乐跳舞、攀援倒挂的"戏车"表演。从这些内容可以看出,尽管角牴百戏的场次、内容、节目、艺种繁杂多样,但都以载歌载舞为主要形式,或者说,都以乐舞表演贯穿始终(图1-8)。从张衡所记节目也可看出,以乐舞表演为主的角牴百戏具有大、全、多、杂、奇、险等特点。

角牴百戏之"大",即场面大,规模大。仅张衡所记的"五场"演出机制,以及包括乐舞、倡伎、幻术、武打、杂技等节目内容,就足可想见其庞大的演出场面和规模。张衡描述说:"临迴望之广场,程角牴之妙戏。"(《西京赋》)《汉书·汉武纪》则记载说:"(元封)三年春,作《角牴戏》,三百里内皆观。"

角牴百戏之"全",即表演风格齐全,中外、古今、南北、东西,各民族、各地域的节目荟萃一堂,争奇斗妍。班固在《东京赋》中说:"四夷间奏,德广所及,僸侏兜离,罔不具集。"这里所谓"四夷",即四方少数民族。"僸侏兜离",即指各民族乐舞之名。"僸"为北夷乐名,"侏"为东夷乐名,"兜离"是西夷乐名。"四夷间奏","罔不具集",表明四方各族荟萃京都的表演盛况。《汉书·西域传下》记载说,汉武帝为了招待四方来客,在京都举行盛大演出,"作《巴俞》都卢,海中《砀极》,漫衍鱼龙,角牴百戏以观视之"。这里的"巴俞",指四川巴俞地区少数民族板盾蛮的舞蹈,而"都卢"则指今缅甸一带的古国"夫甘都卢"人所表演的爬杆杂技。

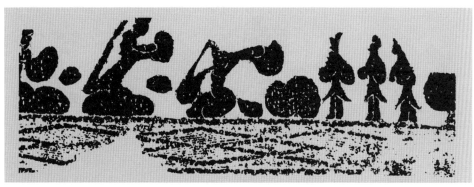

图1-8 舞乐百戏（河南南阳汉画像石）

角抵百戏之"多"，即节目门类杂多。"角抵百戏"从最初的武功杂技，发展到秦二世时的"角抵优俳之观"（《史记·李斯传》），戏乐歌舞性质渐强；至西汉，其歌舞杂技的表演愈加丰富；至东汉容量更大，几乎包括了当时各种表演技艺和节目类别，真正从"角抵"变成"百戏"。据张衡《西京赋》载，"角抵百戏"所演节目除以歌舞贯穿外，还包括扛鼎、角力、爬杆、跳丸、踩钢丝、钻火圈、戏豹、舞罴、白虎鼓瑟、苍龙吹篪、人兽共乐、百兽乱舞（所有动物皆为人所假扮，疑为古老的傩戏形式之衍变）、象人幻术、吞刀吐火、戏车舞乐、驰马掷剑等品种门类，令人目不暇接。可以看出，"角抵百戏"已使单一的竞技表演综合为一种结构复杂、花样繁多的歌舞戏形式，其巨大的"综艺"场景是可以想见的。

角抵百戏之"杂"，是指它表现了人与仙、人与兽相杂共处的奇异世界。特别是《总会仙倡》、《曼延之戏》、《东海黄公》三场尤其如此。凶猛的龙虎熊罴与美丽的娥皇、女英（帝尧的两个女儿）和平共处，鱼龙巨兽、龟蛇豹猿的歌舞戏乐，人虎相斗、人为虎杀的悲剧故事，这一切都显示着古人对人与仙、人与兽关系的理解与阐释（图1-9）。另外，说它"奇"，说它"险"，则是讲"角抵百戏"有幻术之奇，杂技之险等等。

图1-9 象人斗兕（河南南阳汉画像石）

总之，汉代乐舞以其浩大壮观、眩人耳目的审美文化场景，鲜明地显示出一种感性盈满、犷放雄健的阳刚形态，壮美风格。

以"俗"为尚的审美品格

西汉以来的乐舞艺术，其肇于"楚声"、合于"北调"的文化背景，内在地决定了它的非官方化、非文人化、非规范化色彩。这也就意味着，不是"雅"，而是"俗"，构成汉乐舞艺术的主要特色。

"俗"与"雅"是两个相对的审美文化范畴。关于"雅"，《玉篇·佳部》解为："雅，正也。"《释名·释典艺》解为"言王政事谓之雅"。就是说，大凡正统的、正规的、官方的、典范的、纯正的、严肃的、"高尚"的等等审美文化现象，即为"雅"。就乐舞说，"雅"还特指典正规范的宫廷乐舞。关于"俗"，《说文·人部》解为："俗，习也。"张守节《史记正义》曰："上行谓之风，下行谓之俗。"由是观之，那种与官方正统文化相对的、民间的、大众的、不规范的、非正统的、通俗的、浅易的、粗野的、欲望化（"俗"与"欲"通）的等等审美文化形态和品格，都可归于"俗"。就乐舞说，"俗"则特指那种感性自由的民间乐舞。

可以说，西汉伊始，"俗"乐舞迎来了它真正的黄金时期，我们前面提到的汉代主要的乐舞形式，诸如"盘鼓舞"、"建鼓舞"、"铎舞"、"鼙舞"、"长袖舞"、"巾舞"，以及"相和大曲"、"黄门鼓吹"、"角牴百戏"、乐府民歌等等，都是典型的"俗"乐舞。特别是汉武帝扩充乐府机构，更使大量的民间乐舞获得一条通往宫廷的正规渠道。"俗"乐舞在宫廷中被称做"散乐"、"杂舞"。《乐府诗集》卷五十三说：

> 杂舞者……始皆出自方俗，后浸陈于殿庭。盖自周有缦乐散乐，秦汉因之增广，宴会所奏，率非雅舞。

实际上，殿庭中逐渐增广的"率非雅舞"情况，并不限于宴会，它已进人更正规、更严肃的场合。所以，"俗"乐舞自西汉始首次拥有了一种官方化与民间化浑然不分的双重性格，"俗"也由此成为一种上下趋同的主流化审美时尚。这一点，应视为中国审美文化史上一个值得注意的、具有文化重构意义的现象。

西汉宫廷乐舞所采取的以"俗"为"雅"方式，比较典型。一般地说，宫廷乐舞当为雅乐舞，这是历代奉守的一个惯例。西汉王朝也不例外。它从汉初就设了"太乐署"，专门管理宫廷用来郊庙祭祀、朝飨射仪的雅乐舞。它与专管民间俗乐舞的"乐府"可谓各司其职，分工有别。但由于秦代搞了个"焚书坑儒"，致使雅乐不传，即使偶有遗留，汉人也多不能解。《汉书·礼乐志》载："汉兴，乐家有制氏，以雅乐声律世世在大乐官，但能纪其铿锵鼓舞，而不能言其义。"既然连在太乐署供职的乐官都不解雅乐之意，那其他人对它就更茫然不知了。对此，汉武帝曾不无焦虑地指出："民间祠尚有鼓舞之乐，今郊祀而无乐，其称乎？"（《史记·孝武本纪》）于是，就有一位河间献王出来"献所集雅乐"，"献《八佾》之舞"。武帝也让太乐署组织排练雅乐舞，以为备用。但费了半天劲，当时祭祀常用的"郊庙诗歌"依然还是"未有祖宗之事"，依然还是"皆非雅声"（《汉书·礼乐志》）。这意味着，太乐署推行雅乐的工作做得并不好。既然雅乐无法完成神圣的郊祀用乐的使命，只好由乐府统管的俗乐舞来代行雅乐舞之职。前述武帝"乃立乐府，采诗夜诵，有赵、代、秦、楚之讴"等，即为此事。其实，孝武之前以"俗"为"雅"的事就已经有了，这便是刘邦舞唱的那支《大风歌》，在他儿子惠帝刘盈那里，成了专门用来祭祀高祖庙的雅乐舞。这样，民间俗乐舞自汉初起便堂而皇之地步人了皇宫殿庭，登上了大雅之堂。

《汉书·礼乐志》说：

> 今汉郊庙诗歌，未有祖宗之事，八音调均，又不协于钟律，而内有掖庭材人，外有上林乐府，皆以郑声施于朝廷。

"郑声"可谓俗乐舞的代表。"皆以郑声施于朝廷"，说明俗乐舞已取代雅乐舞而成为官制。雅乐舞作为宫廷乐舞的正统身份和独霸地位，在汉代确已风光不再。

既然宫廷乐舞皆为"郑声"，那王室公卿列侯豪门大族，以及整个汉代社会都纷纷以"俗"为"雅"，也就一点不奇怪了。《汉书·成帝纪》中说："公卿列侯亲属近臣……多畜奴婢，被服绮縠，设钟鼓，备女乐"，进而"吏民慕效，寖以成俗"。而到汉哀帝时，"郑声尤甚"。一些专门在宫廷表演俗乐的黄门名倡，因此而成了富豪显贵，而那些皇亲国戚们更是肆无忌惮，到了"淫侈过度，至与人主争女乐"的地步。汉哀帝本人对此看不太惯，就下诏制止俗乐的泛滥，"然百姓渐渍日久，又不制雅乐有以相变，豪富吏民湛沔自若"（《汉书·礼乐志》），最终也没能制止得了。

这一尚"俗"之风到东汉不但没有收敛，反而变本加厉，愈演愈烈，以至形成"妖童美妾，填乎绮室；倡讴伎乐，列乎深堂"（《后汉书·仲长统传》）的流行风气。至此，以"俗"为尚的乐舞文化已趋蔓延浮靡之极端。

俗乐舞为什么会从西汉开始渐趋盛行？它对于我们把握这一时代审美文化的特点有何意义？从直接的、显在的原因看，汉代俗乐舞的盛行，主要是由于秦代以来雅乐舞的熄亡不传，再加上西汉统治者，大都出身平民，多数熟悉"楚声"，喜好俗乐，而对西周以来的所谓雅乐反倒不太了解，更谈不上多少雅乐修养。所以，有他们的身体力行，俗乐舞的蔚成主流就很自然了。

从俗乐舞的内在审美本性看，它在汉代的大行其道，与其长于显志抒情，比较即兴随意，具有"娱耳目乐心意"（司马相如语）的功能有着更为内在的关系。一般而言，俗乐舞并不承担什么重大、严肃、神圣之类的王道话语和政教主题。它往往是言"切近"之事，发"一己"之情，与当下的特定氛围、场合、情绪等因素直接相关。人们心有所感，情有所动，便引亢高歌，顿足而舞，既没有特定的外在功利目的，更没有超验的形而上憧憬，而只是为了一展郁愤，一泄幽情，从中获得耳目之娱，心意之欢罢了。在很大程度上，俗乐舞是以娱乐、特别是自娱为主的。它是一种个体存在的自述和放纵，一种世俗生命的沉醉与欢欣，有时甚至是本能自然的"宣泄性"行为方式。司马迁外孙杨恽在《报会宗书》中讲到自己失爵归田后的生活时说：

> 田家作苦，岁时伏腊，亨羊炰羔，斗酒自劳。家本秦也，能为秦声。妇，赵女也，雅善鼓瑟。奴婢歌者数人，酒后耳热，仰天拊击，而呼乌乌。……是日也，拂衣而喜，奋袖低昂，顿足起舞，诚淫荒无度，不知其不可也。（《汉书·杨敞传》）

这段文字，典型地描述了汉人歌舞活动的即兴性、随意性、自然性、表情性特点。辛苦劳作的人们，在夏伏冬腊两大祭祀季节里，宰杀羊羔，烤肉喝酒，这是一个多么惬意快乐的日子！喝到脸红耳热时，不由得仰望苍天，敲击瓦盆，唱起了乌乌之声的秦曲。兴奋之余，又情不自禁地振衣而起，舒放长袖，低俯高仰，顿足欢舞起来。即使这真的算是太过放纵，也不知道有什么不可的啊。

以"俗"为尚、旨在娱乐的乐舞艺术，给西汉以降的审美文化设定了一种基调，一种品格。它的主流倾向是感性化、现世化、人间化、世俗化的。近些年美学界有一种似成定论的观点，即用"浪漫主义"来界定"楚汉"审美文化。"楚"文化是不是浪漫主义，此处先不讨论,至于说"汉"文化是浪漫主义,恐怕是值得怀疑的。"浪漫主义"作为一个引自西方的术语,其本意无非有两方面,一方面是强调主观抒情、自由表意;另一方面,它所抒之"情",所表之"意",均非尘俗之情,现世之意。相反,它所标榜的情意,是一种竭力摆脱大地、离开尘俗、回避现世、拒绝此岸的情意,是一种纯精神的、形而上的、非现实的、超感性的情意,是一种"天上"的、"彼岸"的、"神性"的、宗教化的情意(参见仪平策《中西宗教文化与浪漫主义》,《中国比较文学》1993年第2期)。一句话,原本意义上的"浪漫主义"与西汉以来以"俗"为尚的审美文化是不相经纬的两回事。汉代审美文化那种浓郁而普遍的尘俗品格、现世意味和感性趣尚,无论如何都难以跟西方那种所谓的"浪漫主义"等量齐观。所以,用"浪漫主义"界定包括乐舞在内的汉代艺术,是一种总体上的"误读"。汉代乐舞艺术、汉代审美文化的基本特征之一是明明白白的以"俗"为尚,是鲜明的感性化、世俗化、娱乐化。它让我们感受到的是深深的现世意趣和浓浓的人间情怀。

2 "究竟雄大"：
以"大"为"美"的文化造像

鲁迅在谈到汉唐人对待外来事物的胆魄时说过这样的话：

> 遥想汉人多少闳放，新来的动植物，即毫不拘忌，来充装饰的花纹。……
> 汉唐虽然也有边患，但魄力究竟雄大，人民具有不至于为异族奴隶的自信心，
> 或者竟毫未想到，凡取用外来事物的时候，就如将彼俘来一样，自由驱使，绝不介
> 怀。（《坟·看镜有感》）

鲁迅在这里虽不是专谈审美文化，但却触到了汉唐，特别是汉代审美文化的精魂所在。"多少闳放"、"究竟雄大"等语，在似乎不经意间，将汉人特有的审美心态、襟怀、气魄、情采、境界等说了个正中鹄的。

约而言之，"闳放"者，宏大豪放之谓也；"雄大"者，雄浑博大之谓也，均离不开一个"大"字。"大"，可以说是秦汉之际审美文化的典型特征。

这个"大"，当然主要指的是秦汉之际人们的胸襟之大、眼界之大、信心之大、气魄之大，总之是"内在世界"之大。但综观秦汉之际，这种主体的"内在世界"之大是通过感性的"外在世界"之大体现和张扬出来的。换言之，秦汉之际所表现出来的"大"，更主要更突出的是一种感性的、外在的"大"，是一种空间上、体积上、直观上、物象上的"大"，是人的感官可以强烈地直觉到的那种宏大、博大、高大、雄大。这就构成了秦汉之际那种独步千古、垂范万代的"大美"型审美文化气象。

这一"大美"型审美文化气象，我们在汉乐舞的犷放雄健中已略窥一二，而在秦汉之际的文化造像中，我们会更加直观地感受到它。

这里所谓文化造像，主要指的是诸如都城、宫苑、陵墓、雕刻、塑像之类具有实用文化功能的空间审美造像。这些融实用性和艺术性于一体的文化造像，构成了秦汉时

代审美文化的重要组成部分。

从"大一统"到"大汉"意识

要了解秦汉之际文化造像的历史的、审美的意蕴,还要从当时的"大一统"社会格局说起。

从根本上说,"大一统"是中华民族的一种积淀深厚、传承久远的历史文化"情结"。自西周衰亡、平王东迁以来,中国社会就陷入一种长时期的动荡分裂状态。"春秋五霸"、"战国七雄",便是这种动荡分裂状态的历史写照。然而,由乱而治,由分而合,四海归一,天下一统的历史内在欲求却也一直未曾停息过。特别是到了战国时代,这种"大一统"的民族意志火焰更呈逐日升腾之势。孟子呼唤"天下定于一"(《孟子·梁惠王上》),荀子提倡"四海之内若一家"(《荀子·议兵》)等等,便反映了这一时代人们的共同心态。战国末年以"杂家"著称的《吕氏春秋》一书明确指出"乱莫大于无天子"(《谨听》),主张"必同法令"(《不二》),认为"善学者,假人之长以补其短。故假人者遂有天下"(《用众》),即强调思想文化上的取长补短,容纳百家,以形成一统天下之理论。这可以视为"大一统"的历史欲求在意识形态领域的一种折射和反响。

所以,秦王嬴政灭六国,并海内,建立了中国历史上第一个统一的专制主义中央集权的秦皇王朝,正是顺应了历史发展的内在欲求和必然趋势。不过秦朝国祚短促,仅历15年,便在秦末农民大起义的狂涛巨澜中灰飞烟灭了。

然而这种"大一统"的历史潮流既已形成就不可阻挡。公元前202年,刘邦称帝,定都长安,是为西汉。由此,一个多民族高度统一的中央集权的大汉帝国便以更稳固更强盛的姿态屹立在世界东方。特别到汉武帝时代,通过实施对外保疆拓域、对内专制集权的统治方略,使汉王朝成为当时地域最广阔、势力最强大的国家,与世界上同时期的安息帝国、罗马帝国鼎立三强。

汉王朝的"大一统"不仅是版图上的、政治、经济上的,而且也是思想文化上的,它使秦汉之际,特别是西汉时代的人们变得眼界远了,胸怀宽了,心志高了,气魄大了。这突出表现在他们对"大一统"内涵的"扩张"型理解上,主要是认为大凡天上地下、山川草木、宇宙人物,无一不系乎"王者",归乎"统一"。汉代盛行的《春秋公羊传》对此就说得非常明白。《公羊传·隐公元年》记曰:"元年,春,王正月……何言乎王正月?大一统也。"对此,西汉大儒董仲舒给了这样的解释:

《春秋》大一统者,天地之常经,古今之通谊也(《汉书·董仲舒传》)。

"大一统"在这里成为一种绝对的、普遍的、永恒的道理和法则,而汉代高度集权的君主统治则是这一道理和法则的充分体现。东汉经学家何休注《公羊传》"大一统"句时则说:

统者,始也,总系之辞。夫王者始受命改制布政,施教于天下。自公侯至于庶人,自山川至于草木昆虫,莫不一一系于正月。故云政教之始。

何休所谓"自公侯至于庶人",为政权的大一统,而"自山川至于草木昆虫",则为所有权的大一统,同时这些又都是"政教之始",所以是政权、所有权和道德伦理的大一统。显然,这是一个将天地、时空、疆域、万物、人伦、道德、政治、宗法等世界万象、人间众有都囊括其中、统于一体的"大"境界。

这个"大"境界包括两个层面,一层是"天地之大",一层是"王道之大"。前者是后者之表象,后者是前者之依归,二者皆以"大一统"为相互契合的前提和根本。这个由"大一统"的社会文化格局所规定、由"天地之大"和"王道之大"所构成的"大"的境界,最终形成了汉代人们的"大汉"意识。

司马相如在献给汉武帝的《封禅书》中充满激情地表述了这一"大汉"意识:

大汉之德,逢涌原泉,沕潏曼羡,旁魄四塞,云布雾散,上畅九垓,下泝八埏。怀生之类,沾濡浸润,协气横流,武节炎逝……(《汉书·司马相如传》)

在司马相如的心目中,大汉王朝的恩德教化犹如汹涌的源泉,浩然盛大,广被四方,上达于天之九重,下流于地之八际。凡有生命之物,都受到浸润濡染,其和气广布四表、威武如炎之盛……这是一种何等伟大的气魄,又是一种何等壮丽的景象啊!司马相如这一"大汉"意识,实际代表了汉人的普遍心态,反映了整个时代的主流政治观念、民族精神和文化理想。

这种由"大一统"而产生的"大"境界,以及在此基础上形成的整个时代的"大汉"意识,直接地、深刻地、有力地陶铸了秦汉之际的"大美"观念和"大美"气象。"大美"是这样一种美,一方面它是感性的、物象的、空间的、造型的"壮美",是一种直观形态的大、高、险、峻、壮、阔、远、强等;一方面这种感性物象的"大美"又是秦汉之际审美文化精神的一种凝结,一种"对象化"。它强烈显现着时人那种"苞括宇宙,总览人物"、"控引天地,错综古今"(司马相如语,《西京杂记》卷二)的博大气概和豪迈情怀,显现着时人"兴废继绝,润色鸿业"(班固《两都赋序》)的政治抱负和王道理想。

"非壮丽无以重威"：都城风貌

都城是一国政治、经济、文化之中心，故其城市建设的整体布局、造型体式和建筑艺术均具代表性和典范性，可以反映出特定时代统治阶级的权力意识以及整个社会的主导性文化精神和审美理想。

秦统一后定都咸阳。通过建造咸阳都城，秦为西汉乃至以后"大一统"格局中的都城文化风貌提供了基本思路和范式。

首先是注重文化的包容性和综合性。秦始皇摒弃了战国以来的传统城郭制度，将各国都城样式综合起来，使之融通为一。《史记·秦始皇本纪》说："秦每破诸侯，写放其宫室，作之咸阳北阪上，南临渭，自雍门以东至泾、渭，殿屋复道周阁相属。"也就是说，在咸阳以东、南临渭水的北阪上的建筑，都是各国宫室建筑式样的撷取融合。很显然，这种大包容、大综合的都城建筑方式，体现的正是一种"大一统"的审美文化气概。

其次是讲究整体规划，有序布局。《三辅黄图·咸阳故城》载：

> （始皇）二十七年，作信宫渭南，已而更命信宫为极庙，象天极。自极庙道骊山，作甘泉前殿，筑甬道，自咸阳属之。始皇穷极奢侈，筑咸阳宫，因北陵营殿，端门四达，以则紫宫，象帝居。渭水贯都，以象天汉；横桥南渡，以法牵牛。

这一段文字，讲的就是秦始皇按照神话传说和天文星相中的"天极"、"紫宫"、"天汉"、"牵牛"等的分布秩序来规划都城，布置皇宫。在渭河南岸建信宫，模拟"天极"以为正朝。在渭河北岸筑咸阳新宫（北宫），模拟天帝住的"紫微天宫"以为正寝。南北之间贯穿渭水，象征银河，而水上一桥，则好比牵牛星。这一规划布局，前朝后寝，南北呼应，强调轴线，追求对称，虽是模拟神话天象，反映的却是皇权尊严、伦理秩序，体现出了京城皇都特有的整肃与威势。

再次是讲究工程宏伟，规模巨大。咸阳城原为秦孝公所营建，当时规模较小，且只在渭水北岸。秦始皇定都咸阳后，又把都城扩至渭水南岸，形成跨水而建的大都会。他征用刑徒七十万人，集中天下人力物力，在渭河两岸建宗庙，造灵台（又称章台），营筑大批宫室、苑囿、陵墓等，其范围东至黄河，西到汧水，南至南山，北到九𡿺，其建筑高台入云，复道凌空。工程之巨，规模之大，亘古罕见，呈现出一种前所未有的大景观、大气度的美。

秦代都城的"宏大雄伟，整肃壮观"，显示的是秦始皇的赫赫威权，煌煌功业，体现的是"大一统"的规范和气概,也表征着一种"大美"型都城文化范式的形成。

汉承秦制,但又不泥于秦制。在都城建造上,如果说秦都的"大美"更偏于"宏大"的话,那么西汉都城在沿袭"宏大"的同时,更表现出一种"壮丽"——一种更讲究雄壮华丽的"大美"(图1-10)。

西汉都城以汉惠帝时建成的西京长安为代表。长安城以渭水南岸原秦兴乐宫故地为基址,其位置在今西安城西北约十公里处。这是一处南高北低的高地。当刘、项之争尚未结束时,高地东面的兴乐宫就被改建为长乐宫。西汉八年又在高地西面建了未央宫,还立了东阙、北阙、武库、太仓等。当时这个长安城的规模气派如何?单看一下未央宫就可窥知一二。《三辅黄图》载:"未央宫周回二十八里,前殿东西五十丈,深十五丈,高三十五丈。营未央宫,因龙首山以制前殿。"可见汉初的长安都城,即在宏大壮丽方面比秦都咸阳已有过之而无不及了。这一点连高祖刘邦也意识到了。他"见宫阙壮甚",便质问主持建城的丞相萧何:现在天下尚未安定,为什么把宫室造得如此豪华壮丽?萧何回答说:

> 夫天子以四海为家,非壮丽无以重威,且无令后世有以加也。(《史记·高祖本纪》)

原来,将都城宫室造得如此豪华壮丽,就是为了炫耀和强调帝王的权威,而且,为了表明帝王权威的至高无上,永世长存,还要把这种"壮丽"搞得登峰造极,无以复加!这里所透露出的是怎样一种傲睨天下、雄踞古今的历史情怀啊!当然,我们还可以从另一个角度看,在萧何那里,"壮丽"只不过是炫示帝王权威的一种"策略"而已。但实际上,"壮丽"在这里恰恰是雄心勃勃、一统天下的大汉帝国的一种时代"幻想",一种历史"标识",一种审美"范型"。

武帝时,长安城得到进一步扩建,兴造了城内的桂宫、明光宫和城西的建章宫与上林苑。考古调查证实,长安城周长达25公里,约合汉代60里强,比当时的罗马城大3倍。有12座城门,16座桥梁,城市有八街(南北)九陌(东西)、东西九市、三宫、九府、三庙和一百六十闾里。城内经纬相通,"街衢相径"。张衡《西京赋》说:"廓开九市,通阛带阓,旗亭五重,俯察百隧",正是这一大都城宏阔构造的真实写照。据班固《两都赋·西都赋》说,自高祖至孝平,经过12个皇帝的不断修建,长安城变得越来越"崇丽",越来越侈华了:

> 肇自高而终平,世增饰以崇丽;历十二之延祚,故穷泰而极侈。

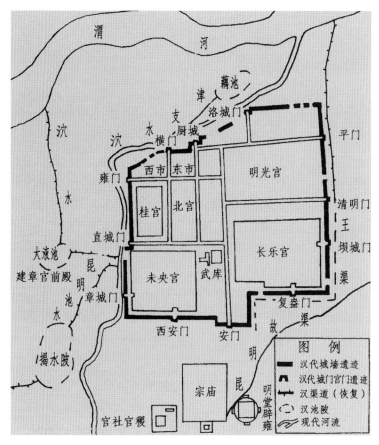

图1-10 汉长安城平面示意图

可以想见，都城长安发展至此，比之汉初又不知"重威"了多少倍，"壮丽"了多少倍！

中国古代都城自秦汉之际讲究整体布局上的中心突出，对称有序，也是构成其偏于壮丽的一大要素。西汉长安在这方面尤有较大发展。城南向阳的高地上分布着主要的宫室、官署、府第，而城北的低地则主要是商市和民居。城南郊则建有一片排列整齐，规模宏大的礼制建筑。全城2/3为皇室、贵族占有，其中，未央宫就占全城面积近1/4。这种尊卑分明，主次判然的都城布局，让我们"嗅"到了一种凝重肃穆、沉雄威严的王道气息。

应当说，这种具有浓厚的政治——伦理意味的文化气息，正是西汉皇都之"大美"气象的重要内涵和特有标识。实际上，正如西方古典都城往往具有浓厚的宗教色彩一样，中国古代都城的壮美风貌常常同世俗的政治权威和僵硬的伦理秩序难分难解，而这一特点，也正是从秦，特别是西汉时期开始发展并趋于定型的。

"观夫巨丽惟上林"：宫苑气象

除了都城的布局之外，秦汉时代的"大美"气象在宫苑的建造中也有突出的表现。这里所谓宫苑，即帝王、皇家、贵族等用以居住、游猎的庙堂宫室台榭园林之总称。本来，"宫"指房室、宫殿、宗庙等，属建筑类，"苑"指养禽兽、植林木之地，后多指帝王游猎之所，属园林类。但中国古代建筑从来不与园林分隔两立，而往往是彼此融汇，相得益彰的。总体上讲，中国建筑是一个包容性很大的概念，它常常是包含园林在内的，也就是说，中国园林本身并不独立于建筑之外。即使那些以自然风景为主的苑囿，如秦汉上林苑，也是附着于皇家贵族的离宫别馆而造的。这种建筑园林相因相借、浑然一体的特有文化造像，在根本上贯彻和体现了中国古代"人"为中心，人与自然和谐相处、融通交汇的主流文化精神。

据《史记·秦始皇本纪》载，秦代宫苑在关中有300所，在都城咸阳有著名的六国宫殿以及信宫、咸阳宫、阿房宫、甘泉宫等，另在关外及各地还有400余所。这其中最有代表性的便数阿房宫了。

秦始皇三十五年（前212），发派隐宫（受宫刑者）、徒刑者七十余万人造阿房宫和骊山陵。阿房宫是渭南上林苑朝宫的前殿。虽然它仅是全部朝宫建筑的一个前殿，但其规模气势都称得上亘古少见。它"东西五百步，南北五十丈，上可以坐万人，下可以建五丈旗"，而且"周驰为阁道，自殿下直抵南山，表南山之颠以为阙。为复道，自阿房渡渭，属之咸阳，以象天极"（《史记·秦始皇本纪》）。由此记载，我们不难想见阿房宫的气势该是何等的恢宏雄伟！

其实不独阿房宫，几乎所有的秦代宫苑都不仅规模雄伟，而且气度宏大。如位于咸阳北部宫殿群中部的1号宫殿（考古编号），是一座高台建筑。其遗址东西全长可达130余米，全部外观呈3层，最高点可达17米余。再如秦仿六国宫殿所建造的庞大建筑群，高低绵延数十里，可谓战国建筑艺术大荟萃。又如秦所建信宫、甘泉宫、兴乐宫、长扬宫、梁山宫等，数百座伟殿险阁"弥山跨谷，辇道相属"，覆压关中数百里原野，那种景象，自然也是前所未有的宏伟壮观。

西汉宫苑与秦代相比，不仅在高度、规模、范围、功能等方面都有较大扩展，而且更注重"宫"与"苑"的统一，使得宫中有苑，苑中有宫，从而形成了古代建筑园林的基本构造格局（图1-11）。

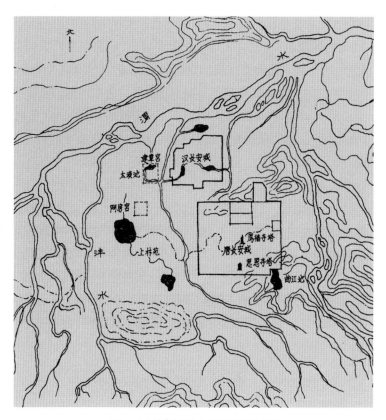

图1-11 汉（唐）长安与苑囿位置示意图

西汉最早营建的重要宫室是长安东南隅的长乐宫，其次是位于长安西南隅的未央宫。长乐宫，据《三辅黄图》载，周长二十里，开四门。前殿东西阔约五十丈，南北深十二丈，两杼之间三十五丈。宫内有临华殿、温室殿、长信宫、长秋殿、永寿殿、永宁殿等。未央宫是汉高祖时所建，汉武帝时扩建。据《西京杂记》说，未央宫城周长二十二里九十五步五尺；有殿四十三所，池十三，山六，门九十五。前殿在龙首山上，以高丘为台基，尤其显得巍峨高耸。对这前殿，张衡《西京赋》有描述曰："疏龙首以抗殿，状巍峨以岌嶪"，"坻崿鳞眴，栈齴巉崄，襄岸夷涂，修路陵险"，未央宫前殿之高、之峻、之陡、之险，可谓跃然纸上。

未央宫内有"池十三，山六"的记载，也说明它已将建筑和园林密切地结合起来，而武帝时代在长安西郊所建的建章宫，更是典型的庞大的建筑园林组合群。建章宫号称"千门万户"，前殿高于未央宫，东有高二十余丈的凤阙，西有数十里的虎圈，北有大池名曰泰液，池边有高二十余丈的渐台，池中有蓬莱、方丈、瀛洲、壶梁等仙山造型，南有玉堂殿，有神明台、井干楼均高五十余丈，之间有辇道相通（《史记·孝武本纪》）。显然，建章宫不纯是宫殿建筑，它同时还是一处山水林苑，它是将主殿大厦、离宫别馆、山林园圃更完美地结合起来的大型宫苑，其格局样式为后世皇家宫苑所效仿。

西汉上林、甘泉二苑则是将宫室建筑环融其中的西汉著名园林。这两处园林有以下突出特点，一是"大"，即范围、规模的广大。据《三辅黄图》、《汉书》等载述，上林苑这一本为秦时所辟旧苑、至汉武帝时重新扩建的巨型宫苑，东南至宜春、鼎湖、御宿、昆吾，傍南山而西，至长扬、五柞，北绕黄山，濒渭水而东，周围广三百里。甘泉苑沿长安北山山谷，行至云阳三百八十里，西入扶风，周五百四十，范围规模又胜上林一筹。二是"多"，即苑内宫室建筑、禽兽植物、景点功能等种类丰富，花样繁多。上林苑内有离宫七十座，能容千乘万骑，中有数十水池，最大的昆明池周四十里，烟波浩渺，可训水军，极其壮观。苑内种有名花异果，养有珍禽猛兽，可供游猎。三是"高"，即苑内建筑多极高。甘泉苑有宫殿、台、阁一百多所，其中有祈仙用的通天台，高三十丈，台上立铜柱高三十丈，柱上铸仙人铜像，上托承露铜盘，铜盘盛水二十石，可以想见其高耸之势。应当说，这一"大"、一"多"、一"高"，显示的也正是这一时代的"大美"文化气象。司马相如在《上林赋》中写道：

君未睹夫巨丽也？独不闻天子之上林乎？

这个"巨丽"，可以说是对整个西汉宫苑建筑所体现的"大美"文化气象的一种精妙概括。

"丘垄高大若山陵"：陵墓造型

秦汉之际的陵墓造型，同都城、宫苑一样，也具有鲜明的时代审美特征。

陵墓，广义指坟墓，狭义特指帝王诸侯的坟墓。陵，本为"大丘"、"大阜"、"大土山"的意思。陵墓，自然指的是大土山一样的坟墓。春秋前，人死后葬埋的地方都叫"墓"，战国以后，才有"丘墓"、"坟墓"、"冢墓"、"丘垄"等称谓。"丘""坟"、"冢"、"垄"与"高起的土堆"这一意思相近或相当，这说明坟墓的制度开始具有了某种特殊的意义。这一时期不仅产生了"丘垄高大若山陵"（语义见《吕氏春秋·孟冬季第十》）的观念，而且还开始将君王的坟墓称做"陵"，或"山陵"。《战国策·秦策五》有句曰："王一日山陵崩，子傒立，士仓用事，王后之门必生蓬蒿。"高诱注曰："山陵，喻尊高也。崩，死也。""陵"是"大土山"，高于一般的"丘"、"冢"、"坟"等，故可"喻尊高"。

身份地位最高的国君，其坟墓也应最高大，好比"山陵"一样。秦汉之际，"山陵"专喻皇帝之墓。秦把皇墓称做"山"，汉把帝墓称做"陵"。《水经注·渭水》曰："秦名天子冢曰山，汉曰陵。"从此，"陵"、"山陵"便成为皇帝坟墓的特称。皇权至上，故其坟墓亦比做崇高的山陵。这里面有神化皇权之意，但同时也包含着以"大"为美的文化理想。

坟墓制度是活人对死人的一种安顿方式。不过一般人都认为，在生、死之间，中国人更重视"生"而不是"死"。"死"在很大意义上是向"生"的一种轮回，所以表面看来，中国人对"死"这件事是很通达、很不在乎的。这似乎与西方人"向死而生"的文化观念，或者极关心死后是否进天堂的宗教意识是很不同的。但问题在于，中国人既不太重视"死后如何"的问题，那为什么又在诸如坟墓高低这样的事情上讲究那么多呢？简单地说，是因为中国人在这里依然是以"生"去解释"死"，以"人"去解释"鬼"的。用荀子的话说："丧礼者，以生者饰死者也，大象其生以送其死也"（《荀子·礼论》），用《左传》里的话说，则是"事死如事生，礼也"（《哀公十五年》）。如此说来，"墓"作为人死后的葬埋之处、安顿之所，它就是"人"以"鬼"的形态来居住的房屋宅室，因此，其是否坚固，是否富厚，是否高大，是否雄伟，直接关乎墓的"主人"权威、地位的大小高低，而且这个权威、地位不仅是"死后"的，更指的是"生前"的。坟墓的坚固、富厚、高大、雄伟不仅象征主人死后的不朽，更表明生前的成功；不仅显示着造型意义上的大气派，更喻示着生命意义上的大辉煌。所以，从文化的深层次上说，这些指标不单纯限于丧葬祭祀等礼俗方面，它们更多地蕴涵着诸如社会价值、人生质量、人格理想、生命境界等等文化"意味"——这些"意味"在很大程度上是"审美"和"准审美"的。因此，陵墓的高低大小造型就成为审美文化的一种特殊表现形态。秦称皇墓为"山"，汉称帝冢为"陵"，是在"大一统"的社会背景中所产生的一种"豪情化"话语形式，同这一时代的"大美"型文化精神是息息相通的。

秦始皇一统华夏，其功甚伟，故其"初即位，穿治郦山"（《史记·秦始皇本纪》）。这里的"穿治郦山"，并不是说将骊山穿凿成始皇陵墓，而是说用穿凿治理的方法建筑"骊山"这座陵墓。他死后，"九月，葬始皇骊山"，这句话也是说将始皇埋葬在叫"骊山"的坟墓里，而不是将始皇埋在原来的骊山中。一句话，这里的"骊山"不是原来的骊山，而是秦始皇墓的名字。然而，给墓起名"骊山"，正说明了秦始皇对陵墓之崇高、巨大、坚固、持久的一种追求。总之它必须既能表现皇权的至高无上，又能象征帝业的永固不朽。

实际上，始皇陵遗址（图1-12）就位于今临潼县东的骊山北麓，渭河南岸。陵由三层夯土台垒叠而成，下层台东西宽345米，南北长350米，至顶层共高43米。陵作方形覆斗式，有内外两重墙垣，内垣周2.5公里，近方形，外垣周6.3公里，长方形。每边墙中部均有阙门。陵南对骊山主峰，山势崇峻，如屏如障，北面渭水平原，极目苍茫。这是中国历史上体量最大的人工陵墓，称为"山陵"实不为过。它让人感受到的不仅仅是始皇权威的至尊无匹，而且还有与这至上皇权难分难解的厚重峻伟的"大美"文化气象。

汉承秦制，这一点在皇陵筑造上体现得尤为充分。首先是极重丧葬之事。如同秦始皇刚一即位就着手筑造骊山陵一样，西汉诸帝也都是一上任就开始经营"寿陵"或"初陵"，而且还规定了一套制度。《后汉书志·礼仪下》刘昭注引《汉旧仪》所载西汉诸帝寿陵说："天子即位明年，将作大匠营陵地，用地七顷，方中用地一顷。深十三丈，堂坛高三丈，坟高十二丈。"也就是说，皇帝即位第二年就要按形制规定开始造陵。

其次，在陵墓的体量规模方面，西汉诸帝也不让始皇，同样追求高大堂皇之相。如在陵墓高度上，《汉旧仪》记载，天子要达到十二丈，但又说"武帝坟高二十丈，明中高一丈七尺，四周二丈"，"设四通羡门，容大车六马……"。《皇览》也记道："汉家之葬，方中百步，已穿筑为方城。其中开四门，四通，足放六马……"（《后汉书志·礼仪下》刘昭注引）。这里所记，足可表明陵墓的形貌规模之浩大。据今天的考察，武帝茂陵（图1-13）是汉帝陵中规模最大的。陵园东西长430米，南北宽114米，约当时的一里见方。围墙厚约6米，坟丘每边长260米，高46.5米，正相当汉尺二十丈。整个茂陵形势可谓雄峻恢宏，巍然壮观。

从中国古代陵墓文化的演变来看，帝王陵墓最高大、最宏伟、最气派者当属秦汉之际和初盛唐，而又以秦汉之际为最。我们知道，秦汉之际和初盛唐在古代审美文化史上是"大美"理想、壮美形态发展的两大高峰期。人们常说的所谓"汉唐气象"，就是指这两大高峰期，是中国古代社会发展过程中最统一、最开放、最繁荣、最辉煌的两大阶段。这一切历史性的"对应"并非巧合。它说明，即使像陵墓这样一种文化造像，它也会以其特有的形式反映着时代的审美观念和气概。

古朴深沉，健猛有力：雕塑品格

秦汉之际的雕塑，是中国雕塑发展史上所达到的第一个高峰。

同都城、宫苑、陵墓等文化造像相比，雕塑除了也具有三维空间的物质实体形式外，还具有两个鲜明的个性特征，一是其直接的现实功利性色彩相对淡薄，也就是说，它没有明显的实用价值；二是尤以寓意性见长。它的制作和创造，总寄托、蕴含着人的某种观念和意趣，也就是说，它的制造主要不是为了实用，而是为了寄寓、表达某种意义。作为一种文化造像，雕塑更具有审美性、艺术性，更能反映特定民族和时代的审美文化精神。所以，秦汉之际的雕塑不仅成为该时期文化造像的范本，而且还成为该时代的主流艺术之一。纵观中国审美文化史，秦汉之际也是雕塑惟一成为主流艺术的时期，所以尤其显得弥足珍贵。

一般认为，中国古代雕塑可分为宗教雕塑、明器雕塑、陵墓雕塑、纪念性雕塑、建筑装饰雕塑、工艺性雕塑六大类。秦汉之际的雕塑除宗教雕塑外，其余各类皆备，且都有较大发展，而其中，明器雕塑和纪念性雕塑为最突出、最典型。

明器又称"冥器"，是古代陵墓的随葬品，分实物和虚拟物两大类。明器雕塑属于虚拟之物，即以雕塑形式摹拟人、动物、建筑物等，起代替真人真物殉葬的作用。

秦汉之际是中国古代明器雕塑获得飞跃性、突破性大发展的时期。就迄今所发现的来说，首推秦始皇陵兵马俑群，其次是西汉时期的陕西汉景帝阳陵陶俑群、陕西咸阳杨家湾的彩绘陶俑、江苏徐州狮子山的彩绘陶质俑马，以及济南无影山的乐舞杂伎俑群等等，这均构成了秦汉之际明器雕塑的煌然大观。这其中，秦始皇陵兵马俑群堪称典范和代表。

1974年3月，一位农民在秦始皇陵外围墙以东一公里处打井，偶然发现了陶俑。从此，在陆续的发掘中，一个惊人的历史奇迹和审美奇观便展现在全世界面前。这就是闻名中外的秦始皇陵兵马俑群，其数量之众多，造型之硕伟，神态之勇武，体貌之威壮，队形之齐一，阵势之严整，风格之写实，场面之宏大，氛围之肃穆，气魄之磅礴，群像之英武……都称得上史无前例，世罕其匹！概而言之，秦皇陵兵马俑主要有以下审美特征：

首先，陶俑造型高大硕伟、勇武逼人。这是秦始皇陵陶俑有别于其他时代明器雕塑的最突出的特点。在出土的大批兵马俑中，武士俑一般高度在1.8米左右，将军俑则高达1.96米，陶马也高约1.7米，其形体的大小高矮均不让真人真马（图1-14）。这种如实模拟真人真马的秦俑陶马，在直接的功利意图上似是为了用它们代替活的人马排成为皇帝送葬的军阵，在间接的审美效果上则显示出一种空前的具有鲜明时代风貌的宏伟气魄。

西汉时期的陶俑虽仍不失威武之势，但在陶俑的身高体形上却缩小了。如汉景帝阳陵陶俑群作为汉代等级最高、规模最大的明器雕塑（图1-15），从现已发掘的情况看，陶俑身高均在60厘米左右。陕西咸阳杨家湾出土的汉初名将周勃、周亚夫父子墓中的彩绘陶俑，人俑体形高者48.5厘米，矮者44.5厘米，马俑高者不过68厘米，小者也就半米。江

图1-15 阳陵陶俑（局部，汉景帝墓南区第17号丛葬坑）

苏徐州狮子山楚王墓中出土的彩绘陶俑高度则在30厘米上下。总之，西汉以后的明器陶俑，其高大程度均在秦俑以下。在这个意义上，秦始皇陵兵马俑堪称中国古代明器雕塑的巅峰之作。

其次，秦陵陶俑数目之多、场景之大令人吃惊。到目前为止，在秦始皇陵已发现俑坑4座，其中有1个是没有建成就废弃了的空坑。其余3座数1号坑（图1-16）最大，东西长230米，南北宽62米，深4.5—6.5米，面积约14260平方米，据试掘和钻探资料推测，全坑至少埋置陶俑6000件左右。2号坑面积约6000平方米，估计有陶俑900余件，另有战车89乘，驾车陶马356匹，陶鞍马116匹。3号坑最小，仅只520平方米，已出土陶马4匹，陶俑68件。总共加起来，三个坑的武士俑可能多达7000个，四马战车100多乘，驾车陶马和骑兵陶鞍马超过1000匹。想象一下，倘把这么多的兵马陶俑都挖掘出土，该是一种多么浩大壮观的场景！可以说，这种量的庞大为其"大美"品格的形成奠定了客观基础。

西汉陶俑在数量上有的陵墓比秦陵更多，不过大部分陵墓都有所减少，但相对于后代仍显可观。陕西汉景帝阳陵埋置的陶俑群，据推算总数将达4万件以上，一旦全部出土，那场景之浩大当不逊于秦始皇陵。陕西咸阳杨家湾出土的陶俑数量略少，但花样丰富，有骑马俑580多件（多于秦陵），步兵俑1800多件，舞乐杂役俑100多件，共计2548件。江苏徐州狮子山发现的彩绘陶俑（图1-17），种类繁多，姿态不一，不但有兵马俑，还有马俑、盔甲俑、发辫俑、跽坐捅、官员俑、侍从俑、仪仗俑、抚琴俑、女舞俑、仆役俑等等，其数目仅从已发掘的一、二号坑来看，就有2500件左右。可以看出，西汉陶俑的数量总体上并没有大幅减少，而其种类花样却又趋多，这就增加了生动性和世俗性，并仍保持着浩然壮观的大美气象。

再次，秦始皇陵陶俑的军阵排列和布局，尤显雄壮威猛之气势。秦俑的独特之处，就在于它不是一般的世俗人物的塑造，甚至也不是那种作为豪门富户之家兵的武装陶俑，而是作为国家机器的正规军队的再现，确切地说，它塑造的是一支阵营庞大、组织严整的皇家禁卫军。整个兵力的配置组合，森严整一，井然有序。一、二号坑的武士俑三列横队,面朝东方,为军队的前锋部队。三个领队身穿铠甲,其余兵士免盔束发,着轻便短褐,扎裹腿,穿薄底浅帮鞋,鞋带紧系,显示出其作为前锋部队"轻足善走"、骁勇善战的风貌。强大的主力部队是由三十八路纵队和几千个铠甲俑簇拥着战车而组成的,亦正面向东方,浩浩荡荡地向前挺进(图1-18)。在军阵两侧和后面均列有卫队,以防止敌人从两翼及后部突然袭击。如此严密的军阵组织形式,表明(或模拟)的是一种剑拔弩张的战时状态,一种进攻型的战斗格局,体现了秦朝军队的强大和"秦王扫六合"的无敌气概,显示了秦始皇一统华夏的伟大与辉煌,而且也是秦代那种特有的进攻型、征服型时代精神和强健型、壮美型文化品格的有力表征。

西汉明器雕塑基本也是送葬军阵场面的模拟,其阵容之齐整威严、气势之威武雄壮,亦与秦俑一脉相承。

第四,秦俑制作上以形似为主的写实风格较为突出。俑马陶塑与真人真马同大,全部武器均用实物,马车及马车装饰也是实物。军队体制、阵容队列的设计亦如秦军实况。在对人物头部的刻划上强调客观逼真,栩栩如生。以一号坑"第二过洞马前直立的三俑为例,一个面孔方圆,年纪略大。他双唇紧闭,圆睁大眼,凝视前方,表现了久经战争锻炼,沉着勇敢的性格。一个面孔修长,年纪轻轻。他头部微低,略有所思,看来是足智多谋的。一个面孔圆润,年纪较小。他生气盎然,满面笑容,表现了他满怀胜利信心,活泼爽朗的性格"(《临潼县秦俑坑试掘第一号简报》,《文物》1975年第11期)。这说明,秦俑虽皆为军士,但不是"千人一面",而是以真人为原型,以写实为准则,故显得互不雷同,各有特点。

特别值得一提的是,1999年在秦兵马俑二号坑又发掘出了6件彩绘跪射俑。这些彩俑不仅形体比例同真人大小,而且其彩绘颜色也体现着写实原则:头发为黑色,面部为粉红的肉色,铠甲赭石色,甲带为朱红色,战袍或绿、或蓝、或紫、或红,护腿颜色分两段,或上蓝下红,或上蓝下绿,鞋为赭石色,裸露的手和脚背为白里泛红的人体肤色。看起来,这些彩俑所着颜色极富装饰性,但实际上却并非虚拟,而是生活真实的摹写。秦王朝虽尚黑,以黑色为最尊贵的颜色,但"秦俑服装颜色则是当时社会服装流行色的缩影,反映了人们的审美观念和生活情趣"。这是由于当时社会处于变动转型时期,代表旧的等级观念的服色制度趋于崩溃,而适合新的统治阶级的服色制度尚未完全确立,于是,"在这一特定背景下出现服色'与民无禁'的情况"。所以,这些极富装饰性的彩绘颜色体现的依然是写实性审美趣好。据考证,"秦始皇陵兵马俑原来全部彩绘。由于山洪爆发,俑坑经大水浸泡,秦末又经项羽大火的焚烧,俑身上的颜色均已基本上脱落,仅存少量残迹"(以上参见《彩绘秦俑新出土》,《中国文物报》1999年7月31日)。所以这6件彩绘跪射俑的出土,对了解秦俑的原貌是很有意义的。从审美文化的角度说,它不仅美轮美奂,给人以强烈美感,而且也让我们进一步认识了秦代写实性雕塑的审美特色。

当然,秦俑的写实性还不能算是一种自觉的美学追求,而只是与实用性相适应的一种自然品性,或者说,只是用和真人真马同样大小的陶塑俑马来模拟为皇帝送葬的军阵而已。但是,这种对现实送葬场景的逼真模拟,客观上恰好使秦兵马俑呈现出一种前所未有的壮美气象。因为7000多个真人大小的兵俑,1000多匹真马大小的陶马,100多辆真物大小的战车,以军阵布局组织起来,这本身就是一种浩荡、雄武、威猛、壮伟的"大美"场景。从这个角度看,秦兵马俑的"写实",正是构成其"大美"气象的基本因素之一。

西汉的明器雕塑创作虽较秦俑更生动、更富情趣,如出现了较多的乐舞俑、杂伎俑、女侍俑以及牛、羊、猪等家畜动物陶塑,但在"写实"这一点上,却依然不悖秦风,而且还表现出日益世俗化、生活化,即更加"写实化"的倾向。

需要指出的是,秦汉之际明器雕塑的写实品性,还基本是一种以形似为主的写实。神采生动的陶俑虽有一些,但不占主流。大部分陶俑造型呆滞,表情生硬,动作刻板,缺乏个性。有人认为这可能正是当时兵士精神状貌的真实反映,有人则认为这种呆板划一正符合统治者丧仪场合的需要,因为这可以形成威严肃穆的氛围,酿成令人压抑的威慑气势。这些观点都有一定道理,但我们更倾向于认为,这种建立在实用基础上的写实性,其所以偏于形似,甚至偏于呆滞刻板,主要是因为受当时制作工艺水平的粗陋稚拙所限。然而从审美上说,这种制作工艺上的粗陋稚拙,却恰能产生出一种古朴厚重、刚毅沉雄的奇特艺术效果。

与明器不同,所谓纪念性雕塑,就是旨在表彰历史人物或纪念重大历史事件的雕塑。秦汉之际的纪念性雕塑,目前所能见到的年代最早的作品当数陕西兴平县茂陵附近西汉霍去病墓冢上的石雕群像。如果说,秦代雕塑的代表是秦始皇陵兵马俑的话,那么,西汉雕塑的范型就是霍去病墓冢上的石雕群像。

霍去病是西汉名将,他先后6次衔命击匈,均获大胜,控制了河西地区,解除了匈奴对西汉王朝的威胁,打开了通往西域的道路。不幸的是,霍去病胜利归来后不久即染病去世,年仅23岁。汉武帝痛失爱将,不胜悲悼,为表彰其战绩,缅怀其功业,给了他陪葬茂陵的殊荣,并模拟祁连山的形貌为他修筑了巨大的墓冢,墓上遍植林木,雕刻了许多动物石像放置其间,以象征野兽出没的自然环境。

现存于陕西兴平县茂陵博物馆的石雕有"马踏匈奴"、"跃马"、"伏虎"、"野猪"、

"卧象"、"牯牛"、"石鱼"、"石人"以及"怪兽食羊"、"野人搏熊"等作品16件。这些作品以其朴拙浑厚、雄大深沉的壮美风格，反映了西汉的国力声威和积极进取、奋勇开拓的时代精神，也铸造了一曲无声的英雄主义颂歌。

霍去病墓石雕群朴拙浑厚、雄大深沉的壮美风格主要表现在以下三点，其一，体积巨大，环境宏阔。这一纪念性石雕群通过"为冢象祁连山"（《汉书·霍去病传》）这一特殊的环境，来表现一种威武雄壮的英雄主义精神。雕像都用巨石刻成，长度都在1.6米以上，有的还长达2.7米。这种模拟山势的环境氛围和体积巨大的石材形式，本身即给人一种厚重壮伟的"大美"感。

其二，因势象形，朴拙粗犷。可能由于雕刻工具和技艺方面的限制，石雕明显把重点放在选择那些体积、质料、轮廓、形状等均符合所雕形象要求的巨型石材上，然后充分利用巨大石料的自然形状，不加或少加雕琢地进行创作。比如《石鱼》的创作就选取了一块类似鱼体轮廓的石材，再在前端用线刻出弧曲的鱼腮，又用线刻出双重圆圈以表圆睁的鱼眼睛，作品即告完成。虽然雕琢不多，但其造型却颇传神。又如《野人搏熊》（图1-19），只是巧妙地利用了一个起伏不平的大型"鹅卵"石块，外轮廓几乎未加任何雕琢，仅运用浅浮雕的形式，顺着石块的高低凸凹就雕刻出了一个野人的上半身：他用粗壮的双手，紧搂着一只熊，仿佛在进行紧张的搏斗。整个形象天然浑成，粗犷遒劲。这些作品在"因势象形"的创作方式中所表现出来的浑朴之趣、雄大之美，具有十分独特的审美价值，反映了西汉石雕艺人把握和驾驭"自然"的较高能力和水平，也隐约地显示了武帝时代那种特有的征服世界的强烈意识和宏大气魄。

其三，神态各异，动感有力。霍去病墓石雕造型多为卧姿。为避免容易产生的单调雷同之感，石雕作品着力突出不同对象形体、习性的个性特征，并在这种神态各异的表现中显示出内在的动感和力量。卧虎巨头前伸，圆睁虎目，仿佛伺机腾身前扑；卧牛姿态安详，情状温顺，好似负重劳作后正在休息（图1-20）；卧猪则四肢伏地，长嘴平伸，一副懒散模样；卧马虽躯体伏地，但已伸长脖颈，似乎已听到召唤，准备一跃而起。有意思的是，这种神态各异的塑造似乎又隐含着某种意蕴上的二元对峙结构，如牛的温驯与虎的威猛，羊的善良与兽的残忍，卧象的安详与卧马的机警，卧猪的懒散与跃马的奋起，还有人兽相搏的内在紧张，怪兽食羊的神秘恐怖，特别是"马踏匈奴"造像（图1-21）中马的豪迈雄劲、稳健卓立与马下匈奴的矮短凶恶、垂死挣扎等等。在这种极富张力的对比、对峙关系中，一种内在的动感和威势得以强烈地展示出来，给人以深刻的震撼。这是一种古典意义上的真正的壮美感。

"马踏匈奴"是霍去病墓前石雕中一件最著名、最富有意味的雕塑作品。这一件圆雕长1.9米，高1.68米。主体形象是一匹壮健轩昂的战马和被踏在马下狼狈挣扎的匈奴奴隶主，二者作为具有象征意义的典型形象，共同构成了对霍氏生平功业的纪念性、歌颂性主题。这匹战马，矫健轩昂、浑厚有力，充溢着一种征服者、胜利者的豪迈与自信。与之形成鲜明对比的是一个被踏在马下、满脸胡须、面目狰狞、仰面倒地、垂死挣扎的敌人形象。他将手中的长矛刺向马腹，而骏马似乎毫不理会，依旧巍然不动，稳如泰山，显示出凛然无敌、浩气冲天的英雄气质和风采。

　　总之，无论是秦汉之际的陵墓陶马，还是霍去病墓前的石雕马，这些马的造像都无一例外地表现了一种时代性的英雄主义题旨。它们成为该时代精神的一种"范型"，一种象征。这一时代性的英雄主义题旨意味着开拓、进取、征服和胜利，意味着豪迈、英武、自信和博大。它表征着一种外向型、事功型、刚健型的人格美理想，表征着一种真正的英雄、或《淮南子》所标榜的"大丈夫"气概，由此也就从根本上铸就了一种"大美"型的文化。

3 "闳侈钜衍"：
将"广大之言"推向极致的文学

《汉书·扬雄传下》中说："雄以为赋者……必推类而言，极丽靡之辞，闳侈钜衍，竞于使人不能加也。"颜师古在这段下面作注曰："言专为广大之言。""广大"者，广博宏大之谓也，"闳侈钜衍"之义也。"闳侈"，指文章宏大恣肆，"钜衍"，谓文辞广博繁富。"闳侈钜衍"，也就是一种具体的、直观的"广大"。它在这里主要指涉的是"言"的一种形态，一种文学话语的表达方式。《汉书》认为将这种"广大之言"的表达推向极致，是扬雄为赋的主要特点。

其实，扬雄之赋，步趋的是司马相如之赋，而司马相如之赋，亦非空谷足音，正如《汉书·艺文志》所说："汉兴枚乘、司马相如，下及扬子云，竞为侈丽闳衍之词……"而且，不独辞赋是这样，其他文学类型，诸如论说散文、史传散文等也是如此。可以说，将"广大之言"推向极致，或使"闳侈钜衍"达到无以复加之境，是整个秦汉之际文学所凸现出来的话语表达方式。

这是一种与这个时代的"大美"型文化气象息息相通的文学话语方式，或者说，它就是这一时代的"大美"型文化气象在文学领域的一种映现。正因如此，这一时代的文学，特别是散文和辞赋，在中国文学史上创出了一种范本，达到了一个高峰。

那么，秦汉之际的文学是怎样"专为广大之言"的呢？对此，我们拟从这一时期文学创作的主体——"士"阶层的特定心态谈起，再以论说散文、史传散文和散体大赋为范例，作一些阐释和描述。

士人心态

士人心态与他们的生存状态息息相关。

在中国历史上，士人阶层一直是一个十分特殊而重要的社会群体。一方面，他们有才学，有见识，神思睿敏，智慧练达，在社会中是最清醒的一群。他们忧国忧民，"士志于道"（《论语·里仁》），有建功立业、一展宏图的欲望和冲动，积极追求自我价值的实现，是社会上最不甘寂寞的一群。在这个意义上，他们可以称为社会文化的"精英"，也自然是审美文化最直接的创造者和阐释者。另一方面，他们又始终没有独立的人格和自主的地位。在宗法伦理的等级制社会体系中，他们总是一群君主意志的追随者和皇权政治的依附者。他们的幻想、欲望、痛苦和欢乐几乎都系于帝王君主一身。后者的爱憎好恶，决定着他们自我价值实现的可能性。所以，他们又是社会中最能感受到人生难料、命运多舛的一群，也是最具"忧患"意识和"悲怆"体验的一群。于是，他们便设计出了诸如"有道则见，无道则隐"（《论语·泰伯》），"用之则行，舍之则藏"（《论语·述而》），"穷则独善其身，达则兼善天下"（《孟子·尽心上》）等进退有方的生存策略，当然从另一方面看，这个生存策略也是"士人"阶层的一种人格操守。可以说，这种人生策略是真正中国"士人式"的，反映了这一处境微妙的社会阶层的特定生存状态。

对于中国"士人"来说，除战国时期外，汉代正是一个难得的可"见"可"行"的好时代（秦代独标吏法政治，故除李斯等少数法家之士尚得见用外，大批文人学子在"焚书坑儒"的文化灭绝政策迫害下无不噤若寒蝉，销声匿迹）。汉初一度崇尚黄老无为，继而实行申、韩刑法，而不太重学问文章，使得大批文人只好寄身诸王门下，当起了游士食客。比如齐人邹阳、吴人枚乘先后投靠过吴王刘濞和梁孝王刘武，司马相如也曾以辞赋为手段在梁孝王处混过。淮南王刘安则招致宾客方术之士数千人，让这些文人给他编写了一部很有名的书叫《淮南子》（也叫《淮南鸿烈》）。但随着汉代社会的巩固与发展，黄老之学和申、韩刑法的缺陷日益显露。黄老的清静无为只是帮助汉初统治者恢复生产、稳定社会的一种暂时手段，而为强化政治秩序所采取的申、韩刑法，又容易走向秦人"以吏为师"、"以法为教"的旧途，显然也不是长久之计。这样，要革除秦政弊端，达到长治久安，就必须开辟新路，建立新的统治思想体系。于是，董仲舒提出的"罢黜百家，独尊儒术"便被汉武帝采用，进而以礼乐教化为主的文治思想和政治制度便发展起来。由此，"士人"阶层时来运转，从诸王门客一变而为朝廷重臣，从社会的"边缘人"一下子进入了权力中心，在政治舞台上有机会实实在在地"兴造功业"、创造辉煌了。

汉代士人得益于汉武帝实施的"独尊儒术"的文治策略，其主要标志便是"五经"博士的设立。博士即博学之士。汉之前，如战国时的齐、鲁、魏等国已有博士一职。秦时博士有文学、诸子、方术诸类型，大凡有某种专门知识或特长的人都可做博士。但汉武帝专设"五经"博士，就使博士一职为儒家经师所垄断。从此，中国的历史与哲学便沿着汉儒所谓"通经致用"一途走向政治,中国士人由此也与政治结下不解之缘。汉代博士官品虽不很高,但地位却极受尊崇,可直接与皇帝对话,其升迁之路也很宽广,"高为尚书,次为刺史,其不通政事,以久次补诸侯太傅"(《汉书·孔光传》)。号称"副天子"的丞相一职多为博士担任也由此始。在此之前,汉朝丞相皆由封侯者(即军人)担任,所谓"非封侯不拜相"。如高祖时萧何,惠帝时曹参、王陵、陈平、审食其,文帝时周勃、灌婴、张苍等丞相,皆为军人出身,景帝时的陶青、周亚夫等丞相,皆为功臣子嗣侯,亦出身军人之家。而武帝始以专治《春秋》的博士公孙弘为相,自此开"五经"博士任相之先河。昭、宣以下,非儒者绝不能居相位,已成定制。从这里可以明显感到汉王朝实施文治之决心,亦可见出士人阶层的优越地位确已非同往昔。当时邹鲁一带有谚语曰:"遗子黄金满籯,不如教子一经",便是这种尚文尊士之风的写照。

为了更广泛地招揽人才,推行文治,汉武帝还为博士设弟子员。弟子员额定50人,倘能通经,便可得补郡国史,成绩更好的还可为郎中,于是士人们又多了一条文学入仕的正途。另外,汉武帝又进一步完备了察举制度。察举是一种由下而上推选人才举荐为官的制度。汉儒董仲舒就是这样被举荐出来的。"后遂令州郡举茂材、孝廉,皆自仲舒发之。"(马端临《文献通考》卷二十八《选举考一》)察举制度的实施,进一步扩大了文人学子入仕为官的途径,令众多士人"精英"脱颖而出,成为汉代王朝的政治栋梁与文化"师儒"。司马迁对此描述道:

> 公孙弘以《春秋》白衣为天子三公,封以平津侯。天下之学士靡然向风矣。……自此以来,则公卿大夫士吏斌斌多文学之士矣。(《史记·儒林列传》)

东汉蔡邕对此更是心旌神往地评论道:

> 孝武之世,郡举孝廉,又有贤良、文学之选,于是名臣辈出,文武并兴。汉之得人,数路而已。(《后汉书·蔡邕列传》)

这也就意味着,有汉一代的煌煌功业,与汉武帝"独尊儒术"的文治政策,以及由此产生的以文人为主干的政府组织是有一定关系的。钱穆说:"汉政府自武帝后,渐渐从宗室、军人、商人之组合,转变成士人参政之新局面。""自此汉高祖以来一个代表一般平民社会的、素朴的农民政府,现在转变为代表一般平民社会的、有教育、有知识的士人政府,不可谓非当时的又一进步。"(《国史大纲》修订本,上册,商务印书馆1996年,第148页、149页)

可以想象,这是一个给士人学子以广阔发展前景,让士人学子扬眉吐气的时代。特别是种种人才遴选方式，主要贯穿的是重德唯才的原则，而不是一味地讲世袭，看出身。这对广大有抱负有才能的中下层知识分子来说，真真称得上是"得遇其时"。例如，像公孙弘这等大才，未进之时，只不过是放猪牧羊之辈，而今位列上卿，权倾朝野。还有许多士人的情况也与之相类似。对此，班固感慨地说道：

> 非遇其时，焉能致此位乎？是时，汉兴六十余载，海内艾安，府库充实，而四夷未宾，制度多阙。上方欲用文武，求之如弗及，始以蒲轮迎枚生，见主父而叹息。群士慕向，异人并出。卜式拔于刍牧，弘羊擢于贾竖，卫青奋于奴仆，日磾出于降虏，斯亦曩时版筑饭牛之朋已。汉之得人，于兹为盛……是以兴造功业，制度遗文，后世莫及。（《汉书·公孙弘卜式儿宽传赞》）

汉武时代这种不拘一格，惟才是用的政治策略，不仅造成了大汉帝国的空前强盛，而且也让一大批有才有志的士子，特别是那些出身低微的下层文人真正有了"遇其时"、"遂其志"的感受。他们看到命运之神在向他们频频招手。这怎不令他们满怀感激地发愤向上，一腔热血地报国立功，充满豪情地一展宏图呢？

所以，"独尊儒术"的文治政策，首先唤起的是士人们的一种内在积极的情绪、抱负、志向、信心、欲望、幻想……对于他们来说，现在要进行的人生选择自然就不是"藏"和"隐"，不是单纯的"独善其身"，而是积极的"行"和"见"，是热情地介入现实，"兼善天下"。因此，反映在他们的精神状态、内心生活上，自然主要的就不是感时伤世的忧怨和悲怆，也不是醉生梦死的消沉和颓唐，而是视野开阔、生气勃勃、豪迈奋发，充满自信。

反映在审美文化上，这种士人所代表的社会文化心态，直接造成了一种整体上偏于感性的、直观的、扩张型、外向型的"大美"文化形态。该时代的士人文化心态与"大美"文化形态之间的内在联系，主要表现在他们对一种"广大之文"的写作上。也就是说，当他们那激荡亢扬的豪情、信念、胸怀、理想需要倾诉和表达时，他们便选择了"文学"（或汉人所说的"文章"）这种特定的体裁与审美的方式，而且，他们选择的不是别样的文学，而是一种能充分容纳和满足他们这种外向性、扩张性心理欲求的"广大之文"，即一种"润色鸿业"的，"铺张扬厉"的、"闳侈钜衍"的文学，一句话，一种感性壮美的文学。

如果从秦汉之际的广阔视野看，这种"广大之文"的典范作品大致是，以《谏逐客书》、《过秦论》、《报任安书》为代表的论说散文，以《史记》为代表的史传散文，以《子虚》、《上林》为代表的散体大赋。

图1-16 秦始皇陵一号坑兵马俑

图1-14 秦始皇陵军吏俑

图1-3 拂袖舞女俑（陕西西安白家口汉墓出土）

图1-12 秦始皇陵（陕西临潼）

图1-13 茂陵（汉武帝墓，陕西兴平）

图1-19 野人搏熊（霍去病墓前石雕）

图1-21 马踏匈奴（霍去病墓前石雕）

图1-17 汉楚王墓彩陶俑（江苏徐州狮子山楚王墓）

图1-18 秦始皇陵兵马俑武士俑群（背视）

图1-20 卧虎与卧牛（霍去病墓前石雕）

论说散文

论说散文即论辩说理之文，是散文之一种。早在先秦时期，论说散文就已相当发达。文学史上所讲的先秦诸子散文，都可称做论说散文。当时之所以会出现论说散文如此发达的情形，主要与“士”阶层在春秋战国时代的崛起有关。那时的“士”阶层作为一种有知识有学问的社会力量，在诸侯列国之间具有十分特殊的重要地位。各国想富国强兵，称霸天下，或者在最低限度上保存发展自己，就需要有真才实学的人来给以辅佐和帮助，于是招贤纳士便成为当时盛行于诸侯王中间的一种时尚，而“士”阶层的社会地位也因此而有了较大提高。他们通过思想和语言，通过智慧和才能证实着自己的价值，实现着自己的抱负。在这一过程中，一种旨在论辩说理的文体——论说散文也随之大大发展起来。

论说散文得以产生的客观背景，决定了它的鲜明浓厚的社会功利性质，这与一般的文学作品是有所区别的。从这个意义上说，它不能算是纯粹严格的文学。但它在论辩说理过程中所流注的强烈情感，所充溢的才性气势，所融贯的修辞技巧，所显现的话语魅力等等，又无一不表征着它的文学性格。文学，就其本义而言，其实就是一门语言的艺术。它一方面在“说什么”上有自己特定的内容，一方面在“怎么说”上有自己鲜明的个性。正是在“怎么说”这一点上，论说散文充分显示了它的文学品格和审美价值。从创作动因上说，由于“士”阶层想把他们治国安邦、强国富民的思想和谋略准确完满地传达出来，获得国君的认可与赏识，进而显露自己的才华，实现自己的目的，就不能不在“怎么说”上下功夫。有的时候（据《战国策》中的某些记载）甚至“说什么”并不重要，重要的就是“怎么说”。于是铺排、夸饰、渲染、虚构、想象、情采、文气、声势、辞藻等，便成了“士”阶层在论辩说理时常用的手段，或者说，成了论说散文这一文体的基本审美特征。

秦汉之际的论说散文大致是先秦论说散文的延续和发展，但又带上了新时代的个性风采。有人称之为战国之遗响，秦汉之新声，颇为精当。所谓战国之遗响，就是它在文体形式上仍带有先秦论说散文的鲜明印迹，而所谓秦汉之新声，则是讲这一文体至秦汉之际又被贯注了一种新的精神和气象。正是这两方面的融合，使秦汉之际的论说散文成为古典散文的范本。

那么，从审美文化史的角度看，秦汉之际的论说散文究竟有哪些值得关注之处呢？

从总体言，这时期论说散文大抵以奏疏、议论、书信等为形式，其“话题”（内容、对象）与先秦差不多，也属于所谓"宏大叙事"的范畴。所论之事大都为治国安邦之道、居安思危之理、用贤任才之策、富民强兵之术等，体现了士大夫对王道、国事、政治、现实等近乎宿命的关心和热情。如秦朝李斯的《谏逐客书》，是劝秦王政不要将居秦的客卿赶走，因为那都是些八方贤能，当世俊才，他们对秦王横扫六合、称霸天下的事业会很有用。再如西汉早期贾谊的《过秦论》，指出强大的秦王之所以会败在"氓隶之人"陈涉之手，原因只有一个，那就是"仁义不施"，从而提出了施仁政、重民心的基本思想。文、景之际晁错的《论贵粟疏》则以"开其资财之道"为治国之本，主张重农抑商，发展生产。另有董仲舒《贤良对策》三篇，向汉武帝提出加强"大一统"，实行"罢黜百家，独尊儒术"的政治建议，等等。

武帝之后，随着士人阶层社会地位和生存状态有了较大变化，论说散文也开始出现诸如歌功颂德、劝谏讽谕、抒志发愤等内容。这意味着论说散文的审美内涵正在发生某种转换。

司马相如献给汉武帝的《封禅文》，称得上是一篇以歌颂"大汉之德"为主旨的范文。而司马迁的《报任安书》则似乎走向另一极致，专意抒发忠而见疑、无辜受刑的悲愤，控诉汉武帝的酷吏政治。西汉后期刘向的《谏营延陵过侈疏》、《极谏用外戚封事疏》等奏疏，则对大修陵墓、外戚当权等政治弊端予以抨击。可以看出，这是一种与以往颇为不同的论说散文。

大体说来，秦至西汉前期的论说散文在内容上有一突出特点，那就是都洋溢着一种饱满的政治热情。对于士人出身的作家来说，政治、国家、王道等等事情仿佛不是外在于他们的，而是与他们息息相关的，甚至说，就是他们自己的事情。他们对这些事情的关心和焦虑，就是对自己前途、命运的关心和焦虑。因此，他们在这些事情上披肝沥胆，竭忠效命，并不是被迫无奈的，不是一种权宜之计，也不只是一种生存手段，而是他们生命的自我"燃烧"，是他们思想感情的自然流泻，是他们人生价值的自由选择。李斯在《谏逐客书》中对秦王政说：陛下您爱好天下的珍宝声色，却要将"客卿"（居秦的异国贤士）们统统赶走，"此非所以跨海内、制诸侯之术也"！您把良才贤士们都赶到敌国那里，这不是"损民以益仇，内自虚而外树怨于诸侯"吗？这样一来，要想国家无危，"不可得也"。这样的陈述，虽不排除李斯希望秦王留用自己的一点"私心"，但主旨却是一心替秦王着想，为国家考虑，充满了对秦国政治利益的焦虑和关怀；即使他真的有一点"私心"，也是同对国家前途的深切关怀通融为一的。汉初贾谊的《过秦论》通篇都是带着对大汉帝国的绝对忠诚，来对秦朝灭亡的原因进行思考和总结。这篇文章从文体上看似乎不是直接上疏皇上和朝廷的，但实际上却是为皇上和朝廷的政治利益而作的。

它认为汉朝要想长治久安，就要汲取秦朝因"仁义不施"而顷刻覆亡的教训，以"仁政"为强国之本。这里所表现出的对皇帝、朝廷和国家的拳拳之心、殷殷之情与李斯之文如出一辙。其他如晁错的《论贵粟疏》、邹阳的《狱中上梁王书》、董仲舒的《贤良对策》等文章，亦大体可作如是观。这是一种极能反映秦汉之际时代精神的文人心态和写作态度。他们那外向张扬、亢奋激荡的政治热情，为这时期文学之壮美气象的形成，提供了一种深广而有力的基础。

这一时期论说散文的"论说"方式也值得一说。实际上，强烈的外向性政治热情自然需要一种与之相应的论说方式。这一论说方式的基本审美功能就是最大可能地发挥语词本身的描述和修饰作用，以充分表达和体现内容层面上亢奋张扬的外向性政治热情。也就是说，语词在这里的作用并不仅仅是"记述"，更是一种"描绘"和"夸饰"。它要让所记述的事实和思想产生一种强烈、鲜明、"膨胀"的审美效果。这种描绘和夸饰并不是要遮掩、弱化事实与思想，恰恰相反，它正是要更有力地突出事实和思想。

所以，铺叙、排比、夸张、反衬、对比、重复、渲染、藻饰等，就成为这一论说方式的主要表现。李斯的《谏逐客书》就是将说理寓于极尽铺排的叙述之中。在论辩人才（客卿）对秦王霸业的重要性时，它不是简单地说说而已，更非"不著一字，尽得风流"，讲究含蓄蕴藉，而是围绕中心，层层展开，一一叙及，步步深入，多角度、全方位地加以铺叙，必欲说尽论透而后快。它对秦国历代国君赖客卿之力而不断发达的事实就采取"一一历数"的叙述策略。该手法的大量运用，使得文章的论述过程如浪似潮，排山倒海，滚滚而来，其不可抵御的强大的逻辑力量和论辩气势，不由得秦王政不信服。

在贾谊的《过秦论》中，这种铺排方式依然是主要的修辞手段之一。为了揭示秦朝灭亡的根本原因，也为了造成同秦朝的掘墓人陈涉的鲜明对比，文章首先一一历数了秦国从秦孝公到秦始皇共七代帝王步步强盛的过程，也一一历数了这一过程中辅弼历代秦王横扫天下的诸多贤士，从而造成秦国（朝）已成"子孙帝王万世之业"的强烈阅读印象，然后笔锋一转，如此"威震四海"的秦朝竟顷刻间亡于"氓隶之人"、"迁涉之徒"陈涉之手，原因究竟何在？于是，一个虽仅11个字，却沉重无比、触目惊心的主题呼之即出："仁义不施，而攻守之势异也！"

应当说，铺叙排比是这时期论说散文基本的"论说"方式，而夸张、对比、反衬、渲染、藻饰等手段则杂糅其间，辅助其中，愈加强化了文章的雄辩力量。比如《谏逐客书》说秦王政不爱异国贤士却爱异地珍玩用的是反衬对比，《过秦论》讲秦国勃兴强盛的不可阻挡与秦朝顷刻覆亡的不可逆转用的也是反衬对比。这些反衬对比手法使文章在一种内在结构的紧张关系中产生出强大的思想冲击力和情感震撼力，给人以泾渭分明、豁然开朗的美感。再比如《过秦论》写秦国力战"九国之师","追亡逐北,伏尸百万,流血漂橹",用的是夸张、渲染。写秦统一中国后"践华为城,因河为池,据亿丈之城,临不测之渊以为固"等,用的也是夸张、渲染。除此之外,讲究声韵协调,辞采华丽的藻饰之美,也是这时期论说散文的一大特点。鲁迅《汉文学史纲要》中就曾说李斯《谏逐客书》"尚有华辞"。这从审美感知的角度也有力地强化了文章的感染力。

汉武帝以后,随着西汉朝政的巩固和皇权的加强,一方面,"士"阶层对集权政治的依附性日益明显,另一方面,西汉王朝在达到鼎盛之际,君主专制的内在弊端也逐渐显露。这种境况反映在论说散文的内容上,就出现了以下几个特点:

一是歌功颂德的文章多了,以司马相如的《封禅文》为代表。《封禅文》堪称一篇辉煌的颂文。它热烈地赞美着"大汉之德",说"大汉之德,逢涌原泉,沕潏曼羡,旁魄四塞,云布雾散,上畅九垓,下泝八埏……";尤其热情地颂扬着孝武之世,说汉武帝"仁育群生,义征不譓,诸夏乐贡,百蛮执贽,德牟往初,功无与二"。这样的歌功颂德文字,多少是有阿谀成份的,但又不能完全看做为奉承之作。因为汉武帝时代确实是古代少有的一个繁荣强盛的时代,而且武帝施行的文治政策,也委实让士人们感到了莫大的鼓舞和欢欣,所以身处当代的司马相如写出这样的文章,其中也是不乏他的真实心声的。该文情绪之饱满、气魄之非凡、辞意之昌大、文彩之辉煌,在很大程度上反映了这一时代繁盛的社会现实和亢扬的士人心态,从一个特殊的角度将秦汉之际文学的壮美气象推向了一个新阶段。

二是表现抑郁不平之气,抒发牢骚愤懑之情的文章多了。东方朔的《答客难》、《非有先生论》,扬雄的《解嘲》等即是这类作品,不过其中最有代表性的还是司马迁的《报任安书》。这篇被举为"百代伟作"、"千古奇文"的作品,以愤激慷慨的情绪笔调,叙述了作者因李陵事件而受宫刑的经过,抒发了他忠而见疑、无辜受刑的悲愤,暴露了汉武帝时代的酷吏政治,表达了自己忍辱负重、矢志不渝地写作《史记》的崇高意志和坚定决心。该文的最大特点就是寓理于情,不仅以理谕人,更是以情动人。一股浓烈的、激荡的、深郁的冤情、悲情、幽情、豪情、真情、激情、愤懑之情、压抑之情、不屈之情、奋发之情,洋溢于字里行间,贯穿于行文始末,给人以强烈的心灵震撼。这里的"情",不同于秦与汉初那种外向性的政治热情,而主要是一种由宫刑之辱所催发的、由人生的永恒信念、价值、理想等所撑持的生命激情。文学情感内涵的这一变化,对于论说散文,乃至对整个古代文学的发展而言,都是值得注意的。它至少意味着,在士人作家所恪守的价值信念与伦理政治的现实之间,在个人的抱负与朝廷的承诺之间,甚至在君与臣之间,已经不再像过去士人所想象的那样融洽无间了。司马迁极其痛苦地感受到了这一裂缝的存在。当然，他还不能在理性上对此作出自己的解释和选择，他只能用《报任安书》这篇雄文来宣泄这种痛苦，并力图用"究天人之际，通古今之变，成一家之言"的《史记》写作来抵消这种痛苦，以让生命获得真正的不朽和辉煌。所以司马迁此文之旨，虽痛苦但不消沉，虽悲愤却不自弃，而是仍喷礴着一股亢扬雄放的情感力量，仍融贯着一种伟大阳刚的人格精神。文中写道：

> 人固有一死，或重于泰山，或轻于鸿毛，用之所趋异也。……古者富贵而名摩灭，不可胜记，唯倜傥非常之人称焉。盖文王拘而演《周易》；仲尼厄而作《春秋》；屈原放逐，乃赋《离骚》；左丘失明，厥有《国语》；孙子膑脚，兵法修列；不韦迁蜀，世传《吕览》；韩非囚秦，《说难》、《孤愤》；《诗》三百篇，大抵圣贤发愤之所为作也。此人皆意有郁结，不得通其道，故述往事，思来者。……仆诚以著此书，藏诸名山，传之其人，通邑大都，则仆偿前辱之责，虽万被戮，岂有悔哉！然此可为智者道，难为俗人言也。（据中华书局影印李善注本《文选》）

这篇文字向我们展示了一颗忍辱负重、志存高远的伟大灵魂。明人孙月峰说，该文"读之使人慷慨激烈，唏嘘欲绝，真是大有力量文字"（《评注昭明文选》引）。又有清人吴楚材在《古文观止》中评该文道："其感慨啸歌，大有燕赵烈士之风；忧愁幽思，则又直与《离骚》对垒。文情至此极矣！"《报任安书》确乎是一篇极为独特的壮美之文，它为秦汉之际论说散文的壮美气象，增添了一道绚烂无比的奇光异彩。

三是西汉中期以后，随着前期那种亢奋的外向性政治热情的消敛，论说散文中出现了一些温文尔雅、醇厚典重、侃侃而谈、坐而论道的作品，从中可以看出，一种趋于冷静的、理性化的审美倾向和写作态度开始形成。代表作品有董仲舒的《贤良对策》、桓宽的《盐铁论》、刘向的《谏营延陵过侈疏》、《极谏用外戚封事疏》以及扬雄的《太玄》、《法言》等。这些论说散文大都引经据典，层层分析，不急不迫，反复论述，洋洋千言，雍容和缓，循循善诱，深切著明，将为政之道，从学之理，匡时之意，救弊之情娓娓道来，既从容平易，又深沉厚重。它们之于审美文化的意义，在于建立了一种不同于西汉前期那种议论纵横、激切慷慨、豪迈雄放风格的新的论说方式。这种论说方式在深沉浑厚、舒缓典雅中虽仍不失壮美之风采，但终究有些内敛，有些婉转，有些心平气和了。当然，西汉后期扬雄的《解嘲》等文章还遗留一些慷慨的气势与雄辩的情采：

> 夫上世之士，或解缚而相，或释褐而傅，或倚夷门而笑，或横江潭而渔，或七十说而不遇，或立谈间而封侯，或杖千乘于陋巷，或拥彗而先驱。是以士颇得信其舌而奋其笔，室隙蹋瑕而无所诎也。当今县令不请士，郡守不迎师，群卿不揖客，将相不俛眉；

言奇者见疑，行殊者得辟，是以欲谈者宛舌而固声，欲行者拟足而投迹。向使上世之士处乎今，策非甲科，行非孝廉，举非方正，独可抗疏，时道是非，高得待诏，下触闻罢，又安得青紫？且吾闻之，炎炎者灭，隆隆者绝；观雷观火，为盈为实，天收其声，地藏其热。高明之家，鬼瞰其室。攫挐者亡，默默者存。位极者宗危，自守者身全。是故知玄知默，守道之极。

你看，上世之士是何等潇洒，何等舒畅！他们"颇得信其舌而奋其笔，窒隙蹈瑕而无所诎"，有一片自由发展的天地。而今世之士都是"言奇者见疑，行殊者得辟"，只好"欲谈者宛舌而固声，欲行者拟足而投迹"，最后只好以"默默"而苟存，以"自守"而全身。从这些文字中我们仍可感受到作者的慷慨之情和雄辩之力，但也同时感受到一种生命能量深受压抑的沉重和悲苦，感受到这种慷慨之情和雄辩之力已明显地底气不足了。文章每每回到清静寂寞、默默自守的题旨上去，显出一种无可奈何的心态，读来让人备觉清冷和空茫。这似乎预示着作为论说散文之范本的"西汉之文"已历史地走向了衰微。

史传散文

汉代是一个史传散文勃兴的时代。

有人说，中国古代文化是一种"史官文化"，这话有一定道理。《汉书·艺文志》载："古之王者世有史官，君举必书，所以慎言行，昭法式也。"这里一是说明了史官文化发达的原因，一是指出了史官一职的基本职能，那就是监督君主言行，昭示规范法度。就后一方面看，古代史官在社会政治体制中的地位十分特殊。

史官的渊源实际上是"巫"，即所谓"巫史"。它作为联系神界与人界的一个中介环节，担负着对下传喻上天旨意和对上汇报人事民情的双重使命。传喻上天旨意的主要方式是卜筮及对卜筮兆象所作的推测和解释。汇报人事民情的主要方式则是记史，把人间发生的事，特别是君主的言行和人民的情况记录下来，以让上天明鉴。后来，特别到西周有了较完备的国家政权形式，"巫史"的双重使命才出现分化，其"巫"的一面主要留落在民间，而其"史"的一面则在国家体制中发展为专门的官职，形成了发达的史官之制。但是，史官虽没有了"巫"的角色特征，却仍保留着原始"巫史"代天立言记事的神圣信念和使命感。因此，他作为朝廷命官，固然要按统治者旨意行事，但其代天立言记事的神圣信念和使命感，又使之在人格上、精神上保持着一定程度的独立性。这也是历史上常有史官因坚守信念、直书无隐而同统治者发生冲突的重要原因。古代史官的这种特殊地位使他在记言录事的同时，又常对所记人事做出某种是非善恶的价值判断和好恶褒贬的情感评估。这样，历史在古代史官那里，就常常具有很强的主体性色彩，记言录事不是一种纯机械被动的写作行为，而是一种带有主观体验色彩和创造冲动的能动性活动——历史因此沟通了文学，同文学建立了内在的联系。这也就是古代许多历史学家同时也是文学家的缘由。

一方面是史官文化的极为发达，一方面是史学与文学的不解之缘，造成了中国古代审美文化的一个奇特景观，那就是史传散文的蔚为繁盛。

从史传散文的"传"主要指以人物为中心的传记这一角度看，先秦时期的历史散文还不能算严格意义的史传散文。它们大都以记言或记事为主，人物描写只是记事、记言过程中兼而为之的现象。但正是这种兼而为之的人物描写，成为史传散文发展的渊源和胚胎。秦汉之际才是史传

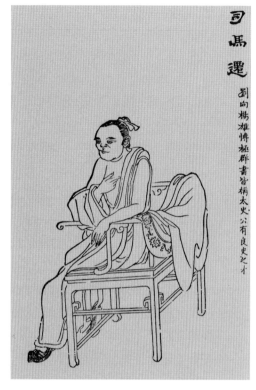

图1-22 司马迁像（清刻本《晚笑堂画传》）

散文真正的开创期。司马迁（图1-22）的《史记》作为一部以人物为中心记叙历史事件的纪传体著作，标志着史传文学的诞生。

对于中国审美文化的发展而言，史传散文《史记》的独到内涵、特征、意义是什么？

首先，它最令人瞩目的是那种宏大的、广阔的、深邃的、高远的历史视野和纵横古今、雄视百代的壮伟气魄。应当说，这种宏阔的视野和壮伟的气魄只有在"大一统"的汉代鼎盛时代才会成为可能。因此，虽然《史记》看起来只是一种个人的写作行为，但它所依恃所反映的却是那个时代的主流审美文化精神。

《史记》是中国第一部纪传体通史著作。它记述了上自黄帝，下至汉武帝太初年间，大约3000多年的历史。在体例结构上有十二本纪、十表、八书、三十世家、七十列传，共130篇。其中"本纪"、"世家"、"列传"大都为人物传记，共计112篇，为《史记》内容最精彩的主体部分。翻开"本纪"十二，我们看到的是从远古"五帝"开始的历代、历朝帝王的兴废之迹及与之相关的重大历史事件。显然，司马迁是以历代帝王作为历史事件的中心人物来加以描述的，同时这种描述又是他整个历史描述的统率和主纲。阅读"世

家"三十,除《孔子世家》、《陈涉世家》外,其他各篇均为春秋战国及汉代各主要封国诸侯、勋贵的传记。显然,如果"本纪"是以帝王为主角的话,"世家"则基本以诸侯为对象。那么,"列传"七十又主要是写的谁呢?《史记索隐》说:"列传者,谓叙列人臣事迹,令可传于后世,故曰列传。"这一说法不确。实际上,"列传"所叙人物远比"人臣"要广泛得多、繁杂得多,其中包括贵族、贵族公子、各种官僚、政治家、军事家、思想家、文学家、经学教授、策士、隐士、说客、刺客、游侠、土豪、医生、卜者、商人、俳优、幸臣以及少数民族匈奴、大宛、西南夷、南越、东越、朝鲜等等。由此可见,《史记》所写人物范围,几乎涵盖历朝历代,各色人等。通过这一系列人物有声有色的活动,司马迁向我们展示了历史大舞台上一幕幕恢宏悲壮的人间活剧,一幅幅波澜壮阔的历史画卷,一篇篇深沉亢扬的时代华章!这种由大视野、大气魄而勾画出来的大场景、大历史,折射出来的正是在"大一统"的西汉语境中盛行的"究天人之际,穷古今之变"的"巨人"心态,表征的也正是在这一时代蔚为主流的"大美"文化气象。

其次,《史记》作为史传文学,其突出特色是它鲜明的写实精神。晚于司马迁不远的西汉刘向、扬雄以及东汉班彪、班固父子都认为,《史记》的基本精神就是"实录",而所谓"实录",也就是"其文直,其事核,不虚美,不隐恶"(《汉书·司马迁传》),亦即客观地述录历史事实。这种"实录"精神实际上与前面谈到的"巫史"时代即已形成的"直书无隐"的神圣信念和使命感有着深刻的联系。当然,对于司马迁而言,"实录"不仅是一种史学精神,也同时是一种美学追求,也就是说,通过这种"实录"式写作,他不仅要写出一部比较客观、完整、全面的历史,而且还要塑造出一系列有血有肉、富于个性的人物形象。通过这些人物形象,人们不仅可以生动直观地"看到"历史,而且还可以从中获得极大的审美满足和愉快。

实际上,"实录"是需要骨气和勇气的。对于先秦时期的史实,"实录"无非就是尽量客观地考订、选取、使用和表述历史资料的问题,而对于秦汉之际的近百年史,"实录"就不仅仅是个如何处置历史资料的问题,而更是一个直面现实、记录现实、评价现实的问题。这里面的诸多"忌讳"是不言而喻的。司马迁的"实录"精神正是在这里体现了它光辉的历史品格和美学意义。作者以真实为第一原则,不论写谁,都既"不虚美",也"不隐恶",因而其笔下的人物都不是平面的、抽象的、单一的,而是立体的、具体的、复杂的,是实实在在、有血有肉的生命个体。从皇帝王侯、贵族重臣,到地方长官、下层士民,在每个人物身上几乎都可以看到真诚与虚伪、豁达与狡诈、善良与丑恶、坚韧与怯懦、豪雄与卑琐、宽厚与暴虐、英雄与庸人等对立品格的糅合统一,从而展现了生命个体的多面性、矛盾性和真实性。如写刘邦这样一位大汉开国皇帝,倘从个人安危得失考虑，就只能写其正面，饰其功绩，将其"神化"。但司马迁却写出了一个复杂的活脱脱的刘邦，一方面固然有"神化"的笔法，有颂美的内容，《高祖本纪》中就突出了有关刘邦的诸多神异传说，也正面描写了刘邦的豁达大度，坚韧不拔，善于用人等等长处；另一方面也写出了刘邦"不事家人生产作业"、"好酒及色"的一面。在《项羽本纪》、《萧相国世家》、《淮阴侯列传》等篇中，司马迁对刘邦缺陷的描写就不再是含蓄的、表面的，而是直接展示其狡诈、虚伪、冷酷、猜忌，甚至怯懦、卑琐和无能等内在性格品质。这样，就向我们展示了一个真实可信、生动可感的刘邦，一个"活"的刘邦。

对项羽的描写也是如此。司马迁总体上对项羽持赞赏、同情和惋惜的态度，但对其暴虐、昏聩等缺点也给以充分的批判性再现。正如钱钟书所说：

> "语言呕呕"与"喑噁叱咤"，"恭敬慈爱"与"剽悍滑贼""爱人礼士"与"妒贤嫉能"，"妇人之仁"与"屠坑残灭"，"分食推饮"与"玩印不予"皆若相反相违，而既具在羽一人之身，有似两手分书，一喉异曲，则又莫不同条共贯，科以心学性理，犁然有当。《史记》写人物性格，无复综如此者。（《钱钟书论学文选》第三卷，舒展选编，花城出版社1990年，第7页）

正因为将项羽的矛盾性格写得"无复综如此者"，所以《项羽本纪》具有极高的文学水准和审美价值，成为《史记》中脍炙人口、千古传诵的名篇。

总之，《史记》的"实录"精神，使其笔下的人物形象不仅具有历史可信性，更具有文学观赏性，正如日本学者斋藤正谦所说："读一部《史记》，如直接当事人，亲睹其事，亲闻其语，使人乍惊乍喜，乍惧乍泣，不能自止。是子长叙事入神处。"（《史记会注考证》引《拙堂文话》，见［日］泷川资言《史记会注考证》第十册第99页，文学古籍刊行社1955年版）从审美文化史的角度讲，它提供了一种偏于写实的范本化文学叙事模式，推动了汉代偏于外向认知的美学观念的较大发展，对后代小说、戏剧等艺术的影响至为深远。

再次，《史记》不仅重视随事写人，而且尤擅借事舒愤，因人表情。它通过一系列人物形象的描写，不仅客观全面地记叙了历史，而且也强烈地表达作者对人生的悲剧性体验，抒写了作者鲜明的爱憎情绪和满腔的怨怼愤懑，表达了作者不媚不屈的人格志向和对美善理想的执著追求。在这个意义上，《史记》可以说既是一部历史著作，也是一部抒情长诗！这也就是鲁迅所说的，《史记》是司马迁"发愤著书，意旨自激"而凝成的"史家之绝唱，无韵之《离骚》"。它"惟不拘于史法，不囿于字句，发于情，肆于心而为文"（《汉文学史纲要》，《鲁迅全集》〈八〉，第308页，人民文学出版社1957年版）。当然,《史记》在记事写实的文体形式中所表现出的浓烈的言志表情色彩并不同于一般意义上的抒情诗,但它在美学精神上却与抒情诗有异曲同工之妙,有相通相契之处。

《史记》"发于情,肆于心"的审美表达方式主要有二,一是作者把自己的爱憎态度和情感评价寓于客观的事实叙述之中,通过人物自身的言行举止发表出来。通过对霸王项羽、刺客荆轲等人的描写,表现了作者的英雄主义情怀和理想;通过对名将李广虽功勋卓著却不堪贵戚排挤而"引刀自刭"的悲剧命运的描写,寄托了作者对自身不幸遭遇的怨愤与悲叹;通过刻划屈原、贾谊等一大批品行卓异、扬名天下,却最终或多或少落个悲剧性结局的英雄式形象,作者寄寓了一种怀才不遇、壮志难酬、英雄失路、无所归依的人生痛苦和信而见疑、忠而受谤的激愤情绪。这正应了作者自己所说的,"此人皆意有郁结,不得通其道,故述往事,思来者"(《报任安书》)。《史记》中许多人物和事实的描述,实际上也可视为作者自己某种"郁结"、某种"愤懑"的"隐喻"和"投射"。

二是作者以夹叙夹议的方式独抒胸臆,直发孤愤,明白显露地表达自己的主观感受和情感态度。这方面尤以《屈原贾生列传》和《伯夷列传》为最典型。屈原因品行高洁、忠君爱国而为小人所谗诣,被楚王所疏绌,遂于愤激之中作了《离骚》。对此,司马迁评述道:

> 屈平疾王听之不聪也,谗谄之蔽明也,邪曲之害公也,方正之不容也,故忧愁幽思而作《离骚》……屈平之作《离骚》,盖自怨生也。

这段话,与他在《报任安书》中讲自己因舒愤懑而写《史记》的意思几可互证,故可视为他自己心迹的一种表白。他这样来评价屈原:"其志洁,其行廉","濯淖污泥之中,蝉蜕于浊秽,以浮游尘埃之外,不获世之滋垢,皭然泥而不滓者也。推此志也,虽与日月争光可也"。这里是赞美屈原,但谁又能说这不是作者所抒发的一种自我怀抱和心声呢?《伯夷列传》也是一篇只有少量叙事,而大部分内容都是咏叹抒怀的传记文章。伯夷与其胞弟叔齐是传说中的大贤,为人正直清廉,主仁重孝。因反对武王伐纣而"义不食周粟","遂饿死于首阳山"。对此,司马迁大发感慨道:据说"天道"是讲善有善报的,那么,伯夷、叔齐"积仁洁行如此而饿死",他们算不算是善人?若是善人,那老天又是怎样"报施善人"的?相反,那些"日杀不辜,肝人之肉,暴戾恣睢","横行天下"之徒,"竟以寿终","若至近世,操行不轨,专犯忌讳,而终身逸乐,富厚累世不绝"。对这样荒谬的事情,"余甚惑焉,傥所谓天道,是邪非邪"!这就直接对"天不变,道亦不变"的所谓"天道"的合法性、权威性发出了有力的质疑,实际上也是作者对自己的命运不公和内心幽怨的一种借题发挥。

这里有两个问题值得注意，一是对《史记》这种以"实录"为原则的史传散文所表现出的抒情色彩，究竟该作何理解？它是否同"实录"精神相违背，以及它是否同魏晋以后那种"缘情"论美学思潮相一致？我们认为，实际上，这种史传散文的抒情色彩和魏晋以后的"缘情"美学，虽在总体上体现了中国审美文化偏于主体、突出情志、讲究体验的基本特征，因而在根本上有一致性，但其间的差别还是明显的。《史记》的抒情，一方面毕竟不同于一般的诗文抒情，它受史传文体的限制，不能脱离客观叙事这一基本规则，而且从更大的视野看，整个汉代审美文化也都表现出明显的摹物写实特征，这都决定了《史记》的抒情色彩不是也不会是主导形态。另一方面，它的抒情特点是相对外向的、直白的、愤激的和说辩化的，在很大程度上也可视为作者自我心情的一种"实录"。这与魏晋以后的"缘情"美学所讲究的那种内向的、体味的、含蓄的、神韵化的抒情方式还是不同的。在很大程度上，《史记》的抒情更带有汉代审美文化那种强烈的认知性、实践性特征，是其外向性认知欲望和实践冲动的一种伴生性激情体验。从这个意义说，《史记》的抒情并不悖离其"实录"精神。

二是《史记》的叙事表情中涵蕴着一种主体（作者）与现实（环境）之间的紧张气氛。行文始终都充满着一种怨怼之气、愤懑之情。其对"天道"的质疑和对"世道"的剖析，对人间黑暗的控诉和对暴政专制的谴责，都可以说是很尖锐很大胆的。这就在一定程度上突破了儒家"怨而不怒"、"哀而不伤"、"温柔敦厚"的美学规范，显示了一种古代审美文化中少有的反抗性和批判性色彩。但这是否意味着司马迁已在整体上超越了个体和社会、情感和伦理相和谐的古代审美文化原则了呢？显然还不能这样说。事实上，他的这种反抗性和批判性色彩，更多地尚属一种情绪化的"舒愤懑"范畴，而不是一种真正个性化的自觉理性的美学选择。具体地说，他的情绪化反抗和批判并非真正超越他对王道理想、宗法伦理、皇权政治、礼乐美学等等整个古代文化体系的总体认同。天道公正、君主聪明、政治清廉、礼乐相得等，仍是他用来审察、剖析和批判历史现实的基本准则。这便决定了他所反抗、批判的对象是非本质、非主流的东西，也同时决定了他不会真正突破"温柔敦厚"的古典和谐美理想。他在论乐时曾说："凡作乐者，所以节乐"，"故音乐者，所以动荡血脉，通流精神而和正心也"（《史记·乐书》）。这里的"节"、"和正"等观念，即为古典和谐美理想的一些具体表述。类似的表述，在《史记》中屡见不鲜。所以，可以大体认定，司马迁的美学理想总体上仍是古典的、和谐的，只是在这个基础上又包含着一定程度的激荡、怨愤、抗争、批判等不和谐因素，再加上他独发孤愤、直抒胸臆的表情方式，这就使得其文章涌动着一股狂飙雷电般的力量和慷慨激烈的气势，具有一种奇崛雄肆之象和抑扬悲壮之美，给人以惊心动魄、一唱三叹的审美感受，从而以其更加特异的文学素质呼应和凸显了西汉时代的"大美"文化精神。

散体大赋

赋是汉代最为流行的文体。赋之于汉，如同诗之于唐，词之于宋，曲之于元，小说之于明、清，堪为当时文学的范型和代表。

有汉一代，以景帝到武帝这一时期为最强盛最发达，而这一时期也正是赋这一中国古代独具一格的文体的成熟期、鼎盛期，其主要体式，便是以司马相如《子虚》、《上林》为代表的"散体大赋（亦通称"汉大赋"）。因此可以说，散体大赋又可视为汉赋的范型和代表。

散体大赋的突出意义在于它鲜明地体现了秦汉之际，特别是汉武帝时代那种进取、拓展、认知、占有、征服、创造等主流文化精神，体现了该时代那种感性、外向、宏阔、繁富、博大、豪迈、雄奇、巨丽等主流审美文化特征。

对于散体大赋，或汉大赋的主要特征，新中国成立以来有过种种解释。一说它是歌功颂德、粉饰太平、内容空洞的贵族文学，因而是不值得肯定的；一说它着重在一个"讽"字，虽说是"劝百讽一"，但讽谕是它的创作宗旨，因而是值得肯定的；还有的说它堆砌辞藻、虚而无征，自然也属糟粕等等。这些说法，不能说没有一定道理，但总体言之，这种就事论事的简单肯定或否定，似乎更多地偏重于一种社会学意义的功能论、价值论评估，而忽略了对汉大赋内在审美特性的认知和解释。

再往前追溯，更传统的解释则是主要着眼于汉大赋的文学表现手段，认为其特色一在铺张或铺叙，一在夸饰或夸张，一在藻饰和辞采。这些概括大致不错，但用审美的眼光看，还需要作具体解释，以在理性的层面上揭示出汉大赋在表现手段背后所蕴含的具体审美意蕴。

首先，散体大赋的主要审美特性和功能并不在社会政治意义的讽谕（尽管有一定的讽谕因素），也不在主观情感的抒写（尽管有一定的情感想象色彩），而在于对外部世界的感性体认、摹拟、写实和再现。也就是说，它的美学支点不是内向的、心理的，而是外向的、认知的。它偏重于对对象的客观把握而非心灵的主观抒写，偏重于对外在感性世界的穷形尽相和遍观总览而非对主体行为的伦理反省和价值评估。这是我们对汉大赋审美特性和功能的一个基本判断。我们把这一判断视为汉大赋这一文体和偏于"言志"、"缘情"的诗歌有所区别的重要标志。实际上,古人对此已多有论述。左思说:"发言为诗者,咏其所志也;升高能赋者,颂其所见也。"(《三都赋序》)陆机说:"诗缘情而绮靡,赋体物而浏亮。"(《文赋》)这里的"所见",便是与主体相对的大千世界,自然万物。而所谓"体物",即是对所"见"之物的体认和摹拟。左思和陆机在与诗的比较中对赋所作的把握和阐释,应当说基本抓住了赋的审美特质之所在。

实际上,从赋这一文体的源流演变中也可看出这一点。元人祝尧在《古赋辨体·两汉体》中说:"汉兴,赋家专取诗中赋之一义以为赋。"按这个说法,汉赋是从诗之赋、比、兴三义中的"赋之一义"转化来的。那么,"赋之一义"又有什么特点呢?刘勰解释说:"'赋'者,铺也。铺采摛文,体物写志也。"(《文心雕龙·诠赋》);钟嵘解释说:"直书其事,寓言写物,赋也。"(《诗品序》);朱熹解释说:"赋者,铺陈其事而直言之也"(《诗集传》)。这些解释虽不尽相同,但在指出"赋"有"铺陈"、"直言"、"体物"、"写事"等特征上,却是共同的、一致的。这就告诉我们,赋的基本审美特征就是对客观事物、外部世界直接而充分的体认、描摹、雕画和铺述,或者说,是一种感性层面的写实和再现。正如刘勰在谈赋时所说:"写物图貌,蔚似雕画,抑滞必扬,言旷无隘。"(《文心雕龙·诠赋》)大意是说,赋体工于描摹事物的形貌,其描绘的华美如同雕刻图画,它能把不显眼的事物写得鲜明突出,使所表达的内容广阔而不狭隘。刘勰对赋的这一描述,生动地揭示了赋偏于铺述、摹拟、写实和再现的审美特征。汉大赋作为赋之范型和代表,在这一点上更不例外。

汉大赋的代表作家是司马相如。鲁迅曾说:"武帝时文人,赋莫若司马相如。"(《汉文学史纲要》,《鲁迅全集》〈八〉第304页,人民文学出版社,1957年版)那么司马相如的大赋创作是怎样的呢?元人祝尧引述定斋的话说:"长卿长于叙事。"(《古赋辨体·两汉体》)这即讲司马相如的大赋是偏于摹拟叙述客观事物的。事实上,他的《子虚》、《上林》也正是如此。过去人们一提到这两篇赋,就往往以社会功利主义的尺度衡量之,肯定者如司马迁说它们"其要归引之节俭,此与《诗》之讽谏何异";否定者如班固说它们"竞为侈丽闳衍之词,没其讽谕之义",虽毁誉不一,标准却无二,即都未脱儒家诗教之窠臼。其实这两篇赋的真正妙处并不在此。从审美文化的角度看,它们的真正价值和意义在于用文学的话语形式再造了一个感性、繁富的外部世界,从而奠定了汉大赋偏于铺排描摹和体物叙事的基本审美模式。

《子虚》、《上林》以游猎为题材,以假设的子虚、乌有先生和亡是公等几个人分别铺叙自己所见所闻的方式,先对齐、楚两诸侯国的物产之富,田猎之盛,继而对天子宫苑的壮观景象和君臣游猎的浩大场面一一展开叙述。这种叙述方式和结构本身就决定了作品的外向摹拟性质和感性认知趣味。同时，正是通过这些虚构人物的叙述，自然外界的纷繁物色成了作者刻意描摹、铺排和展现的主要对象。我们不妨摘取《上林赋》中描写离宫别馆的一段文字，来具体感受一下：

> 于是乎离宫别馆，弥山跨谷；高廊四注，重坐曲阁；华榱璧珰，辇道纚属；步檐周流，长途中宿。夷嵕筑堂，累台增成，岩突洞房。頫杳眇而无见，仰攀橑而扪天；奔星更于闺闼，宛虹拖于楯轩。青龙蚴蟉于东厢，象舆婉僤于西清；灵圉燕于闲馆，偓佺之伦，暴于南荣；醴泉涌于清室，通川过于中庭。盘石振崖，嵚岩倚倾，嵯峨嶵嶵，刻削峥嵘；玫瑰碧琳，珊瑚丛生。珉玉旁唐，玢豳文鳞，赤瑕驳荦，杂臿其间；晁采琬琰，和氏出焉。

从这段文字中，我们可以看到上林苑内离宫别馆的具体位置、地形、跨度、架构、层次、装饰、雕绘、阁道、长廊、台榭、屋椽、楼高、门窗、栏槛、正寝、厢房、闲馆、清室等各个侧面，还可以看到川过中庭、大石堆砌、低处倚倾、高处嵯峨、玫瑰鲜艳、珊瑚丛生、玉田广大、与石夹杂、色彩斑驳、如同夜光等各处胜景。这两篇赋几乎都充满了这种文字，其描述也大都追求以似为工，以博为要，以全为贵，以繁为尚的美学旨趣。

值得注意的是，其后的散体大赋，更加突出地袭用了司马相如所奠定的这种偏于感性描摹铺排记叙的审美模式。在以班固《两都》、张衡《二京》为代表的京都大赋里，"其体物状貌的创作意识之自觉，描摹再现的范围之广泛，写实拟景的手段之丰富，可谓尽其极至，令人感叹。在这种大赋里，天文地理、山川人物、宫殿苑囿、草木虫鱼、浮雕歌舞、珠宝珍奇、繁礼缛仪……但凡辞人所见所闻，无不可汇聚笔端。至于那不可胜计的专写一事一物的赋作，更在这个以真为美，以似为工，以全为贵，以细为法的美学焦点上有过之而无不及。就题材范围来说，可谓包笼万物，无所不摹，诸如宫赋、舞赋、屏风赋、笔赋、机赋、羽扇赋、琴赋、棋赋、柳赋、几赋、雀赋、针缕赋、捣素赋、出征赋等，从耕织征猎到珍玩饰物，从建筑工艺到琴棋书画，几乎涉及到人们所接触的各种器物与事项，而在具体描写方面，其细腻、刻意、形似，简直达到无以复加的程度。如王延寿写《鲁灵光殿赋》，便变幻各种视角和焦距，用俯视、侧视、平视，用远距离鸟瞰、近镜头特写等手段，将殿堂的外观、内里、各个房间、每根雕柱，都尽行刻摹，几乎不放过每一个局部或细部，完全抵得上一幅宫殿解剖图。这里还要特别指出的是，如果说司马相如还试图在作品中加上一点讽谏作为点缀的话，这些赋作则连这种点缀也没有，自始至终就是对'物'的追逐和描摹"（仪平策、廖群《汉大赋——中国文学发展的必然环节》，《山东大学学报》1988年2期）。难怪茅盾不同意刘勰对赋体"铺采摛文，体物写志"的规定，指出："'写志'二字在汉赋中实已落空，只有'体物'倒真是汉赋的总面目"

（《夜读偶记》第8页，百花文艺出版社，1958年版）。不管茅盾对汉赋估价如何，他这句对汉赋总面目的把握却是十分中肯的。

其次，散体大赋固然以体物叙事为旨趣，但这种体物叙事不是一般意义上的对事物的摹拟和再现，而是对对象的全体总貌，对世界的巨细宏微的完整把握和描述，摹拟、再现的是对象界的"全景"和"大观"。这种把握和陈述、摹拟和再现在更深的意义上，带有一种话语形式的外向扩张、占有和征服的浓厚意味，因而从文化语境看，与大汉王朝"大一统"的社会意志，以及士人阶层"兴造功业"的文化心态之间，存在某种因果关系。司马相如作赋，就旨在"控引天地，错综古今"，因为在他看来，"赋家之心，苞括宇宙，总览人物"（《西京杂记》卷二）。这与前述司马迁写《史记》是为了"究天人之际，穷古今之变"的伟大抱负不正如出一辙吗？不正都体现了西汉鼎盛时期那种积极进取，蓬勃向上，雄视天下，傲倪古今的主流文化精神吗？

正是在这里，散体大赋的体物叙事自然地蕴涵着一种豪雄之气，显现着一种宏大之象，表征着一种巨丽之美，如同《上林赋》中所说："君未睹夫巨丽也，独不闻天子之上林乎！"这一"巨丽"之说，对我们把握散体大赋审美特征是很关键的。

由此我们可以较深刻地理解汉大赋的"夸饰"和"藻饰"这两个基本特点。这是两个经常受到人们指摘的大赋特点。西晋挚虞的批评较有代表性，他说："今之赋（按指汉大赋）……假象过大，则与类相远；逸词过壮，则与事相违；辩言过理，则与义相失；丽靡过美，则与情相悖。"（《文章流别论》）这里讲的都是大赋的"夸饰"和"藻饰"所带来的"缺陷"。这一批评不能说毫无道理。"夸饰"也好，"藻饰"也好，既讲一个"饰"字，就避免不了主观色彩和想象因素，就会在某种程度上突破对象本身客观的时空秩序和物理表象，从而形成与原始物象时空的某种距离，产生新的审美表象。而所谓"夸饰"、"藻饰"，则一以夸大、夸张、夸耀等手法，一以文采华丽的语辞形式，来增加、强化事物形貌的特征和美，使之成为不同于客观对象的文学表象和审美对象。这自然也避免不了某种主观性、想象性，从而与原始物象"相远"、"相违"了。

但是，汉大赋的"夸饰"、"藻饰"还有自己特定的美学内涵。它所表现出的主观想象、情绪夸张、文辞丽靡等，一方面并未从根本上违背其体物叙事、拟象摹形的基本审美趣尚，即如挚虞所说，"今之赋"，还是"以事形为本"的（《文章流别论》）。换言之，它的夸饰性、虚拟性更多地是作为一种修辞手段来运用的，其目的主要不是为了抒情写意，而是旨在张扬客观对象的状貌和态势，使其情理形相得以充分地展现。对这一点，刘勰有很精辟的解释，他说，像司马相如笔下"上林之馆，奔星与宛虹入轩"这样的夸饰性描写，其实质正是"莫不因夸以成状"，即其夸饰的目的是为了拟景写实，"是以言峻则嵩高极天，论狭则河不容舠，说多则子孙千亿，称少则民靡孑遗……辞虽已甚，其义无害也"。所以他的结论是，"形器易写，壮辞可得喻其真"（《文心雕龙·夸饰》），亦即对于具体事物来说，夸张的言辞可以使它的形象更加真实。这个观点，应当说是对大赋夸饰特征的精深理解。

另一方面，这种夸张性描写和辞藻化渲染也是旨在创造大汉文学所特有的发扬蹈厉的"大美"气象。鲁迅说司马相如的大赋"益以玮奇之意，饰以绮丽之辞"，"不师故辙，自擂妙才，广博闳丽，卓绝汉代"（《汉文学史纲要》，《鲁迅全集》〈八〉第305－306页，人民文学出版社，1957年版）。这即涉及到了汉赋的"夸饰"、"藻饰"（即所谓"玮奇之意"、"绮丽之辞"），是通过一种"自擂妙才"的主观方式，来表达大汉特有的"广博闳丽"之美。傅毅《舞赋》中有一句"擒予意以弘观兮"，似乎可以作为对鲁迅这一论述的绝妙注释。实际上，当司马相如说"赋家之心，苞括宇宙，总览人物"时，他已经用一种主观夸张的话语形式表达了这样一种西汉时代特定的"大美"情怀和气魄。所以，从根本上说，无论是汉大赋的夸张笔法，还是其丽靡文辞，实质上都是宏大、广阔、统一、强盛、雄奇、繁富、勃扬、豪迈等西汉社会现实和文化心态的一种文学反映。实际上，在前面讨论的论说散文、史传散文中，这些诸如铺排、夸张、渲染、藻饰等手段已经得到广泛运用，汉大赋只是将这些手段更加自觉地用来突出"大美"型时代文化精神而已。

再次，从审美文化发展史的角度看，西汉散体大赋的出现是一个意义重大的事件。它至少有两大贡献，其一，充分发挥了中国语言的审美潜能，极大地丰富了汉语词汇的文学表现力。它虽然在一定程度上有炫博耀奇、堆砌辞藻、滥用生词僻字之嫌，但同时在锻炼词句、讲究辞采、追求语词的摹物状景技巧和声色气势效果等形式美学方面，它又确乎大大地前进了一步。魏晋以后以沈约"四声八病"为代表的文学形式美理论的大发展，若没有此前汉大赋对语言之美的开发这一环节，那是不可想象的。

其二，也是最重要的，就是汉大赋极大地拓展了艺术的空间意识，提高了文学体物摹形的能力，开拓了审美的感性视野和对象界域，为自然物真正获得独立之美作了比较充分的历史准备。我们知道，中国审美文化总体上有着浓厚的主观性、内向性和体验性色彩。从思想观念上说，"天之历数在尔躬"（《论语·尧曰》），"万物皆备于我"（《孟子·尽心上》），"万物与我为一"（《庄子·齐物》）等论述，皆表明外在的、感性的、物质的对象界并不与人相疏远，相对立，而是与人息息相通，浑然如一的。因此，对于人而言，它在本质上就难以构成一种认知性、思维性客体对象，而主要是一种体验性、内省性对象。换言之，在一种"天人合一"的主客结构中，主体对客体的把握和体认，不用通过对它的外向性探索和认知来实现,而主要是通过一种内向的自省和体验来完成。这就使中国审美文化形成了这样的特色:它总体上是偏于主体、内向、情感、心理的,是偏于言志、缘情、畅神、写意的,与之相应,则是像西方古希腊以来的那种"摹仿"论、"求知"论、再现论美学观念在中国古代的先天不足,相对匮乏。在整个先秦时代,我们所看到的主导性的诗学理论是"言志"说,主导性的文艺形态是《诗经》、《楚辞》这样的抒情诗,以及与诗一体、极为发达的音乐等。也就是说,是偏于主体的、表情的、言志的文艺作品和美学思想居于绝对优势,成为审美主流。相反,那种客观的、外向的、拟形图貌的描写,那种偏于客体的、对象的、摹仿写实的美学倾向却处于被遮蔽的状态,没有得到充分的发展。就文学来说,那种客观的景物表象的摹拟描写虽已经出现在作品中,但这种描写是不多的、有限的、非主流的、不独立的。它们要么只是表情言志的"比兴"手段(如在《诗经》中所常见的),要么只是主体人格的衬托象征(如《楚辞》中所多用的),要么只是某种寓言的形象载体(如在《庄子》中所惯写的)。总之,在先秦,感性的、外在的对象世界虽开始为审美所关注,为文学所描摹,但总的看还未从文艺所侧重的政治、道德、人事、情感等社会性、主体性内容中凸现出来,还处于被遮蔽的、从属化的状态。显然,这一状态是不利于审美文化全面发展的。

正是在这个意义上,汉大赋的审美价值就历史地显露出来了。它将审美焦点由"向内"移换为"向外",对广大浩邈的对象界、自然界,极尽描摹铺陈之能事,使自然客体从先秦审美文化的"人事"氛围和"言志"趣尚中凸现出来,成为自己所关注所追逐所摹仿的主要对象,而且其描摹铺写的完整、细致、繁复、逼真,其风格、格调的色彩斑澜、纵横飞扬,都可谓尽其情致,达其极端,从而在体物写景、状貌拟象的丰富、具体、广博、直切等方面,已较先秦时代有了突破性、飞跃性发展。晋葛洪敏感地看出了这一点,他说:

> 若夫俱论宫室,而奚斯路寝之颂,何如王生之赋灵光乎?同说游猎,而《叔畋》、《卢铃》之诗,何如相如之言上林乎?(《抱朴子外篇·钧世》)

应当说,汉大赋对外在感性界、对象界的艺术"开发"和对物质的形貌声色的文学"摹仿",为后世审美文化的发展提供了极其广阔的前景和可能。最为明显的是,它对魏晋以后自然之美和山水文艺的渐趋独立与深入发展,有着不可低估的开拓作用。

4 "百川归海"：
讲综合倡新声的美学思想

在中国美学思想的发展过程中，秦汉之际与先秦时期的一个很大的不同，就是它遭遇了一个空前"大一统"的社会历史"语境"。这一"语境"给秦汉之际美学思想的发展带来了全新的契机、活力和前景。

先秦时期，美学思想表现出鲜明的个体性、门派性、类型性，是一种"百家争鸣"的多元格局，也是一种相对自由、开放、崇尚独创的状态。这与当时诸侯争霸、各国称雄的社会文化背景是一致的。

"大一统"的秦汉之际，则历史地要求着一种"大一统"的意识形态，历史地要求着一种"大一统"的美学思想。于是，各种不同的美学门类、流派、观点、体系，以"百川异源而皆归于海"（《淮南子·汜论训》）的大综合姿态，构成这一时期美学思想发展的突出特点和基本趋势。

从结构上说，秦汉之际"参与"美学大综合、大统一进程的基本思想资源主要有儒、道、墨、法、阴阳、楚骚等等，其中以儒、道为主干和核心。可以说，正是这些基本思想资源或以道、或以儒为主干和核心的不断组合、协调、重构和转换，推动了这一时期美学思想的发展。

思想"资源"的一般阐述

秦朝短暂，基本上没有留下美学思想，而西汉美学的思想"资源"，主要是指作为主流话语的早期"黄老之学"和中期以后的儒学。

西汉早期，标榜"清静无为"的黄老之学流行朝野。其原因从老百姓方面说，经过秦末战乱，"民失作业而大饥馑"，因而渴望社会安定。从统治者方面说，鉴于秦亡教训,力图“安集百姓”,因而采取与民休息的方针。于是黄老之学随即成为一门显学,成为文、景时期的官方之学和“主流话语”。

这个黄老之学亦被称做新道家。它的主要特点是什么? 崇信黄老的代表人物之一司马谈说:

> 其为术也,因阴阳之大顺,采儒墨之善,撮名法之要,与时迁移,应物变化,立俗施事,无所不宜,指约而易操,事少而功多。(《论六家要旨》,《史记·自序》引)

显然。这个托名黄帝,渊源《老子》的黄老之学,已经容纳了阴阳、儒、墨、名、法等各家思想,因而从结构功能上讲,它已不再是原始意义上的道家,而是成了所谓“新道家”了。

它“新”在何处? 就“新”在名曰“无为”实则“有为”的思想旨归上,亦即司马谈所谓“事少而功多”上。换言之,它所谓“清静无为”,不是老、庄那种逃避现实、脱离社会、返归原始、回到虚无的“无为”,而是始终以现实为聚集点,旨在稳定社会、恢复经济、巩固政治、统御天下的“无为”。显然,这一种以“事功”、“大治”为追求的“无为”,实际上正是“有为”。当然,这个“有为”,不是秦代那种“蒙恬讨乱于外,李斯法治于内”,“举措太众,刑罚太极”,然而最终“事逾烦而天下逾乱,法逾滋而奸逾炽”(陆贾《新语·无为》)的“有为”,而是“与时迁移,应物变化”,通过按客观自然规律行动以取得“事功”的“有为”。用《黄老帛书》中的话说,就是通过“执道”、“循理”、“审时”、“守度”来不声不响地成就大事业。

因之,黄老之学所讲的“清静无为”,实际是为达到“事功”、“有为”而采取的策略和方式,是一种“为政之术”。从理论结构上讲,这是因为儒、法、墨、名、阴阳等诸家思想的“融入”其中,已使原始道家的“质”发生了改变。特别是道和法的结合在这里尤为重要。有的学者甚至认为,黄老之学就是道法家,不无道理。法家的极端功利主义、实用主义同道家的“无为而为”观念的结合,实际上构成了黄老之学(新道家)的基本思想骨架。黄老之学的“清静无为”思想,就是建立在明确的政治、经济等社会现实功利基础上的。在这个意义上,黄老之学的精神实质是偏于外向的、开放的、积极的和实践的。

武帝时代,西汉社会意识形态又面临重要转折。是时,政治一统,经济繁荣,疆域广大,国家强盛。在这种形势下,那种“无为而治”的黄老之学显然已经过时,西汉社会所需要的意识形态,应当是一种能加强思想控制,巩固专制集权的理性体系。于是,以董仲舒(前179—前104)为代表的新儒学便应运而生。

新儒学首先是一种儒学，或者说是以儒学为中心的。它提倡"罢黜百家，独尊儒术"，强调孔子"君君、臣臣、父父、子子"的正名之说，讲究"三纲五常"的伦理规范，标举"仁义孝悌"的宗法道德，推崇"礼乐教化"的统治方略。这是新儒学之所以得到统治者认同和尊崇的根本所在。

新儒学又不只是儒学，它同时还是一种吸收了黄老之学，糅合了阴阳、名、法各家而精心构成的思想体系。就是说，它与黄老之学一样，也是在"综合"型思维的基础上形成的一种儒学新说，其中尤以对"阴阳"、"五行"观念的吸取最具特色。《汉书·五行志》说董仲舒"始推阴阳，为儒者宗"。正是这种理论上的综合性质，使董仲舒的儒学跟孔孟儒学就很有些不同了：它已产生了新的学理蕴涵和学术功能。简略地说这主要体现在政治伦理和审美文化两个方面。

在政治伦理方面，孔孟儒学更强调个体人格的道德修持和伦理整饬，而董仲舒的儒学却紧紧围绕着君主政治来构筑体系。它以阴阳、五行比附人事、政治，通过一种"天人合一"的理论假定，在皇权和神权（"天意"）之间建立起一种天然联系（"君权神授"），从而为中央集权专制的君主统治提供一种哲学—神学根据。显然，它是把维护、尊崇皇权政治权威作为其理论的根基和主旨，于是，它的政治化、官方化的"身份"与意味便很鲜明很突出了。从这个意义上说，董仲舒的儒学新就新在，它适应了西汉统治阶级新的权力意志和政治需求。

而在审美文化方面，孔孟儒家美学总体上以主宗法重血缘的"仁学"理论为基础，因而偏于讲究个体与社会、情感与伦理等"人事"层面诸审美矛盾因素的守中致和。董仲舒构筑的儒学美学则不再拘泥于宗法血缘的"仁学"思维模式，而是在理论上贯彻了一种兼容并蓄的精神，特别是将"阴阳"、"五行"学说同儒家的人事、伦理观念糅合起来，亦即将人事与自然、伦理与"天理"统一起来，从而建构了一个宏大的天人感应宇宙论图式和"天人合一"的美学话语系统。应当说，这样一种视野开阔、意象宏大的理论图式和系统，与汉武帝时代高度"大一统"的社会文化语境是息息相通颇相吻合的，或者说，它就是这个新的"大一统"社会文化现实在儒家美学中的折射和反映。

董仲舒在《春秋繁露》一书中所表述的"天人合一"话语系统，跟孔孟儒家的重要差异还在于，它不是所谓"万物皆备于我"（《孟子·尽心上》）那种以"我"为本，"外"向"内"、"天"向"人"的合一，而是以"天"为本，"人"向"天"、"内"向"外"的合一。"天"是"人"的根柢、主宰、始祖、依据、法则，即所谓"天者，万物之祖"（《顺命》），"天地者，万物之本"（《观德》），"为人君者，其法取象于天……为人臣者，其法取象与地"（《天地之行》）等等，而人只有在尊天、事天、法天、则天时才会达到事业的成功；否则，"反天之道，无成者"（《天道无二》）。这一种以"天"为本，以"人"为辅的理论观念，使他将儒家的美学视野从人事伦理扩展到了更为广阔的宇宙自然。于是，从董仲舒那里，我们听到了对"天地之美"异乎寻常的热情讴歌：

> 天地之行美也！（《天地之行》）
>
> 天地之化精，而万物之美起。（《天地阴阳》）
>
> 春秋杂物其和，而冬夏代服其宜，则当得天地之美，四时和矣。（《天地之行》）
>
> 人气调和，而天地之化美。（《如天之为》）
>
> ……

这种以儒学形态发出的对天地、万物、自然之美的反复赞颂，可以说构成了西汉美学的一种主流声音和鲜明特色。它充分显露了汉人外向地认知自然、积极地占有世界的满腔豪情与喜悦。

当然，董氏建立在天人感应基础上的所谓新儒学，也有其内在的消极因素，比如它的政治化、官方化"身份"及其所具有的禁锢思想维护皇权之功能，它在理论上牵强附会的神秘性质和迷信色彩等等。这些消极因素在他以后的时代，特别是东汉时期便逐渐暴露了出来。

但无论如何，作为西汉时代的主要思想资源，黄老之学和以董仲舒为代表的新儒学，都在总体上以理论话语的形式反映了"大一统"的社会需求和历史趋势，呼应和表述了那个时代审美文化的主流精神。当然，相对来说，这其中最具典型性的恐怕还要数《淮南子》，它对"大美"理想的自觉倡扬和热切呼唤，是西汉审美文化真正的主题词和最强音。

倡扬"大美"的《淮南子》

《淮南子》，由淮南王刘安带着他的门客们集体撰写而成。该书的注释者、东汉人高诱在《叙》中阐发该书主旨时说："讲论道德，总统仁义，而著此书。其旨近老子，淡泊无为，蹈虚守静，出入经道。"这说明，该书基本是本于黄老之学，以清静无为为旨趣的。但同时它又大不同于道家之学。它还讲究仁义礼乐、修齐治平，有时还明确反对"无为"之说，认为"以五圣观之，则莫得无为明矣"（《修务训》）。这说明该书虽本于黄老，但又不泥于一义，而是体现出一种理论的包容性和综合性。《淮南子》所谓"讲论道德，总统仁义"，或"持以道德，辅以仁义"（《览冥训》）等，便表现了这种包容道、儒，综合各家的思想倾向。总体言，该书是一部以道为主，糅合儒、法、阴阳诸家的"杂家"著作，是西汉"大一统"社会文化语境的一种理论反映。

《淮南子》的这种包容性和综合性，使它在美学上拥有了深广的理论视野和独到的阐释功能，从而在许多美学问题上都做出了超过前人的建树。比如，他在文与质关系上提出的文、质"两美"（《诠言训》）说，在文与情、内与外关系上提出的"文情理通"（《缪称训》）说、"愤于中而形于外"、"情发于中而声应于外"（《齐俗训》）说，以及"内得于中"、"以内乐外"（《原道训》）说，在形与神关系上提出的"以神为主"、"神制形从"（《原道训》）说等等，都体现了深邃而强烈的古典辩证法精神，对后代美学影响极大。但我们在这里想重点关注和讨论的，是《淮南子》所贯穿着的对"大美"文化异乎寻常的热切呼唤和倡扬。

《淮南子》又名《淮南鸿烈》。高诱注曰："鸿，大也；烈，明也。以为大明道之言也。"（《叙》）由此可见，其《淮南鸿烈》的书名，已经明白昭示了该书惟"大"是举、以"大"为美的基本题旨。实际上，对"大"或"大美"的追慕与向往确已成为贯穿全书的一条主线。书中说：

> 其道可以大美兴，而难以算计举也。（《俶真训》）
>
> 小恶不足妨大美。（《氾论训》）
>
> 今以人之小过掩其大美，则天下无圣王贤相矣。（《氾论训》）

从这里的字面意义看，"大美"是在同"算计"、"小恶"、"小过"等的对照中提出来的。它似乎包含着这样的意思：无论看待一件事，还是评价一个人，甚或是认识整个世界，都不应泥于小节，拘于细部，而是应看大局，抓主流，从整体的、本质的方面着眼行事。这就叫略其"小"而取其"大"。如此说来，这个"大美"的"大"是相对于"小"而言的，因此这个"大美"不是绝对的、无限的"大"，而是相对的、有限的"大"。从美学理论上说，这个"大美"显然不是康德所讲的只可作为理性对象、思维对象的"无限"的"崇高"，而只是一种感性的相对、有限的"壮美"，或者说，是一种无论"大"得多么不可思议，也仍然可以感知和把握的"壮美"。我们之所以作这种表述，是为了呼应前面经常提到的那个看法，即西汉审美文化形态是一种"大美"，也是一种壮美，而且还是一种偏于感性的壮美。《淮南子》所呼唤和倡扬的，也正是这种感性的"大美"或"壮美"。

《淮南子》更多的时候，不是直接讲"大美"，而是讲"大"，如"巨大"、"至大"、"大道"、"大丈夫"、"大方"、"大明"、"大义"、"大言"、"大知"、"大观"等等。这些"大",可以视为"大美"文化的具体形态,具体表达。

高诱说,《淮南鸿烈》是"以为大明道之言",这个把握是准确的。《淮南子》对"大"的倡扬,根本正在于对"道"(大千之根,万物之本)的尊崇。这与它偏重黄老之学有关。但它所谓"道",又与老庄之道有别,没有了那种虚无缥缈、玄奥寂灭的色彩,而是富于感性物质的、世俗人生的具体内涵。正如高诱在《叙》中所说,《淮南子》"言其大也,则焘天载地;说其细也,则沦于无垠;及古今治乱,存亡祸福,世间诡异瑰奇之事。其义也著,其文也富,物事之类,无所不载。然其大较,归之于道"。所以这个"道",是包含着丰富的感性现实内容的"道",而"道"之"大",也是蕴蓄着广阔宇宙事象的"大",是一种具有浓厚审美意味的"大宇宙之总":

> 夫道者,覆天载地,廓四方,柝八极。高不可际,深不可测。包裹天地,禀授无形。……故植之而塞于天地,横之而弥于四海。施之无穷,而无所朝夕。……神托于秋毫之末,而大宇宙之总。(《原道训》)

由此我们可以发现,"道"并不是一个超验的、纯形而上的抽象实体,它就与天地万物、四方秋毫浑然不分,是气象万千、生趣盎然的物质世界之总和,是一个真正可感可触、缤纷生动的"大道"。那么,《淮南子》为什么要尊崇这样一个"大道"呢?

当然不是为了满足所谓形而上的思辨兴趣,也不是单纯为了探索宇宙、世界的本体论问题。《淮南子》尊崇"大道",其旨归实际上在树"人",在于树立能征服外部广大世界,全面拥有现实社会生活的"人"。集中到一点,就是旨在塑造一种时代性的"大美"人格——"大丈夫":

> 是故大丈夫……以天为盖,以地为舆,四时为马,阴阳为御。乘云陵霄,与造化者俱。纵志舒节,以驰大区。可以步而步,可以骤而骤。令雨师洒道,使风伯扫尘。电以为鞭策,雷以为车轮。上游于霄霓之野,下出于无垠之门。刘览遍照,复守以全。经营四隅,还反于枢。故以天为盖,则无不覆也;以地为舆,则无不载也;四时为马,则无不使也;阴阳为御,则无不备也。……何也? 执道要之柄,而游于无穷之地。(《原道训》)

这真是一段激情洋溢、精彩绝伦的文字! 看哪,这个"执道要之柄"的"大丈夫",统御天地,顶立霄壤,纵骋四海,傲倪八荒。自然界的一切皆为其所驾驭、所驱使,他成了整个客观世界的主宰。他可以"处大廓之宇,游无极之野,登太皇,冯太一,玩天地于掌握之中"(《精神训》)。甚至,他就是"大道"的化身,就是"大道"的人格形态,因而,他就是"大宇宙之总"! 看哪,这个"执道要之柄"的"大丈夫",他的襟怀何等广阔,他的形象何等奇伟,他的权威何等无限,他的气概何等雄大!虽然,这个"大丈夫"的塑造是在"黄老之学"的语境中进行的,因而似乎是"恬然无思,澹然无虑","反于清静,终于无为"的,但实际上,我们深切感受到的却是一种与黄老的清静无为颇相扞格的,充满生命强力、博大抱负、开拓意识、征服欲望的事功型、实践型"大美"人格,即如《修务训》中所说的"此自强而成功者也"!可以说,这种事功型、实践型"大美"人格正是这时代壮美文化气象的核心与灵魂!

作为一种"大美"人格,"大丈夫"人生追求的准则是什么?《淮南子》指出,那就是他的所有行为都要追求一种"大"的目标,体现一种"大"的境界:

> 知大已而小天下。(《原道训》)
> 是故能戴大圆者履大方,镜太清者视大明,立太平者处大堂。(《俶真训》)
> 块阜之山,无丈之材。所以然者,何也?皆其营宇狭小而不能容巨大也。(《俶真训》)
> 故不观大义者,不知生之不足食也;不闻大言者,不知天下之不足利也。(《精神训》)
> 小马非大马之类也,小知非大知之类也。(《说山训》)
> 故其见不远者,不可与语大。(《齐俗训》)
> 托小以苞大,守约以治广。……诚通其志,浩然可以大观矣。(《要略》)

从这里可以明显感到,对于汉人而言,"大"是一种智慧,一种眼界,一种胸怀,一种德行,一种语言,一种人格,是一种带有普遍性品格的价值目标和审美境界,是一种最具典范意义的壮美型实践精神和文化气象!

正如前面所指出的,这一壮美型文化气象在西汉时代又是偏于感性的、外向的、动态的、实践的。也就是说,这种"大"固然包含着汉人的特定精神、智慧、胸怀、意识等"内在"因素,但其主要的显现形式却不是"内向"的、精神的,而是"外向"的、实践的,是主体一种不断向外开拓、发展的动态过程,或者说,是主体"内在"的宏伟抱负和博大胸怀摒弃"小道",突破"狭小",而向"外在"的客观物质界不断伸张、拓展和实现的过程——在这一过程中,主体获得的不仅是一般意义上成功的喜悦,而更是一种具有浓厚审美体验色彩的"大乐":

> 今囚之冥室之中,虽养之以刍豢,衣之以绮绣,不能乐也。以目之无见,耳之无闻。穿隙穴,见雨零,则快然而叹之,况开户发牖,从冥冥见炤炤乎!从冥冥见炤炤,犹尚肆然而喜,又况出室坐堂,见日月光乎!见日月光,旷然而乐,又况登泰山、履石封,以望八

荒，视天都若盖，江河若带，又况万物在其间者乎！其为乐岂不大哉！（《泰族训》）

对比老子所说的"不出户，知天下；不窥牖，见天道"（《老子》第四十七章），就会发现"旨近老子"的《淮南子》在这段表述中已经大大地突破了《老子》。在它看来，固守在昏暗的屋子里，即使吃得好、穿得美也不会有什么快乐，因为对外界一无所知。而打开门窗，一下子从昏暗中见到了光明，则顿觉喜不自胜，高兴得有些放肆了。而走出内室，来到厅堂，见到灿烂夺目的日月之光，不由感到心旷神怡，欢欣异常。而走出家门，登上泰山，踏上高坛，远望八荒，只见广邈的天空就像一面盖子，蜿蜒的江河就像条条带子，千景万物遍布它们中间，这时产生的快乐难道不是最大的快乐吗？

这种"大乐"，正是一种"浩然可以大观"的快乐，一种可以充分地感知、认识、把握外部广大世界的快乐，而"浩然可以大观"之成为可能，也正是主体步出冥室，超越狭小，外游大廓，高瞻无极，从而"知大己而小天下"的结果。外部世界是"大"的，但在主体的"大知"、"大明"、"大慧"、"大观"面前，却又显得是"小"的，是可以为主体所自由玩赏和"鉴观"的：

夫观六艺之广崇，穷道德之渊深，达乎无上，至乎无下，运乎无极，翔乎无形，广于四海，崇于太山，富于江河，旷然而通，昭然而明，天地之间，无所系戾，其所以监观，岂不大哉！（《泰族训》）

所以，相对于外部世界的"大"，主体的"大知"、"大明"、"大慧"、"大观"，亦即充分地感知、鉴识、掌握、拥有外部世界的力量则更"大"。它可以"大"到自由地"囊括四海，并吞八荒"，自由地"玩天地于掌握之中"（《精神训》）。这是一种何样的气魄，何样的豪情！它带来的自然就是"大乐"——一种主体自我伸展、自我肯定、自我实现、自我观照的审美化"大乐"！

很明显，作为对"大美"文化形态的一种极致性审美体验，《淮南子》所标榜的"大乐"，其表现形式是主观的、心理的，但其内在蕴涵却是客观的、现实的、对象性的，是对主体的外向性认知行为和社会实践的一种肯定。也就是说，这种"大乐"包含着主体对广大物质世界的外向性感知、认识、实践、征服的胜利的欢欣与快乐。因此，无论是"道"之"大"，还是"人"之"大"，抑或者"乐"之"大"，根本都在客观现实的"大美"文化气象上，都在"横八极，致高崇"（《泰族训》）这样一种感性的、外向的、开拓性的壮美文化实践上。

因为《淮南子》采取的是一种理性话语形式，所以它对"大美"文化的热切呼唤和倡扬，正标志着秦汉之际那种物态化、感性化的壮美文化理想已趋于自觉和成熟。

二、东汉时代的"崇实"趣尚

公元25年，光武帝刘秀复兴汉室，登上皇位，定都洛阳，是为东汉。

由西汉向东汉的转换，并不仅仅是一种简单的朝代更替，它同时还是一种社会历史文化、特别是审美文化的一次重大变异。

正如钱穆所言："西汉的立国姿态，常常是协调的、动的、进取的"，而"东汉的立国姿态，可以说常是偏枯的、静的、退守的。此乃两汉国力盛衰一总关键"（《国史大纲》上册第193页，商务印书馆，1996年版）。

东汉国力为什么是"偏枯的、静的、退守的"？主要原因有：皇帝权力的高度集中和专制，外戚、宦官对朝政的轮番干预，地主豪强势力的空前膨胀，社会阶级矛盾的日益尖锐等等。但从与审美文化关系最为直接的社会意识形态层面上讲，东汉国力（也是其"文化"）之所以出现"静的、退守的"态势，也与儒术的全面"独尊"化和"神学"化不无关系。我们知道，从汉高祖到汉宣帝的约二百年间，汉王朝实施的是"霸王道杂之"的统治策略。这一点与西汉前中期的鼎盛有一定联系。但自汉元帝真正实施废法尊儒起，汉代便开始走下坡路了，而且值得注意的是，在整个中国古代史上，大凡儒学独尊的时代，其文化常常呈"内敛"的，即"静的"和"退守"的状况。这是一种耐人寻味的文化现象。所以，当光武帝刘秀独标儒学，并使之与谶纬迷信结合起来时，社会意识中内在的生命力、创造力、想象力便趋于凝滞，大汉王朝自元帝开始的衰落过程便更加难以遏止了。王国维曾说，"儒家唯以抱残守缺为事"，故"自汉以后……学界稍稍停滞矣"（《论近年之学术界》，《王国维文集》第三卷，中国文史出版社，1997年版）。其实不独"学界"，整个汉代文化也自此"稍稍停滞矣"！

不过，对东汉国力（或文化）是"偏枯的、静的、退守的"这一说法，也不宜做绝对化理解，因为这只不过是同西汉相比较而言的。事实上，东汉文化虽有委顿退守之势，但总体上尚未完全从外部广大的现实而退缩至内在心灵的一隅。在很大程度上，它还处于这一转化（"退守"）的"中途"，或者说还处于某种文化转型的酝酿期、过渡期。

所以，表现在东汉审美文化上，西汉那种蔚为壮观的"大美"气象固然已显衰微的端倪，但也并未消隐殆尽。西汉那种发扬蹈厉、感物造端、慷慨雄放、广大宏伟的文化风貌，那种开拓的、扩张的、充满想象力和创造力的时代精神固然不再独领风骚，但其中所蕴含的那种外向的、阳刚的、理性的、务实的文化意识依然没有完全"退场"，它仍以一种伦理化、功用化、世俗化的审美观念，以一种"贵真"、"尚质"、"崇实"的文化趣尚体现着在东汉时代的延续、嬗变和发展。

在相对的意义上，如果说，西汉审美文化是在外向性地、激情化地开拓、占有和征服世界的时代精神中展开的话，那么，东汉审美文化则更多地是在守护、记述、玩赏和享用这一世界的社会意识中演进的。换言之，东汉审美文化所关注、沉迷和投入的不再是一种广大的、辽远的、具有无限意味和神秘色彩的外部世界，而主要是一种日常的、实在的、当下的、经验的、人伦的、凡俗的现实。

王充在批评汉大赋时指出："虽文如锦绣，深如河汉，民不觉知是非之分，无益于弥为崇实之化。"（《论衡·定贤篇》）这一"崇实"说的明确提出，有着极大的代表性和普遍性。它是东汉审美文化中的"主题词"。

当然，在文化的"退守"过程中所形成的这一"崇实"趣尚，其审美内涵、形态并不是单一的和僵滞的，而是多层的、复杂的、不断变化的。它既指一种非宗教的世俗化、人间化情结，也指一种以伦理教化为旨归的现实效应；既指一种场景复现和事件叙述的写实化原则，也指一种贵真实、"疾虚妄"的文化态度；既指一种避"狂"就"中"、明哲保身的实用理性，也指一种在艺术里写景抒怀、任心恣性的真情实感……总之，东汉审美文化在一种"退守"的姿态中，更加关注此岸人生、经验事实，更加强调功用实效、本性真情，更加推重以"真"为美的精神、以"实"为主的趣尚。

1 "魂系人间":
墓葬艺术的世俗化情结

孝道观念与墓葬文化

要谈墓葬艺术，不能不谈中国古代有关丧葬的文化观念；要谈有关丧葬的文化观念，就不能不首先谈到儒家，因为儒家对中国传统丧葬观念的影响最为显著和深重。

儒家对丧葬观念的深刻影响根本在于一个"孝"字。什么是"孝"？《说文》解："孝，善事父母者。""孝"是儿女对父母所承担的天然道德义务。做儿女的能尽心奉养和绝对服从父母者，是谓"孝"。在一个以氏族血缘为纽带的中国宗法社会体系中，"孝"是一个文化本体范畴，也是儒家学说中的一个核心概念。孔子说："孝悌也者，其为仁之本与！"（《论语·学而》）"仁"是孔子思想的根本，而"孝"则又为"仁"的根本，由此可见"孝"在孔子学说中的地位和意义。传说是"孔子为曾子陈孝道"（《汉书·艺文志》）而成的《孝经》一书，对"孝"更作了进一步阐发：

> 子曰："夫孝，德之本也，教之所由生也。"（《开宗明义章》）
> 子曰："夫孝，天之经也，地之义也，民之行也。"（《三才章》）

"孝"为道德之本，教化之源。"孝"的绝对性就在于，不仅父母生前要"孝"，父母死后也要"孝"。对于子女而言，"孝"是超时间、超生死的。唯有这样的"孝"，才叫做真正的"孝"。所以，《礼记·卷五十二》中说："事死如事生，事亡如事存，孝之至也。"于是，儒家"孝"的观念便在丧葬礼俗中得到了充分的体现。

汉代是一个特讲"孝道"的时代。汉代皇帝谥号多冠一个"孝"字，如孝文帝、孝武帝等。至东汉，"孝道"尤受推重，得以大行。《孝经》开始立于学官，被奉为儒家"七经"之一。西汉以来实施的察举、征辟制度，有"茂才"、"孝廉"两项，到东汉则只举

"孝廉"一项。"茂才"即秀才,为才德优异之人,偏于才学;"孝廉"即孝子廉吏,尤偏于德行一面。东汉独举"孝廉",诸科皆废,表明重德行更甚于重才学,而"孝"、"廉"之中,又以"孝"为先。东汉士人多有为后世所推美的厚德高行,其中孝行占了绝对比重。比如盛行的"久丧"风习,即为孝行范例。钱穆说:"西汉重孝,尚少行三年丧者。东汉则'谓他人父',对举主、故将亦多行孝三年,而父母之丧有加倍服孝者。"(《国史大纲》上册,第187页)

怎样才能在丧葬礼俗中充分体现一个"孝"字?最根本的还是如荀子所说:"丧礼者,以生者饰死者也,大象其生以送其死也。"(《荀子·礼论》)就是说,丧礼的意义不是将死者一埋了事,而是要给死者布置一个与生前一样,甚至比生前还要好的生存环境和生活场所,使死者(的鬼魂)感到死后跟生前没什么大的区别,他在阴间依然享受着阳世那样的福祉。所以,做儿女的,决不能"厚其生而薄其死",否则的话,便是对死者的背叛,便是大不孝了。

于是,为了体现儿女后人的"孝道",或至少争个"孝"的名声,一种厚葬之风便兴盛起来了。其中最突出的标志,便是葬玉,特别是"金缕玉衣"的大量出现。玉质地温润缜密,光泽柔和,自距今7000年的新石器晚期以来,一直就是人们极为推重的高贵、珍贵之物。《说文》曰:"玉,石之美有五德者",说明它不仅在物质上是最宝贵的,而且还是道德的、审美的至上象征。至汉代,玉器制作有了较大发展,特别是西汉中期以后,在孝道观念和厚葬之风催动下,出现了许多奢华的随葬玉器品种,最典型的便是"葬玉"。所谓"葬玉",就是专门为保护尸体而制作的玉器。它在汉玉中占很大的比例,其中以玉衣为代表。玉衣是汉代专门给死去的皇帝和高级贵族穿的殓服。完整的玉衣,外观和人体形状相似,分为头部、上衣、袖子、裤筒、手套和鞋六大部分,头部又由脸盖和头罩构成。玉衣由许多小玉片用纤细的金丝、银丝或铜丝穿缕编缀而成。用金丝编缀而成的,称为"金缕玉衣"。这种"金缕玉衣"只有皇帝死后可以使用,但有时皇帝也特赐给他的亲王或大臣。以玉衣做殓服,目的是希望尸体不朽,祈愿死者常在如生,以表达后代孝敬之心。1946年9月,在河北邯郸的一座汉墓中首次发现玉衣的玉片。中华人民共和国成立后,也曾多次发现玉衣,但都不完整。1968年,在河北满城西汉中山靖王刘胜和其妻窦绾的墓中,首次发现了两套完整的"金缕玉衣"(图2-1)。这是有准确年代可考的最早的玉衣。刘胜的玉衣全长1.88米,脸盖上刻制出眼、鼻和嘴的形象,上衣的前片制出宽阔的胸部和鼓起的腹部,后片的下端做成人体臀部的形状,左右裤腿也按人腿的形状制成,鞋作方头平底高腰状,全套玉衣由2498片玉片组成,编缀玉片的金丝共重1100克左右,其比例之精确、象形之逼真、制作之精美、气派之奢华,令人慨叹。此外,在河北、江苏、安徽、山东、陕西、河南、广东、北京等地的许多汉墓中，也曾出土完整的玉衣或玉衣上的玉片。据考证，以玉衣作为殓服是从汉武帝时期开始盛行的，而到东汉，玉衣已明确分为金缕、银缕、铜缕三个等级，确立了分级使用的制度，身着玉衣入殓已成上层社会之风尚。直到魏文帝曹丕，吸取汉代诸陵因殓以"金缕玉衣"而被盗掘的教训才将此风废止。在考古中，确也未曾发现汉代之后的玉衣（参见《中国大百科全书·考古学》"汉代玉器"、"玉衣"等条目，1986年版）。

同时，为了"大象其生以送其死"，充分体现"事死如事生"的孝敬之道，汉人还将种种现实场景模拟、复制和搬演在墓葬之中。于是，我们看到了堪称汉代艺术一大典范的画像石、画像砖，看到了琳琅满目的"模型明器"，看到了一种住宅化的墓室建筑结构形式，看到了颇具生活气息和现实感的陶塑与壁画。

墓室构造：一种"拟世间"样式

墓室，自然是一种葬埋死人的场所。由于强调"孝道"，讲究"事死如事生"，所以要求葬埋死者的场所要造得与其生前住的房屋居室一样，使死者在阴间仍能"体味"到一种温情熟稔的"生"的环境和气息。于是，陵墓内部应当造得像一处家居室宅，便成为其基本的形制构造原则。反映在陵墓的形制结构上，就形成一种家居化、人间化、日用化、世俗化的构造样式。

当然，这种墓室形制结构并不是一开始就凝定了的，它实际上经历了一个很长的演化变迁过程。汉代以前，墓室形状大都为一种长方形的土坑，而且，不论大小、深浅如何，多是从地面一直往下挖，呈现的是一种"竖穴"样式。秦汉之交，开始在黄河流域流行横开墓圹的习俗，有的则"穿山为室"，统称"横穴"。自此"横穴"遂成两汉及后代墓室之定制。"横穴"取代"竖穴"，其最大的功能就是便于人们把生前的住室样式"搬"到阴间继续享用。因此，汉代墓室实行横穴之后，其形制结构便完全人间化、阳宅化了。尤其是西汉末期开始取代木椁墓而流行石室墓，到东汉又普遍用小型砖砌筑墓室，有的地方则用崖墓，就使这种人间化、阳宅化的墓室构造形式获得愈加完善的发展。

皇陵的地下"寝宫"，一般仿照宫殿形制建造，皆为宏构巨制，宛如一座座地下迷宫，借用后代的一句话，叫做"宏丽不异人间"（《新五代史·温韬传》卷四十）。就一般的汉墓形制而言，墓内常分为前室、中室、后室、耳室、回廊等。具体到每种墓室，其构造可能繁细多样，但基本形制还是大同小异的。其中有三种墓较为典型：

"崖墓"，是在山崖上横向穿凿洞穴，盛行于四川一带，多为东汉墓葬。如四川白崖

图2-2 山东安丘汉画像石墓（左为前室，下为后室）

崖墓，以45号墓所表现的建筑手法最为丰富。前面有三门，内有享堂，后有两墓穴，各有前、后室及棺室。门外有雕刻，享堂的壁面隐起柱枋，顶部有覆斗形藻井，俨如地上建筑的形制结构。

"砖室墓"，是大约自西汉末起出现的一种用小型砖砌筑的半圆形筒拱结构的砖墓室，东汉初发展为穹隆顶，以后迅速推广至各地。如河北定州的中山简王墓、望都的太原太守墓及内蒙古和林格尔汉墓等，都属这种砖室墓，其内部有前、中、后室及耳室等，规模、布置均仿生前住所，宏大壮观。

"石室墓"，也是西汉末开始流行的，它用整齐的石块垒砌墓室，在墓壁上雕刻画像，所以又称画像石墓。这种石墓在东汉获得广泛的发展，其内部结构由多个墓室构成，平面布置复杂，其格局也仿照的是现实生活中梁柱结构的住宅居所。如山东沂南、安丘等地画像石墓（图2-2），墓前有门，前室和中室内有柱，柱上有斗拱，斗拱上有梁，梁上有板，四周是石墙，俨如一间仿木结构建筑的室内形式。

当然，这只是对几种类型墓室形制所作的一般的、概括性的描述。实际上，在具体的墓室构造中，其对现实人间住宅居所的仿制要更为复杂和多样。如徐州汉墓在形制、功能的设计上就几乎像世间居院一样的完备齐整，不仅有一般的前室、中室（明堂）、后室、耳室等，还有侧室、御府、武库、厕所、仓房、浴间、柴房、水井等，有的甚至还增设了宴饮、游乐等"场所"，整个墓室构造已经非常贴近世俗的家居住所了。

汉代以来，特别是东汉墓室所普遍施行的"拟世间"房屋构造样式，向我们透露了一个明确的文化信息，那就是在当时人们心目中，唯有人间的、此岸的、世俗的生活才是人心所系，灵魂所归。这里没有西方人所向往的那种绝对超世间的天堂。即使有天堂，这个天堂也不远离人间,而就根植于人间之中。人间自有天堂在,何须远往彼岸求?所以人死后仍住在原来那样的"房宅"里,"呆"在原来那样的环境中,就是一种很理想很完满的结局了,儿女们的"孝道"也因此而充分体现出来了,还有什么比这样更好的吗?

这种具有鲜明的民族审美文化意味的人生观、生死观,是理想的、神秘的,更是现世的、务实的,或者说,它以神秘的形式显现着非常质朴、实际、真切、自然的生活内涵和生命理想。因此,在审美文化史的意义上,它构成了东汉时代"崇实"趣尚的一种特殊景观。

陶瓷工艺: 从礼器到日用

工艺美术是审美文化的重要承载者和体现者,而陶瓷工艺又以最古老、最日常的形态直接显露着审美文化的感性光辉和人文意义。

这里主要谈的是在汉墓中作为随葬品的陶器和瓷器。从历史上看,汉代是我国陶瓷工艺从陶到瓷的重要发展和转型阶段。一方面,据考古资料,汉墓随葬陶器的数量和品种,大大超过了以往各代,其分布遍及全国南北各地;另一方面,汉墓随葬瓷器也有了突破性发展,除原始瓷(有人称作"釉陶")有着较广的地区分布外,瓷器(主要是青瓷、黑瓷)也于东汉中晚期首次烧成。在广东、江苏、浙江、江西、湖南、湖北、四川、河南、河北、安徽等地的东汉墓葬和遗址中,已发现了大量瓷器遗物,品种甚多,数量不少,质量很高。它表明,东汉是中国瓷器创烧成功的时代。

两汉陶瓷在产品门类和造型形式方面都有着明晰的演变过程。先说陶、瓷器物的产品门类。西汉早、中期,随葬陶、瓷器物中礼器明显较多。陶器多为鼎、敦、盒、钫、壶、仓、灶、罐、瓮或盆与碗的组合,而瓷器(原始瓷)用品则常用鼎、盒、钫、瓿、敦、壶、罐等等。可见,二者共有的鼎、敦、瓿、钫、盒等传统礼器(或仿礼器)所占比重还是不算小的,而壶、罐之类虽然有时也可作礼器用,但大多数情况下属日常生活用品。所以总起来看,这时期的随葬陶、瓷器物还更多地带有先秦时代常见的祭祖敬神的文化功能。

西汉晚期,随葬陶、瓷器物中的日用品开始有所增多。除仍有鼎、敦、壶、仓、灶、罐等器物外,还出现了陶井、陶炉、陶釜、陶甑、陶灯等生活用品。在原始瓷产品中,盒已不见,鼎也发现较少,常见的有壶、瓿、罐、盆、碗等日用器物,同时还出现屋仓、猪舍、羊舍和牛马等瓷塑与明器。这意味着,西汉晚期随葬陶、瓷器物中,礼器减少而日用性明器增多的趋势已经形成。

东汉时代，这一变化的趋势愈加显著。东汉早期随葬陶器中，鼎、敦一类的传统礼器骤减，而作为当时流行的生活用器如盆、案、耳杯、勺等仿制品的陶制明器则大量出现。到东汉中、晚期，陶鼎、陶敦之类的随葬礼器已消失不见，生活性、日用性陶器不仅占了绝对统治地位，而且新的种类如陶制的家畜、家禽、楼阁（图2-3）、仓房、磨坊、臼房、猪圈以及"乐舞百戏"等明显增多。

同时，东汉时代随葬的原始瓷器物里，瓿、钫、鼎等礼器已经消失，而以壶、罐、印纹罍等为代表的实用器则数量大增，还出现了五联罐、盘、簋、熏炉、虎子和臼等。特别要指出的是，东汉中晚期产生的真正的瓷器中，基本上已没有礼器（或仿礼器）随葬品了，常见的青瓷器物有碗、盏、罐、耳杯、盘、盘口壶、酒樽、簋、钟、虎子、水盂、熏炉等生活用品（关于陶、瓷器物门类变化，参见《中国陶瓷》，冯先铭主编，上海古籍出版社，1994年版）。

由此可以确认，在东汉时代随葬的陶瓷工艺器物中，偏于祭祖敬神的礼器一类已基本消匿，而偏于日常性、实用性的生活用器则占了主导地位。这表明，一种与理想生活方式相关的、偏重世俗日用的、"疾虚""崇实"的审美文化精神，正在东汉时代的随葬陶瓷工艺器物中直观地显现出来。

再看陶瓷器物的造型形式。汉代陶瓷器物总体上都以大弧线造型为主，具有单纯、朴素、敦厚、丰满之特点。但具体地看也有一个纵向的变化过程。

以壶为例。汉代随葬的陶壶、瓷壶，其造型形式一般呈现出这样的演变轨迹：西汉早期呈长颈、扁圆腹、高圈足形状；西汉中期则变得颈较短，成喇叭形，圆腹，底部变成矮圈足，甚至变成平底（图2-4）；西汉晚期至东汉，颈部则变得粗短，椭圆腹，平底，有的腹径几乎大于壶的高度，显得矮胖敦壮。从壶的造型形式的这一变化轨迹也可以看出，那种稳定性、实用性、世俗性的意味和功能变得越来越突出了，在审美观感上也逐渐由峭拔庄重而日益变得圆和丰润了。

总之，随着西汉向东汉的变迁，随葬陶瓷工艺器物这种在功能上由偏于祭礼向偏于日用，在造型上由偏于峭直庄重向偏于丰圆平稳的发展演化，也从一个特定的侧面反映了东汉审美文化日趋世俗化、功用化、"崇实"化的主流态势。

绘画旨趣：从仙界到人间

汉代是中国绘画史上第一个有大量画迹传世的时代。潘天寿说："吾国明了之绘画史，可谓开始于炎汉时代。"（《中国绘画史》第16页，上海人民美术出版社，1983年版）

汉代绘画迄今来看，当以墓室壁画为最盛。从西汉中、晚期一直到东汉时代，壁画皆称得上是绘画之主体。西汉早期的壁画目前尚未发现，但这处空白恰好可由湖南、山东等地发现的同时期墓葬帛画来填补。因为壁画、帛画虽不尽同，但其文化功能和审美旨趣却是贯通一致的，所以可作为汉画发展的整体轨迹来考察。

迄今发现的较为完整清晰的西汉早期的三幅帛画，其审美文化题旨都是"升仙"或叫"引魂上天"。湖南长沙马王堆1号汉墓出土的帛画（图2-5）最为典型。这是一个长205厘米，上宽92厘米，下宽47.7厘米的"T"形布局画幅，内容自上而下分三部分，分别绘着表示天上、人间和地下的各种图像。秦汉方士都认为仙山应在大海之上，所以画的下部绘有大海，海中有双鲸盘绕，鲸尾各立一长角怪兽，鲸背上有一裸体力士，双手向上托举着表示大地的平板。这一部分当象征的是地下情景，即所谓"黄泉"。大地之上则是人间的情景。中间画有两条巨龙左右穿绕于圆璧，龙尾贯穿到画幅下部，起到联系整体构图的作用。璧下悬一大磬，左右流苏之上有二羽人，应是引导主人灵魂升天的仙人。在穿璧双龙之上有一下卧双豹的平台（象征"通天大道"），一位形体较大、服饰华美、拄杖而立的老妇人，正在徐徐前行。这位老妇人当是墓主人之形象。其身后有三位拱手恭侍的婢女，面前有两个衣着红袍、青袍，头戴雀尾的男子拱手跪迎，似是引其升天的使者。再上则是天上部分。在天门之中，有二人相对而坐，应为天国司阍者。其上左右各伏一豹，各升一龙，中间有二仙鹤衔铎。上部左方为一勾新月，月上有蟾蜍玉兔，右方为一红日，日中有一黑乌。日月之间，亦即全画正上方的中间，有一人身蛇尾女子腾空飞翔，或可理解为死者灵魂升天的形象。左有二鹤，右有三鹤，各翘首张喙而鸣，似是表示迎接死者升天成仙的意思。显然，这一幅构图考究、中心鲜明、上下连贯、左右对称的帛画作品，突出的是一个文化主旨，那就是死后"成仙"。

长沙马王堆2号汉墓出土的一幅帛画，除死者为男性外，主题与构图大致跟前一幅相同。第三幅帛画是在山东临沂金雀山9号墓出土的，其旨趣和构图与前面两幅也基

本相同,只是不作"T"形平面处理,而与一般的旌旗相似。长沙马王堆与山东临沂金雀山相距数千里,而帛画的主题、风格却如此相近,这是令人惊异的。它们在同一时期表现了同一种死后成仙的幻想性题旨,不能不说具有一种时代的普遍意义。

西汉中、晚期的帛画资料至今尚未被发现,而这一死后成仙的幻想性题旨却在该时期的大量墓室壁画中得到了承接和延续。西汉中、晚期的墓室壁画主要发现于河南、山西一带。河南洛阳出土有:卜千秋墓壁画,老城西北西汉墓壁画,金谷园汉墓壁画,八里台汉墓壁画等。山西出土有平陆枣园村汉墓壁画等。这些壁画无一例外地都承袭了西汉前期帛画的升天成仙题旨,其中尤以年代最早的卜千秋墓壁画为典型。

卜千秋墓壁画(图2-6)分别画在墓门内的上额、墓室内的后壁和顶脊上,其内容由后向前依次为驱邪、上天和升仙。墓室顶脊一带是由20块砖构成的长卷式画面,全长达451厘米,为整个壁画的主要部分。长卷自东而西依次为:彩云,人身蛇首的女娲,内含桂树和蟾蜍的满月,手持节杖、身披羽衣的方士,交缠奔驰的双龙,身似羊又有枭翅的枭羊,鹰头凤尾、展翅飞翔的朱雀,昂首翘尾、奔跑呼啸的白虎,头绾双髻、面向墓主、拱手跪迎的仙女。接下来便是乘三头鸟、捧三足鸟、闭目飞升的女主人和乘蛇持弓闭目飞升的男主人卜千秋,二人画像处于整幅壁画的中央位置。再向西,又有奔犬,蟾蜍,人身蛇尾戴冠的伏羲(与东面人身蛇尾的女娲遥相对应),朱轮内飞着金乌的太阳,最后是蛇首双耳双鳍的黄蛇。墓门内上额画人首鸟身立于山顶、呈展翅欲飞之状的仙人王子乔,墓后壁上部正中绘有猪首人形怪物——驱邪打鬼的"方相氏"。无疑,全部奇诡斑斓的壁画展示的正是一幅夫妇死后升仙图。

值得注意的是,洛阳老城西北的西汉晚期壁画墓,其内容除了也有乘龙升仙的普遍题旨外,还增加了"二桃杀三士"和"鸿门宴"两则历史故事画。这意味着,汉代壁画在西汉末开始呈现出由虚幻的驱邪升仙主题向现实的人间生活旨趣转化的趋势。这一趋势在东汉时代的墓室壁画中得到了充分的展示

图2-6
河南卜千秋墓壁画摹本(局部)

和张扬。一种人间化、生活化、世俗化的审美文化题旨逐渐成为东汉绘画的主流。

就现有资料看，东汉壁画较有代表性的是辽宁营城子汉墓壁画、山东梁山汉墓壁画、河北望都汉墓壁画、河北安平汉墓壁画、河南密县打虎亭汉墓壁画、内蒙和林格尔汉墓壁画等。辽宁营城子汉墓壁画，属东汉早期作品，虽仍有"升仙"内容，但题旨已较为散乱，不够集中和突出了。山东梁山出土的东汉初期墓室壁画则开始以现实内容为主了。特别在河北望都的东汉墓壁画那里，审美题旨已向现实化迈了一大步，其突出特点是以描画墓主人及其诸多亲近属官为主。有职掌守卫的"寺门卒"和"门亭长"，有职掌刑狱的"仁恕掾"，有揖拿盗贼的"贼曹"，有负责敲鼓的"捶鼓掾"，有办理庶事的"门下史"，有维持治安的"门下贼曹"，有掌管赏罚的"门下功曹"，还有主管文书簿册、代主人拟稿的"主簿"与"主记史"等等。所有这些亲近属官，都以职位之大小和职掌之不同而别其衣冠和姿态，但显然，他们的存在又是为墓主人的"出场"作陪衬和铺垫的，所以，他们又大都面朝里向，拱手躬腰作朝见主人状。这种设计就较为含蓄地渲染和突出了主人生前的荣华与尊贵，也鲜明地表达了一种世俗性旨趣。不过，该壁画所绘的现实人物大都是零散的肖像画，缺乏一种连贯统一的整体构思。

河北安平汉墓壁画（图2-7）也画了不少人物，都围绕着墓主人的出行而形成了一种整体性联系。"中室的壁画是在四壁上画着墓主人的出行情况。上下共有四层，每一层均有大量车骑伍伯（武官）、辟车（文官）之类的导从和一个主车。在这四层的主车中，以最下层的主车的官职最大，此人即是该墓的主人。"（《安平彩色壁画汉墓》，《光明日报》1972年6月22日）显然，这幅壁画的主旨也在炫耀主人生前的权势风光，其旨趣的世俗化色彩更浓了。

在充溢着尘世化意味的东汉墓葬壁画中，最有代表性的是内蒙古和林格尔出土的东汉晚期墓室壁画。该壁画可称为墓主人的一幅"传记画"，其对生前功业、尘世幸福的自叙、自赏、自炫、自乐的意味是不言而喻的。它重在展示墓主人的一生经历，着意突出墓主人从"举孝廉"、为"郎"，到出任"两河长史"、"行上郡属国都尉"、"繁阳令"而止于"使持节护乌桓校尉"的一系列仕途生活情景，是一幅由墓道、墓门、前室、中室、后室及三个耳室组成的共计五十多组彩画的大型墓葬壁画。整个画面内容围绕墓主经历而展开，有墓主任官期间所经府县的市景城貌，有墓主升迁出行的庞大车骑队列，有观鱼、饮宴、赏戏、迎宾、庖厨等场面，有幕府、门廊、谷仓、弩库等建筑及其中的人物活动，有农耕、蚕桑、渔猎、放牧等庄园劳作场景。和林格尔汉墓壁画在表现从仙界返回人间的审美旨趣方面达到了高峰，成为东汉壁画的典范之作。

在东汉墓室壁画中，"升仙"题旨不仅日渐"退场"，而且即使偶尔有之，其意义也已发生很大变化，它原来那种超离人间、引魂升天的意思已不明显，更多的时候它是在人间生活的世俗氛围中存在和表现的，这或可解为"成仙即在尘世间"吧。其实这正符合中国人的文化心态和人生理想。脱俗成仙的幻想在中国历史上不时有之，但大都"难成正果"，最终都要回到"彼岸不离此岸"、"超世不离世间"这一基本思路上来，回到"道不离器"或"天堂即在人间"这一中心观念上来。这是中华民族一种源远流长的文化理想、人生哲学和审美传统。汉代绘画的审美文化旨趣从"天上"向"地上"、从"仙界"向"人间"的转换，从根本上说正是这种文化理想、人生哲学和审美传统的深刻体现。这也从一个侧面构成了东汉时代审美文化偏于"崇实"趣尚的一大内涵。

雕塑寓意：走近凡俗和生动

无论在规模、品种上，还是在技巧、寓意上，东汉时期的雕塑（主要是与墓葬有关的雕塑），都比西汉有了明显的发展。

东汉雕塑有石阙、石柱、石像（包括石人与石兽）、陶塑、铜塑、木雕、墓室建筑雕刻等多种门类，有的是在西汉基础上的扩展，有的则基本是新创的。我们这里拟从石刻、陶俑、铜俑三个主要种类入手，谈谈东汉雕塑在"寓意"方面的基本审美特征。

石刻 这里所讲石刻，即石料镌刻造像，重点是石阙与石像。

就"阙"本身说，自古有之。古代宫室大门之前都有一种称作"阙"的建筑，也叫"观"，又称"象巍"。《广雅·释宫》说："象巍，阙也。""巍"是形容这种建筑之高。"象巍"是因"悬治象之法"而得名。这就是官府门前张贴布告和法令的地方，而说它又叫"观"，是因"阙"既有利于别人弄清立阙主人的身份地位，又可登高守望以做警戒之用。晋崔豹《古今注》说："阙，观也。古者每门树两观于其前，所以标表宫门也。其上可居，登之可远观，故谓之观。"

到汉代，阙基本上是用来显示立阙主人身份地位的一种标识。《水经注·穀水》引《白虎通》说："门者必有阙者何？阙者，所以饰门，别尊卑也。"先秦曾以阙之多少区别天子和诸侯的等级，汉代则以阙的结构来做区别等级的标志。当时阙有单阙、二出阙、三出阙之分。单阙是只有正阙，而无子阙，二出阙由一正阙和一子阙组成，三出阙由一正阙和二子阙组成。一般官僚用一对单阙，太守以上二千石俸禄的大官用一对二出阙，皇帝则专用三出阙。这个等级定制十分严格，绝对不得僭越。

汉人大兴厚葬，讲究"事死如事生"，所以跟宫室门前一样，墓室门前也要立阙。这在东汉尤甚。现存完整的石阙，大都为东汉墓前石阙。最早的是山东平邑县的皇圣卿阙

图2-8 高颐阙正面图（东汉·四川雅安）

（建于公元86年），最迟的是今四川雅安县的高颐阙（建于公元209年）。这些墓前石阙都呈仿木结构的高楼式样，其具体形状特征不妨以保存最完整、最精美的高颐阙西阙为例说明之。

现存四川雅安县城东15里桃桥村外的高颐阙（图2-8），东西二阙相距13.6米，东阙仅存阙身，清代曾修复顶盖。西阙总高6米，母阙身宽1.6米，厚0.9米，子阙身高3.39米，身宽1.1米，厚0.5米。西阙为重檐顶，由五层石块垒成，逐渐向外挑出，上部面宽1.94米，下部面宽3.81米，出檐0.6米。屋顶雕刻成屋脊、瓦垅状，脊正中刻有雄鹰，口衔组绶。阙身和阙顶还雕刻着车马出行、人物故事、神禽异兽等形象，"以昭四方"。

可以看出，高颐西阙是雄伟高大的。它与后面的墓碑相距163米，与碑后的坟墓相距更远，形成了相对的独立感，因而更显出高耸凌空之势。它的阙顶比阙身出檐0.6米，不仅突出了一种飞动之美，而且也使整阙形象显得舒张有致，不落呆板。这种造型让人感到巍然庄重又不失生动美观。不过，隐含在这种造型和气势中的还有更深层的意味，那就是对墓主人生前为官之高贵和尊荣的一种显扬。所以说，在形式背后仍是一种很功利的观念，在雄伟高大的造型里凝结的是对功名利禄一类世俗价值的执著与渴念。这或许可以解释，这些如此高大雄伟、威严庄重的石阙，何以会不让人感到悚然生畏，反而感到生动可观了，因为人间的、世俗的东西总是与人相亲相通的。

据现有资料，墓前神道上陈列有石人和石兽的造像，是从东汉开始的。所以，石像比石阙似更代表东汉人的审美文化趣尚。

东汉石像有两个主要特点，一是其出现与当时盛行的上陵墓祭祀的礼俗有关（此前都是上宗庙祭祀），为此，豪强大族纷纷在墓地上建祠堂或祠庙，石刻造像也随之兴起。二是墓地石刻造像往往成对布置在墓前大道两旁。这墓前大道叫"神道"，也叫"隧道"。《水经注·汲水》记东汉熹平年间某君"隧前有狮子、天鹿"，《水经注·阴沟水》说"光武隧道所表象马"等等，都是讲的在墓前大道两旁树立石狮、石天鹿或石象、石马的事情。

墓前石人造像多为官吏士卒，显然属于墓主警卫和侍从性质。目前可见的东汉石人仅有几例，如山东曲阜孔庙汉石人亭内的二尊石人，早已名重于世。此二石人原为乐安太守鲁王墓前的石人，后移于此。其胸腹间有铭刻，一为"汉故乐安太守麃君亭长"10字，为墓前侍者，一为"府门之卒"4字，显为墓前护卫。皆戴冠，穿交领宽袖长袍，双手拱于胸前。做侍者的石人，高254厘米，腰间佩剑，谦恭壮硕；而做护卫的石人，高230厘米，双手持枪，仪表威肃。其他地方如山东邹县东汉匡衡墓前、河南登封中岳庙前等，都发现有石人造像。总起来看，这些石人雕刻都比较粗略简单，形象朴拙凝重，恭谨呆板。

墓前石兽像比石人像则精美生动得多。石兽像有两类，一类为狮、虎、牛、羊、马、象、骆驼等动物，一类是"辟邪"、"天禄"等神物。石兽像的功能是用来驱除邪怪和象征吉祥。《风俗通》说：

> 墓上树柏，路头石虎。《周礼》："方相氏葬日入圹，驱魍象。"魍象好食亡者肝脑，人家不能常令方相立于墓侧以禁御之，而魍象畏虎与柏，故墓前立虎与柏。（［唐］封演：《封氏闻见记》卷六引，见赵贞信《封氏闻见记校注》第59页，中华书局，2005年版）

这就告诉我们，墓地种柏树，立石虎，就是为了防御鬼怪来侵扰墓主。"魍象"是古代传说中的一种害人鬼怪。《周礼·夏官·方相氏》载：方相氏"蒙熊皮，黄金四目，玄衣朱裳，执戈扬盾……入圹，以戈击四隅，驱方良"。古人认为，死人下葬时，应让蒙着熊皮的"方相氏"来墓中驱逐"方良"（即"魍象"、"魍魉"）。但死者埋葬后，总不能让"方相氏"老守在坟墓边上驱逐方良，于是就种上柏树，立上石兽来代替方相氏，因为鬼怪们也是怕柏树和野兽的。

值得注意的是被称作"辟邪"和"天禄"的神兽石像。这类石像在造型上综合了几种野兽，诸如狮、虎、熊、鹿的特征，而且还肩有羽翼，头有双角，有的则是独角，还有的无角。一般认为长双角的叫天禄，长单角的叫麒麟，无角的则叫辟邪。这种有翼猛兽石像有的几近于狮，如陕西咸阳西郊出土的一对石狮（图2-9），而大部分则既似狮、虎又不似狮、虎，其情态都作缓步进行状，头小颈长，昂首挺胸，张口吐舌，若露利齿，颔须长垂至胸前，柱状尾巴呈弧线支撑地面，多数两肋长翼，有的头长独角或双角，身长皆在两米左右。其中比较著名的有河南洛阳涧西出土的一对石刻神兽，河南南阳宗资墓前的天禄、辟邪（图2-10），四川雅安高颐墓前的辟邪（图2-11），等等。

这些石兽有时候也被统称为麒麟，而"麒麟"二字偏旁为鹿，说明麒麟神兽与鹿有直接关系。实际上，"天禄"即为"天鹿"。鹿为什么会自东汉以来成为一种神兽呢？有学者指出，这是因为"鹿"与"禄"同音。此说有一定道理，较合汉代，尤其是东汉风尚。"禄"有一义，即俸禄。有俸禄，即意味着做官，所谓高官厚禄之谓也。在官本位的中国文化中，"禄"这层含义也是很重要的。综而言之，以"鹿"为神兽，以"天禄"为吉祥物，其实反映的是一种很实际、很凡俗的幸福观、人生观。高官厚禄，荣华富贵，这就是中国人心目中的福气。"天禄"石兽的设置，即为这种福气的一种炫扬。东汉之际遍立"天禄"石像（其实"辟邪"与"天禄"也无多大区别）正显露了该时代偏于"崇实"的审美文化趣尚。

神兽石像给人的审美感受也说明了这一点。即以四川雅安高颐墓前石辟邪为例，其昂首、举颈、张口、挺胸、耸臀、振翼、浑身绷满力量，迈腿欲向前行的形象，显出一种雄劲勇猛、极富威严的阳刚之美。与此同时，它并不令人生畏，也不冷漠神秘，它的威猛之态更多的是指向邪怪而非指向人间的。实际上它给人一种亲切感，而这种亲切感与其内涵上的通于人间、归于凡俗正有着一种极为内在的关系。

陶俑　在东汉墓葬艺术中，陶俑无论在数量上，还是在题材范围、地区分布、制作质量、艺术水平等方面，都是西汉陶俑所难以望其项背的，而且其最大、最突出的特点，就是一改西汉陶俑那种以威严壮观的送葬军阵和刚武勇猛的兵卒将士为主的造型模式，变为以塑造体态较小、活泼生动的家内舞乐侍仆俑以及家养禽畜俑为基调和主流。

东汉陶俑的选材几乎涉及家居生活的所有方面，如庖厨、扛粮、执帚、执箕、执瓶、执镜、哺婴、背娃、献食、提鞋、提水、踞坐、抚琴、吹箫、击鼓、说唱、歌舞、对弈、杂技、百戏等，也包括劳动生活的许多方面，如执锸、背篓、杵舂、扶锄、种田等。另外还有大量家禽家畜俑，如狗、猪（图2-12）、鸡等。还出现了与人、畜陶俑所体现的庄园生活密切相关的楼榭、坞堡、住宅、风车、猪圈、井（图2-13）、船等模型。这一切都说明东汉陶俑（塑）在题材内容上更趋生活化、家居化和世俗化。这里几乎不存在什么神秘的意象和虚幻的气氛，所有的东西都是很实在、很通俗、很明朗的，都是与平凡感性的生产、生活息息相关的。从这里我们感受到的是浓郁的庄园情调和人间气息。

在这一方面，四川出土的陶俑最具代表性。它们不仅生活气息浓郁，如成群的男女侍仆，众多的短衣赤足农夫形象等，而且其玩赏性、谐趣性、娱乐性功能尤为强烈。它表现在，一是出土的观赏俑、击鼓俑、舞蹈俑、说唱俑、吹箫俑、抚琴俑、伎乐俑等数量尤多；二是几乎所有俑的面部表情，都不再像西汉时那样双唇紧闭，庄重肃穆，而是在嘴角、眼角处流溢着微笑，泛动着欢欣明快的神采。最典型、也最著名的便是"击鼓说书俑"。1957年成都天回山出土的"击鼓说书俑"（图2-14），袒膊而坐，赤足上翘，左手抱鼓，右手执锤，眉飞色舞，满脸绽笑，似正说到最精彩最有趣之处，言唱已经难以尽意，便情不自禁地"手之舞之，足之蹈之"起来，其情态的诙谐快活、乐天逗趣令人忍俊不禁。1963年郫县出土的"击鼓说书俑"（图2-15），高66.5厘米，立姿，左手执鼓，右手执棒，头戴圆帽，缩颈歪头，撇嘴斜目，弓腰突臀，故作怪状，然说唱之态，神采飞扬，如闻其声，令人捧腹。可以说，这类"说书陶俑"逗人笑乐的滑稽造型（其原型是古代以乐舞戏谑为业的俳优），以及他们所表现出来的乐天情怀、幽默神采和快活心境，不仅是四川陶俑之特色的代表，而且也是整个东汉陶俑之诙谐化、情趣化、玩赏化、娱乐化审美特征的极致表现。

总之，庄园的题材、平凡的人物、通俗的场景、现实的情境、活泼的氛围、日常的意趣、玩赏的心态、享乐的功用等，这一切都成为东汉陶俑最具个性最有魅力的地方。

铜俑　青铜雕塑在中国历史悠久，据说夏禹时代已开始"铸鼎象物，百物而为之备，使民知神奸"（《左传·宣公三年》）了。但总体而言，先秦时代较为发达的青铜工艺器物，更多地偏重于宗教的、祭祀的、生活的实用价值，其审美价值也多限于工艺方面。

汉代青铜器物的一个重要变化，就是在工艺水平和格调大为提高的同时，其审美价值更多地转向了雕塑之美，其主要标志便是具有极高艺术品味的铜俑的大量出现。

1968年河北满城陵山窦绾墓（西汉）出土的青铜长信宫灯（图2-16）就比较典型。该铜俑作宫女跪坐持灯状。宫女头梳髻，发上覆巾帼，博衣大袖，上身平直，双膝着地，右臂高举，袖口即为灯之顶部，与身躯相通。右臂伸向右方，手握灯盘底座。宫女表情含蓄，神态恬静，造型细腻清晰，精美生动，是一件罕见的艺术珍品。从功能上说，它既是一件日常实用器物，也是一件具有装饰和观赏价值的贵族奢侈物。它的出现，反映了汉代官宦豪族生活的奢华，也意味着一种世俗化、家居化的墓葬文化观念正在形成。

汉代青铜雕塑尤以东汉铜俑为代表，其主要标志是比例更准确，制作更细腻，造型更精美，神情更生动。这一点集中地体现在铜马形象的塑造上。这时期的墓葬铜马在贵州的兴义和兴仁两县、四川的郫县和敦义、甘肃的武威雷台等地均有发现。同西汉的马塑形象比起来，它们都明显地呈现出体短、腿长而细的特征，其矫健骁勇的阳刚之姿犹存，但那种高大威武、庄重沉雄之气象已不那么鲜明突出，更多的是一种俊美飘逸、灵活生动之神采，一种活力洋溢、奔放自由之韵致。

其中最令人叹为观止的作品，还是1969年出土的甘肃武威雷台东汉末年的墓葬铜奔马（图2-17）。该铜马高34.5厘米，长45厘米。马头微左，体态强健，昂首张口作嘶鸣状，长尾打结飘起，三足腾空，一足似"踏"在一只飞鸟上，作凌空奔驰姿势。这里的独具匠心之处，是为了表现马的飞奔之态、腾飞之势，设计了一只飞鸟做衬托，显得马的神速之快已超过飞鸟，从而愈加强化了奔马的意趣。不过，该作品人们常冠以"马踏飞燕"、"马踏燕隼"、"马踏龙雀"、"马踏乌鸦"等名，实际上都不太准确。该铜俑还有一个不太有名的称呼叫"马超龙雀"，应是比较恰切的。一个"超"字，突出了奔马的神速，说出了奔马的气势，可谓绝妙。因为一般说来，鸟飞起来总比马快，但此马却快得超过飞鸟，岂不是如同电闪雷光一般的迅疾！更重要的是，"马踏飞燕"一说着重的是一种征服性主题，但我们知道，这种真正属于西汉前、中期的审美文化主题，在东汉已逐渐淡出，而世俗的、日常的、玩赏的、享乐的文化趣尚则成东汉审美主流。放在这样的背景下看，"马超龙雀"（或叫"马超飞燕"）的名称，虽不能说与征服性主题绝然无干，但它更强调的明显是奔马造像本身的英姿、神采、动感和情趣，更讲究的是一种偏于直观形式的、更具玩赏价值的审美意味，因而似更合乎该铜马塑造者的本意，当然在本质的层面上也更符合东汉时代的审美文化趣尚。不过从约定俗成的角度，本书还是沿用了"马踏飞燕"的说法。

东汉时代的雕塑艺术，从整体而言是走向凡俗和生动的艺术。所谓走向凡俗，是从审美文化内蕴上讲的，即从重大的、政治化的理性主题走向平凡的、世俗化的感性情趣；所谓走向生动，则是从审美文化形态上讲的，即从一种宏伟雄大、深沉凝重之美走向一种刚健俊逸、生意灵动之美。这后一种美仍是一种壮美，但比前者的"大美"多了些亲切的、自由的韵味，因而透露出向优美发展的某种端倪。

画像艺术：从幻想到现实

画像石、画像砖，是真正属于汉代的审美奇观和艺术奇迹，也是中国审美文化史上一枝瑰丽夺目的奇葩。

从时间阈限上说，画像砖稍早于画像石。但画像砖最早也不过出现于秦代，至西汉才有了一定发展，而其鼎盛则在东汉，东汉后又延续至十六国和南朝时期。而画像石则兴于西汉末，盛于东汉，东汉后不再流行。所以，画像石与画像砖共同的鼎盛期都在东汉。

从具体制作方式说，画像石与画像砖是不同的。画像石可称作"雕刻出来的画"，即先由画师在打制好的石板平面上绘出线勾的图画底稿，然后由石工按画稿加以雕镂刻画，最后还要由画工再加彩绘。而画像砖则是先在木制模具上刻出图画印模，然后模印在砖坯上，再入窑烧制而成。所以，画像石通常可在一整块石面上雕绘出较为复杂而统一的画面,而画像砖则小于画像石,一般一块砖模印一图,画面单纯整一,内容因砖而异。

但这个不同并不十分重要。重要的是二者所传达的审美文化题旨、意蕴、观念、趣尚等并没有大的区别。换句话说,画像石、画像砖的不同主要表现在媒介材料、表现手段等形式上,而在内容上二者是大同小异的。所以,我们在这里拟将二者予以统一考察和描述(为方便起见,将二者统称"画像艺术")。

盛行于东汉的画像艺术,其基本题旨主要有二,一为幻想性题材,主要呈现为神活、仙异、祥瑞等形象;一为现实性旨趣,主要表现为对现实中墓主经历和生活图景的刻画。不过更详细地说,还有另一种题旨,那就是对历史人物故事的雕绘。但这一历史性题旨,一方面总体上是从属于现实内容的,是为伦理教化的现实目的服务的,因而可以视其为现实性旨趣的一个特殊表现形式;另一方面,它在汉画像艺术中的分布也远不如"幻想"与"现实"两大题旨更为广泛和普遍。它主要集中在山东出土的画像石中,而在河南、四川、苏北等地出土的画像石、画像砖中只占极小的比重,而在陕北、西南等地出土的画像艺术中则几乎是看不到的。

从横向的共时态的角度看,汉画像艺术中的现实性内容要远大于幻想性题旨。比如

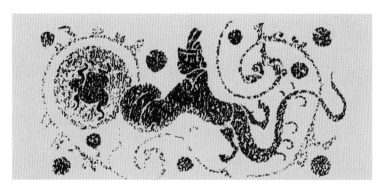

图2-18 嫦娥奔月(上)、巡游畋猎(下)(东汉·河南南阳)

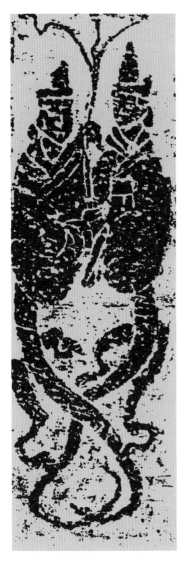

图2-19 伏羲女蜗（东汉·河南南阳）
（伏羲、女蜗皆人首蛇首，头梳发髻，
身着襦服，合抱一株芝草，相向交尾
而立）

在幻想性题旨最为突出的河南南阳东汉中期画像石（图2-18）中，一方面，神话、仙怪、祥瑞、星宿之类形象的表现可以说达到了淋漓尽致的地步，远非山东、四川等地画像作品能比。如白虎、苍龙、朱雀、玄武这"四神"形象，《羲和捧日》、《常羲捧月》、《嫦娥奔月》、《伏羲女蜗》（图2-19）、《东王公西王母》、《应龙仙人》、《桃拔朱雀》、《神荼郁垒》、《飞廉穷奇》、《大傩逐疫》、《辟鬼象人》、《后羿射日》、《仙人乘鹿车》等神话、仙异故事刻画，都可谓悉数皆备，应有尽有。另一方面，现实生活题旨仍然是主要的，其画像砖就"以一种高浮雕的形式描写了更多的现实生活题材"，甚至如有人所说，它"以汉代客观现实生活为题材的作品，反映了汉代画像砖艺术的现实主义精神"（李浴《中国美术史纲》上卷，辽宁美术出版社，1984年，第311页），而这种现实生活题材，也是"南阳画像石中的主要题材"（《中国美术史纲》，第317页）。这个现实生活题材在东汉中期极盛的南阳画像石中主要包括以下内容：舞乐百戏，狩猎骑射与出行，宴飨、拜谒等家居生活。另外还有讲学、蹶张武士、各色门吏等人物与活动刻石。不难发现，在神话、仙异等幻想性内容最多的南阳画像艺术里，现实生活尚且为"主要题材"，那么在其他地方的画像艺术中就更不用说了。事实上，除南阳外，无论在山东，还是在四川，抑或在苏北、皖北、鄂北、陕北、西南等地，都无一不将现实生活作为最主要、最显明的雕画对象和表现内容。

在山东画像石中，特别在具有代表性的孝堂山郭氏祠、嘉祥武氏祠、沂南汉墓等地的画像石中，画面内容一般分三部分，一为神话，二为历史故事，三为现实生活。但这三部分并不是平分均等的，其中现实的世俗生活画面是居主导地位的，它要么像在孝堂山郭氏祠中那样是"最多的和最重要的部分"，要么像在嘉祥武氏祠中那样，将"表现（墓）主人养尊处优的楼阁、宴饮画像，都刻在祠堂的中心后壁中央位置"，从而"在整个祠堂建筑内确立了主人的地位"（图2-20），要么像沂南东汉墓的画像布局那样，在前、中、后三室中，"中室画像是墓主人生前的生活图景"，亦即将现实生活内容置于画像中心地位（李浴《中国美术史纲》上卷第342、

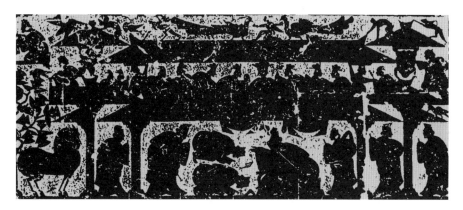

图2-20 楼阁燕居图（山东嘉祥武氏祠汉画像石）

344、350页）。

　　苏北地区，特别是徐州（即汉彭城）的汉画像石，与山东画像石在时间前后上差不多。但徐州毕竟是汉高祖刘邦的家乡，两汉四百年间，这里共有楚王、彭城王十八代，因而其画像受楚风影响甚重。这种影响表现在两方面，一方面是画像风格比山东的自由活泼些，另一方面便是留有"楚人信巫鬼，重淫祀"传统的浓重痕迹，仙人神山、乘龙骑虎、天文星像、避害驱邪之类光怪陆离的诡谲之像充斥画面。这与南阳地区画像石又较接近。不过从总体上说，徐州画像石与山东南部一些地区（如沂南、嘉祥等地）的画像石更为相似，只是"内容上那些为儒教作宣传的历史故事较少而又多了些生产活动的题材"（李浴《中国美术史纲》上卷第357页）。所以，从比重上看，它的幻想性内容虽较

多，但仍不及现实性内容更丰富，更突出。在这里，我们不仅可以见到大量的燕居宴饮图、楼阁宅院图、近侍庖厨图、车马出行图、比武博弈图、歌舞百戏图、迎宾拜谒图等常见的世俗生活画面，而且还有人仙对博这种幻想与现实交融的图景。这种比较新鲜的图景，实际上反映的正是一种仙界世俗化、幻想现实化的趋向。同时，值得注意的是，徐州画像石还表现了好多生产劳作、缉盗军事等现实场景，这是比山东、河南的画像艺术

图2-21 纺织图（江苏铜山出土汉画像石）

图2-22 牛耕图（江苏睢宁出土汉画像石）

更见独特的地方，如纺织图、庖厨图、牛耕图、"缉盗荣归"图等等。其中"纺织图"（图2-21）生动地反映出寻常人家"女修织纴"的情景。画面上刻了四位妇人，有的纺线，有的织布，坐在织机上的妇女正转身接抱递来的婴儿，充满劳动情趣和生活气息。而"牛耕图"（图2-22）则表现了"男务耕种"的情景。图中一人呵牛耕田，儿童随墒播种，田边停着装满肥料的大车，车旁憩息一犬，田间一人箪食壶浆给家人送饭。画面犹如《诗经》所言，"同我妇子，馌彼南亩"，称得上一幅优美的田园生活风俗图。

从纵向的历时态的角度看，汉画像艺术呈现出一种幻想性内容逐步"退场"，而现实性题旨渐成主流的演变趋势。

汉代是一个楚风北上的时代，随着时间的推移，这种楚风北上也呈由强转弱之势。这一趋势也可理解为北方文化（主要是黄河流域文化）逐步取得其主导地位的过程。从审美文化内涵上讲，这也是神异幻想因素由强变弱，而人伦现实主旨渐呈主流的过程。在绘画（壁画）旨趣的演化中，我们已清晰地看到了这一历史图景，而在画像艺术中，这一历史图景也同样清晰地展现在我们眼前。

河南南阳画像艺术以其浓烈的荆楚文化色彩反映着汉画像艺术的较早形态。事实上，从时间上看，南阳画像艺术的鼎盛期是东汉中期，至东汉晚期已见衰退，而山东、四川等地的画像艺术则以中晚期为最多。所以把南阳画像艺术视为一种较早的形态当不过谬。

徐州地区（汉彭城）的画像艺术则在历史顺序上稍居于南阳之后。这不仅因为它最兴盛的阶段是在东汉晚期的顺帝至献帝时期（约126—220），晚于南阳地区，而且在审美文化旨趣上也介于南阳和山东之间，既作为楚国故都，具有较多的南方楚文化气息，同时又与鲁南一些地区同属一个"徐州刺史郡"，在政治、经济、文化上与山东联系更为

图2-23 仙人对博（江苏铜山台上出土汉画像石）

密切，因而受到北方儒家文化的强烈影响。动态地看，这种楚风儒韵的综合形式也是汉代审美文化由南向北、由偏重幻想向偏重现实转化过渡的一种征兆。前面曾谈到的徐州"仙人对博"的画像（图2-23），在很大意义上可以视为这一过渡转化势态的一种象征。

山东的画像艺术在"逻辑"上可以认为稍后于徐州，虽然从时间上看二者大体是同时的。这是因为，在山东画像石所着意表现的幻想、历史和现实三大题旨中，其幻想性色彩相对来说要淡得多，而历史与现实的旨趣则极为突出，所以，山东画像艺术的世间性、伦理性、风俗性主题更代表了东汉审美文化的一种历史指向。

然而，真正揭橥着这一历史指向的时代性终点的是四川画像艺术。

首先，四川画像艺术的重点在画像砖，而画像砖"均系东汉后期和蜀汉时期的作品"（冯汉骥《四川的画像砖墓及画像砖》，《文物》1961年第11期）。显然，它在时间上是居后于汉代其他地区的画像艺术的。其次，四川画像艺术突破了中原地区传统的内容模式，在更广泛的社会生活领域再现了丰富多彩的人间现实情景。特别是画像砖，它

图2-24 讲经画像砖（四川德阳）

图2-25 酿酒画像砖（四川新都）

的"一个突出的表现就是几乎百分之九十是反映现实生活的题材"。而"汉代流行的神话迷信题材"，"也不过占总数量的百分之十左右"（李浴《中国美术史纲》上卷，第330页）。这说明，汉画像艺术由偏于幻想性内容向偏于现实性旨趣的演化至此已基本到位。

四川画像砖在表现现实性旨趣的广度和深度上最值得一提的，是它除了反映豪强地主的车马出行、骑从属吏、拜谒待客、家居宴饮、歌舞百戏、六博杂技、庭院建筑等常见的题材内容外，还出现了授经（图2-24）、考绩、贿赂及甲第举士等举选活动场景，同时也出现了诸如播种、育秧、收割、采桑、采莲、田猎、行筏、酿酒（图2-25）、井盐等大量生产劳作图画。这种极为独特的画面，可以说已将东汉画像艺术的现实性旨趣的表达推向了极致。

图2-26 弋射收获画像砖（东汉·四川大邑）

《弋射收获画像砖》（图2-26）就是一件颇为生动有趣的作品。画面分上下两层，上层为渔猎场面，满湖是摇曳盛开的荷花莲藕，水中是肥大的游鱼。岸边林木葱茏，有二人正弯弓搭箭，瞄准天上飞过的惊鸿大雁。下层是田间收割场面，前面二人在挥镰割稻，后面三人捡拾捆扎，最后有一人手提食具，肩挑稻捆，显然是送饭到田后又将捆好的稻子挑回。该画面虽分两层，但却有机完整地展示了农忙收获季节紧张兴奋的劳作情景。

特别需要指出的是，在审美情调和艺术风格上，四川画像艺术同中原地区的相比已有所转变。它既不同于南阳地区的泼辣舒展，狂放瑰丽，也不似苏北、山东的古拙浑厚，雄劲严整，而是在古朴奔放、雄健浑厚之中又显得精巧、秀丽、圆润、灵动，颇具刚柔相济、粗细有致的韵趣。如四川画像艺术总体看仍具汉代的壮美之风，但新津等地的石棺画像却给人明显的新异之感，其人物造型修长、细腻，其审美风味俊逸、空灵，与魏晋人物已有明显的承启关系。这种新变化、新动向，与前述四川画像艺术在现实化旨趣的发挥上已臻极致的现象联系起来，就意味着汉画像艺术至此已达最后阶段和终结形态。四川画像艺术已成为造型艺术风格从两汉向魏晋过渡转化的中介环节。

2 "缘事而发"：
艺术写实与伦理功用的"合谋"

　　东汉时代的"崇实"趣尚，作为一种多层面、复调式意义系统，它既指一种非虚幻、非宗教的世俗之"实"、现实之"实"，也指一种艺术趣味、美学风格上的"写实"。

　　在谈汉大赋时我们曾指出，大赋创作就是偏于认知的、写实的。但那时的写实还浸润在一种"专为广大之言"的想象与激情之中，所以尚不十分鲜明和突出。但时至东汉，在整个时代"崇实"趣尚的导引下，这种西汉即显端倪的写实趣味便崛然凸现出来，成为一种主流性的艺术取向。

造型艺术的写实品格

　　所谓写实，即要求艺术客观真实地摹写对象，再现现实。它追求的审美目标，就是美和真的统一，或通俗地说，就是"像真的一样"。按照这个原则，我们就会马上想到刚刚讨论过的东汉墓葬艺术，特别是其中的造型艺术，它在讲究世俗化、人间化、现实化题旨时，实际上也同时贯彻了一种写实美学精神，一种"像真的一样"的审美原则。因为要讲孝道，就得"事死如事生"，而要"事死如事生"，就得"以生者饰死者"，就得"大象其生以送其死"，这样就必须将死者所"居住"的墓室布置成一种拟世间的环境，而且要布置得"像真的一样"。于是便有了"其貌象室屋"的墓室构造样式，有了罐、钵、碗、杯之类日用性陶瓷明器，有了将墓主生前所见所历所忆所乐的种种现实场景摹拟、再现出来的墓葬壁画和画像石、画像砖。总之，又"还"给了墓主一个"像真的一样"的仿人间、仿现实场所和氛围；而保证完成这一切的，正是一种偏于写实的美学趣味。这其中，尤以绘画艺术和画像艺术为代表。

　　西汉帛画、壁画总体上以"升仙"为主题，故其艺术上追求线描勾勒的粗犷奔放、结构布局的主观夸张，以及造型意象的谲诡奇异，都带有人们常爱说的那种所谓浪漫主义色彩。但正如我们已论述过的，这并不是真正的浪漫主义。一方面，"升仙"主题作为秦汉之际神仙信仰的中心观念，本质上并不是追求对感性人生的否定和超越。恰恰相反，它在幻想的形式中追求的正是突破生死大限，达到长生不死或者虽死犹生，以便可以逍遥自在、无拘无限地享乐人生。在这个意义上，所谓的仙界与现实人间并不是截然两分的。西汉晚期至东汉绘画出现了仙界与人间浑融、仙人与俗人共存，以至于仙界向人间返归与转换的走向，正是"升仙"主题这一根本内涵的必然发展趋势。此外，这些以"升仙"为题旨的绘画，在艺术形象的细节描绘上仍是讲究严谨写实的。如长沙马王堆帛画，"仅以墓主老妇的形象而论，把它和死者尚未腐烂的尸体相对照，可以看出它正是死者的写真"（李浴《中国美术史纲》上卷第238页）。这一点与汉大赋在激情想象中贯穿着认知、写实的特点是一致的。

东汉壁画的这一写实特点愈加突出。比如辽阳棒台子屯一号后汉墓壁画，其对现实形象的写实性描绘已达到生动纯熟的水平。对此，美术史家李浴以主室门两旁的守门老卒和门犬为例做了描述：门犬细身长颈挺胸蹲坐，颈上系一红绳，张口而吠，神气如生；大侧面的老门卒，目光炯炯，须髯飘飞，轮廓准确，线条飘逸，显示了画工的高度写实能力。（《中国美术史纲》上卷第268页）应该说这个描述是准确精到的。

主要兴盛于东汉的画像艺术，在写实方面更见自觉。无论是粗犷奔放、"略予夸张"的南阳画像石，还是山东如嘉祥武氏祠的石刻画像艺术，再抑或是四川画像砖，都无一不融贯着一种以再现为风，以写实为趣的美学追求，尤其是四川画像砖艺术，更是表现出了一种自觉的写实主义风格。这从我们前面已作过的描述中是不难领略到的。可以认定，写实，确实是东汉画像艺术所刻意讲究的主导趣味和审美品格。

需要指出的是，同美术创作活动相对应，汉代的绘画美学思想也基本上是日益强调写实的。西汉前期《淮南子·说林训》中讲："画者，谨毛而失貌。"高诱注曰："谨悉微毛，留意于小，则失其大貌。"实际上，"大貌"也是貌，《淮南子》所言，仍是偏于形似的原则。汉元帝时的画工则讲究"人形丑好老少必得其真"（潘天寿著《中国绘画史》第22页，上海人民美术出版社，1983年版）。这个"其真"，显然是偏于形似方面了，而到东汉张衡，则明确指出：

> 譬犹画工，恶图犬马而好作鬼魅，诚以实事难形，而虚伪不穷也。（《后汉书·张衡传》）

张衡是在一篇反对图谶之术的奏书中说这句话的，他认为，图谶是一种"欺世罔俗"的"虚妄"之事，好比画工喜欢画鬼魅而不愿画犬马一样，不是因为画鬼魅有多么高明，而是因为鬼魅这类"虚伪"之事，无形难验，所以画起来容易，而犬马这类"实事"，有形可验，所以画工就不喜欢画。这里的意思很明白，就是在反对图谶之虚妄的同时，也明确提倡一种写实画风。这在理论上就与东汉造型艺术的写实品格构成了彼此呼应之势。

乐府民歌的叙事本性

乐府，顾名思义，乐即音乐，府即官府，故乐府原为掌管音乐的官署。因它专事搜集整理民谣俗曲，故后代就用"乐府"代称入乐的民间歌曲和歌辞。这样，乐府便由音乐机构一变而为可以入乐的民间诗歌。

宋代郭茂倩说："乐府之名，起于汉魏……至武帝乃立乐府，采诗夜诵，有赵、代、秦、楚之讴。则采歌谣、被声乐，其来盖亦远矣。"（《乐府诗集》卷九十）。这段话，除了说明作为官方音乐机构的乐府是汉武帝设立，以及所采之诗为各地民歌外，还有一个重要的信息，那就是西汉乐府广采民歌主要是为了"被声乐"，造新声。具体地说，就是为了在崇祀的名义下改编雅乐，创制新声。所以，在这个意义上，西汉乐府更为重视的应当是乐曲，而不是歌辞。因而，乐府歌辞在西汉虽采地很广但存录却不很多。

在东汉，作为官方音乐机构的乐府虽于西汉末已被汉哀帝取消，但由于光武帝刘秀采取听风察政的用人政策以及迷信谶纬之术，因而官方形式的"观采风谣"活动反而愈加频繁，而且其更为重视的是民歌内容，是谚谣歌辞，这样，就自然使得东汉民歌谣辞能够较多地存录下来。大致可以判定，现存两汉乐府歌辞中最有价值的五十多首民歌，其中大部分当是东汉时期的作品。

班固把乐府民歌的特点描述为："感于哀乐，缘事而发"，这是很准确的，因为乐府民歌正是"饥者歌其食，劳者歌其事"之作，是对情感经验和人生状态的素朴陈述。明代徐桢卿在《谈艺录》中说："乐府往往叙事，故与诗殊。"这里说的"诗"，主要指《诗经》，里面大部分作品都是以抒情为主。徐桢卿认为乐府却并非偏于抒情，而是以叙事为基本特征的。这就更加触到了乐府民歌的审美个性。它确实讲究的主要不是虚拟之美，而是实事之真；不是主观想象，而是客观描述；不是畅神写意，而是叙事写人。它或咏当时，或托历史；或取材真人实事，或寓意草木禽鱼；或顺叙追述，或夹叙夹议，大都缘事而发，即事见义，展现出生活中悲欢离合的幕幕场景和幅幅画面。这与东汉美术重在写实的精神异曲同工，符契相合，可视为东汉崇实审美趣尚在诗歌中的一种体现。

乐府民歌从长篇《孔雀东南飞》到小诗《公无渡河》，都带有明显的情节性、故事性。既如一些抒情诗，如《白头吟》、《怨歌行》、《青青陵上柏》等作品，也多具浓郁的叙事成分。它们往往采取第一人称的自述方式来表情说事，大都"若秀才对朋友说家常话"（谢榛《四溟诗话》卷三），真切动人。如《白头吟》写一女子坦荡不拘地自叙其与怀有两意的情人斗酒决绝之事，叙事言情，通达细腻。《孤儿行》则以孤儿自己的口气来述其生平，申其悲绪。他用如泣如诉的语言，用真切质朴的感受，将自己"命独当苦"的人生经历一一道来，使人如闻其声，如见其状。清沈德潜评此诗说："极琐碎，极古奥，断续无篇，起落无迹，泪痕血点，结掇而成。"（《古诗源》）

场景化，是汉乐府民歌叙事的一大特色，其交待故事，塑造人物，总是通过某种特定的场景化描写来进行。如《十五从军征》写一老兵"十五从军征，八十始得归"，然而自己的家已是人亡室空，墓冢累累，只见"兔从狗窦入，雉从梁上飞。中庭生旅谷，井上生旅葵"。这是一个极尽破败荒凉的场景，将一个老兵穷老归来、孤贫无依的凄惨晚景极真实地再现出来，集中地突出了叙事效果，令人震撼。其他如《陌上桑》中写少女罗敷的美，不从正面写，而是从旁观者的眼神表情中反照映衬，而每一个旁观者都与罗敷构成一种特定的关系场景，更是呼之欲出，如在目前，叙事之巧妙堪为典范。

戏剧性，是汉乐府民歌叙事的又一大特色。乐府叙事，既真切自然，又不平直烦冗，而是抓住事情的矛盾冲突，在跌宕曲折的情节发展中叙说故事，展现性格，在一种动荡紧张的戏剧性氛围中塑造形象，表达主题。这在《孔雀东南飞》中表现得最为鲜明。长篇叙事诗《孔雀东南飞》，又名《焦仲卿妻》，最早见于南朝梁代徐陵所编《玉台新咏》。诗首有序云："汉末建安中，庐江府小吏焦仲卿妻刘氏，为仲卿母所遣，自誓不嫁。其家逼之，乃投水而死。仲卿闻之，亦自缢于庭树。时人伤之，为诗云尔。"此序告诉我们，《孔雀东南飞》一诗取自真人实事，而且约成稿于汉末建安年间。全诗共三百四十多句，一千七百多字，是汉文学史上最长的叙事诗之一，同时也是最具悲剧性的叙事诗之一。诗中讲述了一个完整的爱情悲剧故事。刘兰芝被婆母所遣是矛盾冲突展开的始因，也是悲剧故事的开端。刘、焦分手，兰芝回家，受兄长逼迫违心答应另嫁，是悲剧故事的展开。至此，人物关系趋于复杂，矛盾冲突愈加尖锐。仲卿闻讯，前来责难兰芝，二人发生误会，继而相约殉情，矛盾冲突至此又充分展开，悲剧故事臻于高潮。二人别后回家，双双如约自尽，矛盾冲突解决，悲剧故事结束。最后，有一个古典和谐美的理想化尾声，二人死后合葬一处，在松柏梧桐之间，有自名鸳鸯的双飞鸟朝夕相向而鸣，尾声饶有余韵，令人嗟叹不已。这一悲剧性长诗，标志着偏于叙事写实的乐府民歌在东汉末所达到的一个艺术高峰。具体说，它通过一个有头有尾、谨严完整的悲剧故事，以及焦、刘等一系列性格鲜明的人物形象,展示了善恶矛盾、美丑冲突的社会现实生活,再现了世俗个体命运多舛的生存状态,描画了一幅真切生动的民俗风情景观。在这个意义上,它既以典范的形态显示了汉乐府民歌的叙事特征,又从特殊的角度呼应了东汉时代以崇实为主的审美文化趣尚。或者说,它极为典型的叙事形态本身就反映了一种写实美学精神。

伦理效应:写实趣味的指归

当我们描述东汉艺术的写实趣味这一主流态势时,有个问题是不能回避的,那就是这个写实趣味对于东汉审美文化来说,究竟是"本"还是"末",是"体"还是"用"?也就是说,东汉时代鲜明突出的写实趣尚,它本身即为审美的目的,还是另有指归?之所以提出这样一个问题,是因为中国艺术从先秦开始就以抒情言志见长。先秦最为发达的艺术是诗、乐、舞,而诗、乐、舞即为偏于表情的艺术。传统的"诗言志"说,也是一种偏于表现的理念。这就基本规定了整个中国古典艺术之偏于主情尚意的审美模态和趋向。那么,对汉代,特别是东汉时代所出现的有别于这种审美模态和趋向的艺术现象,即偏重写实的造型艺术和偏重叙事的乐府民歌,我们又该做何理解呢?

从历史的总过程、总趋势上讲,这一艺术现象是对偏于言志表情的先秦审美文化的一种调整,一种扬弃,当然这种调整和扬弃并不导致审美文化总趋向的扭转和改变,恰恰相反,它只是审美文化总的上升进程、发展进程的一个中介环节,一种暂时的"逗留"。它为偏于言志表情的先秦审美文化设置了对立因素,恰恰给审美文化向主情尚意的发展和上升提供了新的内容,使之更加趋于丰富、具体和完满。如果没有汉代艺术对写实叙事功能的拓展,中国审美文化要达到唐宋那样的圆熟境界,是不可想象的。我们知道唐宋之际主情尚意的审美文化主流,与先秦时代偏于言志表情的审美文化风貌相比,已有了很大的飞跃,但这飞跃并不是直接完成的,其间极为重要的过渡环节、中介环节之一,便是偏于写实叙事的汉代艺术的发展。

从历史的个别性、阶段性上讲,这一艺术现象则与汉代以来偏于外向认知的审美方式,以及由此在东汉形成的偏于"崇实"的审美文化趣尚直接相关。如前所述,"崇实"趣尚的内涵不是单一的,而是多层的、复调的。它既指世俗之"实",也指写实之"实",此外,它还指伦理教化的现实效应之"实"。儒家审美文化在东汉的全面发展,使得艺术的伦理教化功能得到了空前突出的强调。在很大程度上,东汉艺术写实趣味的形成就是为伦理教化的现实功用服务的。伦理效用可以说就是写实趣味的现实指归。对此,我们不妨以乐府民歌和绘画艺术为范例作一阐析。

班固在谈到汉乐府是"感于哀乐,缘事而发"这层意思后又接着说:"亦可以观风俗,知薄厚云。"(《汉书·艺文志》)这后一层意思大概就涉及乐府民歌的现实功能和伦理效用了。从官方、朝廷的眼光看,这些民歌不仅可以入乐,而且也有助于了解民情风俗,察知政教得失。不少民歌本身就包含着伦理教化的内容。如《战城南》对忠良将士为国捐躯精神的肯定和褒扬,《长歌行》对人生当珍惜青春发愤努力主题的表达,《雁门太守行》是歌颂雁门太守王涣的廉政德行的,《白头吟》是劝谕男子对爱情、婚姻不要三心二意的,《梁甫吟》是吟诵曾子的大孝之德的,《孔雀东南飞》尾句:"多谢后世人,戒之慎勿忘",说明该诗也是旨在劝世美俗的。总之,汉乐府民歌的流行有审美认知的原因,更有政教伦理的动因,而且后者更为内在和根本。

同样,以写实为趣味的东汉绘画更称得上是伦理教化的一种工具。潘天寿在《中国绘画史》中指出:"汉代之绘画,全牢笼于礼教之下,审美之力量,尚甚浅薄。"(上海人民美术出版社,1983年,第23页)汉画在今天看来可能极有审美价值,但在当时却主要是经传之羽翼,是以伦理教化为指归的。

我们知道,汉代绘画基本为人物画。为什么要画人物?主要不是为了审美鉴赏,而是为了彰其德名,纪其功业,以利教化。如《汉书·苏武传》载:

> (宣帝)甘露三年,单于始入朝。上思股肱之美,乃图画其人于麒麟阁,法其形貌,署其官爵姓名。

所画其人有霍光、张安世、韩增、赵充国、魏相、丙吉、杜延年、刘德、梁丘贺、萧望之、苏武,"凡十一人","皆有功德,知名当世,是以表而扬之。"对此,王充在《论衡·须颂篇》中也说:"宣帝之时,画图汉列士;或不在于画上者,子孙耻之。何则?父祖不贤,故不画图也。"由此观之,人物画在汉代的最大功能就是扬善彰名,歌功颂德,以助教化。

东汉以来,大崇儒学,砥砺名节,推奖忠义,以明经修行相标榜,所以这一时代不仅是儒学礼教的最盛时期,而且也是礼教化绘画的最盛时期。一方面,西汉那种常画古代圣贤与当世功臣于宫室中的风气此时仍有增无已,而且,在丧葬礼俗中,以墓主功名的自我赞颂为主题的绘画也呈盛行之势。《后汉书·赵岐传》载:"(岐)先自为寿藏,图季札、子产、晏婴、叔向四像居宾位,又自画其像居主位,皆为赞颂。""自画其像"、"皆为赞颂"也就是自我标榜,以图垂世之意。另一方面,以"恶以诫世,善以示后"的伦理说教为目的的历史人物故事画也异乎寻常地发展起来。这一点尤以山东的画像石为代表。

图2-27 周公辅成王（山东嘉祥武氏祠汉画像石）

山东出土的汉画像石与全国其他地区的相比，其蕴涵的儒家说教意味是最浓厚的，其所表达的历史故事题材也是最多的。其所描画的古圣先贤人物主要有：伏羲、女娲、祝融、神农、黄帝、颛顼、尧、舜、禹、文王、武王、周公、老子、孔子及其弟子等；其所表现的忠勇谦义题旨主要有：《周公辅成王》（图2-27）、《尧舜禅让》、《孔子见老子》、《荆轲刺秦王》（图2-28）、《卫姬叩谏齐桓公》、《晋灵公欲杀赵盾》、《蔺相如完璧归赵》、《聂政刺侠累》、《豫让刺襄子》、《要离刺庆忌》、《管仲射桓公》、《二桃杀三士》、《鸿门宴》等；其所表现的仁爱孝悌形象主要有：老莱子、邢渠、丁兰、闵子骞、曾参、韩伯瑜、董永、管仲、苏武等；其所表现的贞节义烈的妇女形象有：梁节妇、京师节女、齐继母、无盐丑女、秋胡妻、鲁义姑、朱明妻、楚真姜、王陵义母等。这一幅幅人物画，俨然成为一条琳琅满目的历史人物画廊，这一组组历史故事，不啻为一幅幅深沉厚重的道德教化图卷。

这种写实性的历史人物故事画像，其指归在伦理教化的现实效用是一目了然的。曹

图2-28 荆轲刺秦王（山东嘉祥武氏祠汉画像石）

植有一番话讲的就是这种艺术的伦理效用。他说：

> 观画者，见三皇五帝，莫不仰戴；见三季暴主，莫不悲惋；见篡臣贼嗣，莫不切齿；
> 见高节妙士，莫不忘食；见忠节死难，莫不抗首；见忠臣孝子，莫不叹息；见淫夫妒妇，
> 莫不侧目；见令纪顺后，莫不嘉贵。是知存乎鉴者，何如也。(《画说》)

曹植虽属建安时人，但这段话却是对汉画之教化功能的精确概括。

《毛诗序》：一个经典的儒家美学文本

就理论形态而言，《毛诗序》是我们今天所能见到的最主要、最经典的儒家美学文本之一。汉代，特别是东汉以来起于写实、归于教化的美学趣尚，在这里得到了极为精炼的理论阐发和表述。

汉人传诗有鲁、齐、韩三家诗说，均立于学官，属今文学派。赵人毛苌传诗，称为毛诗，未立学官，属古文学派。原三家诗都有序，久已失传，而《毛诗序》独存。据《后汉书·儒林传》载，《毛诗序》是卫宏所作。卫宏，字敬仲，东汉东海（今山东郯城西南）人。其所作《毛诗序》，最早有所谓大序、小序之分。小序是用来说明《诗经》各篇题旨的，大序则是针对《诗经》全部作品的一个总序。但现存的《毛诗序》，则是写在《国风》首篇《关雎》题下的序。出现这种情况的原因大约是由于流传中的卷册混乱，致使"大序"窜入《关雎》小序之中。但好在尚能辨别捡掇得出，无碍大义。

《毛诗序》（亦即"大序"）的基本美学思想是严密而清晰的。简要说来，有三大要点：

首先，它认为诗是人的内在情志的一种语言表达，而且这种表达不是缘于一种理智的自觉，而是本于一种生命的自然，是人情不自禁不吐不快的一种自由表现：

> 诗者，志之所之也。在心为志，发言为诗。情动于中而形于言，言之不足故嗟叹之，
> 嗟叹之不足故永歌之，永歌之不足，不知手之舞之，足之蹈之也。

这段话将《尚书·舜典》和《礼记·乐记》中的有关说法糅合起来，形成了一段明确完整的表述。值得注意的是，它在将诗、乐、舞都理解为主观表情自由言志的艺术的同时，也在某种程度上对先秦时代即已出现的"诗言志"说有所突破。我们知道，先秦所讲"言志"的"志"，虽包含着"情"，但主要不是指"情"。按朱自清的观点："这种志，这种怀抱是与'礼'分不开的，也就是与政治、教化分不开的。"(《诗言志辨》第3页，华东师范

大学出版社，1996年版）《毛诗序》里面的"志"，当然也是指这种"志"，但它将诗歌之"志"与乐舞之"情"结合起来，将"情"、"志"并提，便体现了一种微妙而重要的变化，显示了东汉《古诗十九首》这类长于抒情的五言体诗对诗歌美学理论的影响，也显示了诗学理论向魏晋"诗缘情"说演化的一种征象。

其次，正是从言志表情的观念出发，《毛诗序》将诗学引入了一种偏于认知的、伦理的文化功能系统。这是中国古代早期诗学的一个重要思想特征。《毛诗序》中说：

> 情发于声，声成文谓之音。治世之音安以乐，其政和；乱世之音怨以怒，其政乖；亡国之音哀以思，其民困。

这段话是从《乐记》中移植过来的，但"嫁接"得很巧妙。既然诗歌是"情发于声"的产物，而"情"作为人对自身生存状态的一种主观内在的心理体验形式，一旦"发声"、"成文"于诗歌，就必然反映着与人的生存状态直接相关的世道之治乱、王政之得失、民情之哀乐、风俗之厚薄。这样诗也就具有了某种摹拟现实的写实性、认知性。比如"风"，就是"以一国之事，系一人之本"，而"雅"，则是"言天下之事，形四方之风"，而所谓"变风"、"变雅"的出现，则是"王道衰，礼义废，政教失，国异政，家殊俗，而变风、变雅作矣"。

正因为诗在言志表情的主观形式中反映了客观现实，具有了认知功能，所以国史就把这些诗整理出来，"以风其上"，让统治者明白世道民情的实况，从而改善政治，推动教化。也就是说，诗的最终目的即在有助伦理教化。所以《毛诗序》一开篇就讲："风，风也，教也。风以动之，教以化之。"这实际上是一上来就给整个"大序"的理论指归定了调子，即把伦理教化置于《诗经》意义之首位。因此，《毛诗序》在诗之"六义"中以"风"为第一。何谓风？"上以风化下，下以讽刺上，主文而谲谏，言之者无罪，闻之者足以戒，故曰风。"也因此，《毛诗序》认为，"故正得失，动天地，感鬼神，莫近于诗。先王以是经夫妇，成孝敬，厚人伦，美教化，移风俗"。从这些话语里我们可以明显看出，《毛诗序》确实把伦理效用视为诗学的根柢和指归。

再次，《毛诗序》提出了"发乎情，止乎礼义"的著名观点。从历史渊源上看，这个观点是对先秦儒家的情、理中和思想，特别是孔子所谓"乐而不淫，哀而不伤"一说的理论提炼和概述，明确指出诗一方面是抒发情志的，一方面这种抒情又是有"边界"的，即不能违背礼义规范的。人们一般也是从这个意思上理解这一著名观点的。但若从《毛诗序》的整个思想，特别从其以伦理效用为指归的思想看，仅仅停留于这样的理解似还不够。因为"发乎情，止乎礼义"这句话的涵义不仅是学理性的，而且还是功能性的。具体地说,"变风"这种诗体一方面是"发乎情"的,而且是抒发老百姓"伤人伦之废,哀刑政之苛"这种"情"的;另一方面,国史以"变风"来"刺上",是为了让统治者引以为戒,促使社会回到礼义之"旧俗",以体现先王的教化之德,即所谓"止乎礼义,先王之泽也"。这样一来,"止"就不仅是"停止"、"平息"义,而且还有"至"、"到达"之义。"礼义"也不仅是一种规范,它在这里还指一种伦理目标,一种社会理想。"止乎礼义"不仅可作"以礼义为界限"解,也可作"以礼义为指归"解。这两层意思当然是浑然不分的,但后一层意思似更符合《毛诗序》以言志表情为始,以言事写实为形,而以伦理教化为归的总体美学思路。

王充美学:从"疾虚妄"到"为世用"

写实趣味与伦理功用的"合谋"作为东汉时代"崇实"审美文化的一大特点,在王充的美学思想中也得到了极致化发展。王充(图2-29),字仲任,会稽上虞(今属浙江)人,东汉哲学家。出身"孤门细族",历任郡功曹、治中等小官,后罢职家居,从事著述,有《论衡》一书。王充在哲学上坚持反对神秘主义的"天人感应"论和谶纬之学,捍卫和发展了古代唯物主义。与此相应,王充在批评汉大赋时提出了"崇实"论,对此我们在本章开头已略有引述。他认为汉大赋尽管"文如锦绣,深如河汉","文丽而务巨,言眇而趋深",但却不能"处定是非,辨然否之实",使"民不觉知是非之分",所以"无益于弥为崇实之化"(《论衡·定贤篇》)。王充在这里显然将"崇实"视为一个基本的批评尺度和美学准则。所谓"崇实",也就是崇尚实际、实事、真实、实效、实用等义。汉大赋固然文辞巨丽,言语渺深,但不能让人辨明真伪,认知是非,所以无益于推行崇实的风气。那么,王充的"崇实"论的具体内容是什么呢?概括地说,"崇实"论主要展开在"疾虚妄"和"为世用"两大命题上。

"疾虚妄"命题称得上是王充高举的一面鲜明的思想旗帜。该旗帜不完全是美学意义上的,但却

图2-29 王充像
(清代《於越先贤像传略》插图,任熊摹绘)

与美学问题深刻相关。王充明确指出，"疾虚妄"是他《论衡》一书的主旨：

> 《诗》三百，一言以蔽之，曰："思无邪。"《论衡》篇以十数，亦一言也，曰："疾虚妄"。(《论衡·佚文篇》)

何谓"虚妄"？用王充的话说，"虚妄"就是汉代儒生的"空言虚语"、"浮妄虚伪"，就是阴阳方士的"成仙"、"不死"等"神怪之言"，就是谶纬之术的"预言"、"谶记"，连那些绘有"仙人之形"、"蝉蛾之类"的图画也是"虚图"。总之，一切主观臆造、浮华不实者，皆为"虚妄"。当然从美学道理上讲，王充把艺术中想象的、夸张的、变形的、虚构的东西也称作"虚伪"，也在反对之列，显然是片面的，甚至是无知的，但这并不是关键的问题。关键问题在于，王充在东汉审美文化语境中提出"疾虚妄"这一命题是有重要现实意义的，是呼应了这一时代审美文化发展的历史需求的。如果不拘泥于个别具体的表述，而从总体理论视野看，王充"疾虚妄"说实际上有力推动了中国美学史上一个一直处于边缘地位、然而又意义重大的美学课题，即美与真关系理论的深入拓展。

首先，为反对"虚妄"，王充明确提出了"真美"概念。他说：

> 是故《论衡》之造也，起众书并失实，虚妄之言胜真美也。……故《论衡》者，所以铨轻重之言，立真伪之平，非苟调文饰辞，为奇伟之观也。(《论衡·对作篇》)

显然，王充所说的"真美"，是与"虚妄"截然对立的一个概念，是针对"虚妄之言胜真美"的现实弊端而提出来的，目的不是为了玩弄辞藻，标新立异，而是为了明辨是非，诠释真伪，还虚实、美丑以本来面目。可以说，这是一个极富战斗性、现实性的美学概念。

其次，在"真美"概念的基础上提出了"效验"范畴。这一点体现了王充对传统的真与美关系理论的重大改造。我们知道，先秦美学也多少涉及美、真关系。但在儒家那里，"真"主要指的是道德情感的"诚"，即一种向善的内在真诚，而在道家那里，"真"则主要指的是一种不假人力、顺乎自然意义上的天真、本真之趣。然而王充所谓"真美"的"真"，虽然也某种程度地包含着儒家的"真诚"和道家的"真趣"，但更主要的是指经验事实意义上的"真"，是具有确定"效验"的"真"。他说：

> 凡论事者违实，不引效验，则虽甘义繁说，众不见信。(《论衡·实知篇》)
>
> 事莫明于有效，论莫定于有证。空言虚语，虽得道心，人犹不信。(《论衡·薄葬篇》)
>
> 凡天下之事，不可增损，考察前后，效验自列。自列，则是非之实，有所定矣。(《论

衡·语增篇》)

所谓效验，就是所言之事，必须得到事实的有效验证。否则，无论说得多么好，也不足信。事实—有验—可信，是"效验"说的基本内涵。它强调的是有一说一，有二说二，不可虚语，不可增减，只有这样，才会获得事实的有效验证，才会确定事情的是非真伪。一句话，才会排除"虚妄"，达到"真美"。

王充的"疾虚妄"命题以及与之相关的"真美"说和"效验"论，拓展了中国美学在真、美关系上的思维界域，特别在强调经验事实的第一性、绝对性方面更是独树一帜，不仅在美学理论上有重要贡献，而且对该时代审美文化的写实趣味和"崇实"风尚起到了有力且自觉的推动作用。

但问题在于，中国文化、中国美学从来不只专注于纯物质性的经验事实。王充自然也不例外。他提出"疾虚妄"命题，强调"真美"和"效验"，并不是为了解决纯哲学意义上的世界本体问题。那么是为了什么？简言之，就是"为世用"。他指出：

> 入山见木，长短无所不知；入野见草，大小无所不识。然而不能伐木以作室屋，采草以和方药，此知草木所不能用也。……凡贵通者，贵其能用之也。（《论衡·超奇篇》）

认识的目的在于实践，在于应用。所以，只是弄清了事实，明辨了是非，还不算真正的通博之人。真正的通博要归于"能用"。止于知而不能用，这种人不过是"鹦鹉能言之类"。所以，王充高举"疾虚妄"的旗帜，就是因为"虚妄之语不黜，则华文不见息；华文放流，则实事不见用"（《论衡·对作篇》）。这样，王充的哲学——美学最终落实为一种实用理性精神，一种"为世用"的功能论。他说：

> 盖寡言无多，而华文无寡。为世用者，百篇无害；不为用者，一章无补。（《论衡·自纪篇》）

这段话可视为王充美学的一个基本点。有学者指出，王充这话从一种狭隘的功利主义观点出发看待华文之美，是对艺术美特征缺乏了解。这个批评孤立地看无疑是对的，但如果从王充美学思想整体看，则未免失之简单。事实上王充对艺术美特征并非缺乏了解，也并不绝对排斥华文之美。他多次说"人之有文也，犹禽之有毛也"，"繁文之人，人之杰也"（《论衡·超奇篇》），"龙鳞有文，于蛇为神，凤羽五色，于鸟为君。……物以文为表，人以文为基"（《论衡·书解篇》）等等，这都表明王充对"文"（形式之美）有着敏锐的感觉和深切的了解。那他又为什么反对"华文"呢？说到底，他反对的并非一段意义上的"华文"，而只是"失实"、"违实"的华文，是"空言虚词"的华文，是"不能处定是非，辨然否之实" 的华文，一句话，是不能 "为世用" 的华文。对此，他在《论衡·自纪篇》中明确地说，正因 "伤伪书俗文，多不实诚，故为《论衡》之书"。其目的就是 "没华虚之文，存敦厖之朴，拨流失之风，反宓戏之俗"。这就是王充美学思想的基本构架，即从 "疾虚妄"、反浮华、重效验、倡真美出发，最终落脚于伦理整饬、社会教化的审美功能论、目的论，也就是始于美、真结合，归于美、善统一。用他的话说：

> 天文人文，文岂徒调墨弄笔，为美丽之观哉？载人之行，传人之名也。善人愿载，思勉为善；邪人恶载，力自禁裁。然则文人之笔，劝善惩恶也。（《论衡·佚文篇》）

"劝善惩恶" 这一具有鲜明儒家色彩的话语，是王充美学从 "疾虚妄" 到 "为世用" 这一理论构架的必然结论和逻辑终点。这也说明王充美学与儒家美学是有内在联系的。

王充美学思想一方面以其 "疾虚妄" 命题呼应了东汉时代偏于认知、写实的审美趣味，一方面又以其 "为世用" 命题推动了该时代重伦理、讲功用的儒家美学的发展。而这两方面的统一，也就在理性自觉的高度上体现了写实趣味与伦理效用的 "合谋"，从而深刻地应和了这一时代偏于 "崇实" 的主流审美文化风尚。这是王充美学的意义之所在。

3 "文以情变"：
审美文化转势的新征象

东汉中晚期,审美文化在其发展过程中,有一些新的征象、新的趋势也开始显露出来。这些新征象、新趋势尽管还只是初露端倪,但却富有生气,值得关注。从历史的角度观察,它们既可视为汉代、特别是东汉审美文化主流的一种纵深化发展,也可看做该时代审美文化内部某种自我否定因素的崛升,或者说,某种超时代的新型审美文化因素的萌芽。

这些新征象、新趋势大致表现有二：一是在汉代"大美"气象、阳刚精神仍占主流的文化舞台上,一些偏于婉顺、秀雅、纤巧、阴柔的审美观念和"角色"逐步活跃起来,犹如远远吹来的清新轻盈之风；二是东汉的"崇实"趣尚在内涵上也有某种转换,即开始从外在形象、世俗生活、经验事实、现实功用等界域转向内在情绪、个体心理、生命感伤、自由意念等层面,显示出一种从外在之"实"向内在之"真"的朦胧向往和追求。虽说这种内在化审美追求尚不自觉,还很薄弱,但却是迎候未来审美文化的一抹曙光。

有关屈原人格的解释和论争

汉代,随着楚人的北上,楚辞得以广泛流传。于是,作为楚辞创始人和代表者的屈原的意义便也特别炫目地凸现了出来。围绕着屈原生平、作品,特别是对其人格的解释、评价和论争,成为贯穿两汉时代的一件十分独特的审美文化事件。

我们关注这一事件,主要不是想对其中种种观点做出孰高孰低的价值评判,而是想从接受美学的角度,通过这一事件的前后演变,来观察和描述汉代审美文化在一个特定层面上所表现出来的发展轨迹。

图2-30 屈原像
（清代《名家画稿》插图，无名氏摹绘）

屈原（图2-30）既是一个历史的客观化对象，也是汉人心目中的一个主观化"文本"，对屈原的解读，实质上也是当时人们对艺术范本和理想人格的探寻。也就是说，当汉人在谈着他们对屈原的种种认识和评价时，他们实质上是在表达着自己的观念和心声。汉人解读和评价屈原，主要集中于两个问题，一是屈原作品，特别是其中的悲愤情怀；二是屈原不忍浊世而自投汨罗的行为。前者涉及的是艺术中的情和理关系；后者涉及的是一种人格上执著真理和理想的"殉道"精神。在这两点上，既体现了汉代审美文化的特色，也约略显示了中国古代知识分子的文化品格。

最早谈论屈原的是西汉初期的贾谊。他在被贬谪赴长沙途中"意不自得"，于是就写了《吊屈原赋》因以自喻。此赋的中心是评述屈原的自杀。贾谊认为，屈原固然因身处"贤圣逆曳兮，方正倒植"的险恶环境，而"遭世罔极兮，乃殒厥身"，但他其实犯不着为此跳江自沉。他应像"袭九渊之神龙兮，沕深潜以自珍"，应"贵圣人之神德兮，远浊世而自藏"，应像凤凰一样，自由翱翔于九仞之上，见人君有德乃下之，一旦有险难微起，则展翅远逝而去之。总之，要学会保护自己，学会"深潜"、"隐处"、"自珍"、"自藏"。贾谊此处所说，与孔子所谓"天下有道则见，无道则隐"（《论语·泰伯》），与孟子所谓"穷则独善其身，达则兼善天下"（《孟子·尽心上》）等是一脉相通的。这可以说是中国士人在集权专制的政治环境中所采取的一种以实用理性为神髓的特殊生存方略。用这一生存方略衡量，执著信念、九死不悔的屈原就显得有些傻了。所以贾谊说屈原死得太亏。

司马迁也有贾谊这样的感受，只是没有贾谊那样强烈。司马迁说："适长沙，观屈原所自沉渊，未尝不垂涕，想见其为人。及见贾生吊之，又怪屈原以彼其材，游诸侯，何国不容，而自令若是？"（《史记·屈原贾生列传》）显然，司马迁对屈原之死所表现出的不以为然是直接受贾谊之赋影响的。其实，司马迁谈的更多的是对屈原作品和人格的充分肯定。他说：

屈平疾王听之不聪也，谗谄之蔽明也，邪曲之害公也，方正之不容也，故忧愁幽思而作《离骚》。

> 离骚者,犹离忧也。夫天者,人之始也;父母者,人之本也。人穷则反本,故劳苦倦极,未尝不呼天也;疾痛惨怛,未尝不呼父母也。屈平正道直行,竭忠尽智以事其君,谗人间之,可谓穷矣。信而见疑,忠而被谤,能无怨乎?屈平之作《离骚》,盖自怨生也。……上称帝喾,下道齐桓,中述汤武,以刺世事。明道德之广崇,治乱之条贯,靡不毕见。其文约,其辞微,其志洁,其行廉,其称文小而其指极大,举类迩而见义远。其志洁,故其称物芳。其行廉,故死而不容。自疏濯淖污泥之中,蝉蜕于浊秽,以浮游尘埃之外,不获世之滋垢,皭然泥而不滓者也。推此志也,虽与日月争光可也。(《史记·屈原贾生列传》)

这是关于屈原评价中一段有名的文字,其中有对屈原高洁廉正、超尘脱俗之人格的赞美,有对屈原以小见大、言迩义远之文辞的褒扬,而更为主要的是对屈原作品中心旨趣的肯定。司马迁认为,屈原的代表作《离骚》是因"忧愁幽思而作",是"盖自怨生",其中心旨趣就是抒发忧怨悲愤之情。这一点,司马迁在《报任安书》中也有论述。他在这篇书信名作中指出,屈原就是因遭放逐而作《离骚》的。所以,《离骚》是"发愤之所为作",是旨在表达一种内在的"郁结"之"意"。

司马迁在论屈原时提出的这一发忧怨抒悲愤的美学观点,在古代审美文化史上是值得注意的。它一方面体现了中国古典诗学主于言志、偏于抒情的审美传统,一方面又与这一古典诗学传统不尽契合。因为这一传统要求的是言志而不乱道,表情而不悖理,是以道制志,以理节情,是礼和乐、志和道、情和理的中和不偏,即像《毛诗序》讲的那样:"发乎情,止乎礼义。"但司马迁对《离骚》的解释却与古典诗学原则有所不同。他不但突出了抒情言志,而且强调的是抒忧怨之情,言悲愤之志,很有点置情理中和的诗学原则和"温柔敦厚"的诗教理想于不顾的味道。

问题是司马迁为什么这样做?一种说法认为这是对儒家美学中最根本的"中庸之道"的一种突破,表现了司马迁思想的明显的反抗性和批判性。我们觉得这个"突破"说值得商榷。因为司马迁在总体审美观念上并没有,而且也不可能真正突破情理中和的古典美学原则,这一点我们在谈司马迁的散文时已有论及,此处不再赘述。应补充指出的是,司马迁充分肯定屈原的"发愤以抒情",其根由更多的与司马迁本人的不幸遭遇有关,或者说与二者命运的相似性有关。在很大意义上,他是借《离骚》之酒杯浇胸中之块垒。像"疾王听之不聪,谗谄之蔽明","信而见疑,忠而被谤"等语,不也正是在抒发他自己的一种忧怨和悲愤吗?所以,与其说他是在评论屈原的作品和人格,倒不如说他是在表达自我的心情和怀抱更恰切一些。换言之,司马迁对屈原的解释和评论在美学理论上不具明显的普遍意义,更多的带有情绪化、主观化、个人化色彩。

西汉末扬雄对屈原也表达了看法。他着重评价屈原的人品。一方面,他高度赞扬屈原的人品"如玉如莹,爰变丹青"(《法言·吾子》),即其人格品质像玉一样的纯洁晶莹,必定名垂青史;另一方面则在同情屈原遭遇的同时,对屈原的"湛身"之举大为不解,"以为君子得时则大行,不得时则龙蛇,遇不遇命也,何必湛身哉!"(《汉书·扬雄传》)这是一种与贾谊所论大同小异的观点,其支撑点皆为中国士人那种进退裕如的实用理性人生方略。所以在屈原评价方面,扬雄可以看做是向贾谊的一种复归。

东汉班固则把这种实用理性的人生方略同纲常礼法的儒家经义结合起来,对屈原作了非常实际也很庸俗的指责和批评,突出地体现了东汉审美文化在这个问题上偏于崇实、尚于功利的特点。班固对屈原作品虽没全盘否定,认为"其文弘博丽雅,为辞赋宗,后世莫不斟酌其英华,则象其从容。……虽非明智之器,可谓妙才者也"(《离骚序》),但正是这一句"非明智之器",透露了他对屈原人格的基本看法。所谓"明智",也就是善于审时度势,避害保身。班固说屈原"非明智之器",也就是批评他是个不识时务,感情用事的傻瓜、狂人。班固认为,"君子道穷,命矣",所以要尽量做到"全命避害,不受世患"。而要实现这一点,最好的策略便是学会"明哲保身"。粗看起来,班固的这个说法与前述贾谊、扬雄等责怪屈原不会"自藏",不懂"龙蛇"(即隐匿、退隐)等意思差不多,实际上却有着很大区别。贾谊、司马迁、扬雄三人虽对屈原的自沉都表示不解和遗憾,但却很少对其为人大加指责;司马迁甚至热情赞赏屈原的人品志向"虽与日月争光可也"。但班固在这方面则走远了,因为他所谓"明哲保身";是以放弃原则、淡薄道义、泯灭个性、萎缩人格的生存策略为前提的。他说:

> 今若屈原,露才扬己,竞乎危国群小之间,以离谗贼。然责数怀王,怨恶椒兰,愁神苦思,强非其人,忿怼不容,沉江而死,亦贬洁狂狷景行之士。多称昆仑、冥婚宓妃虚无之语,皆非法度之政,经义所载。谓其兼《诗》风雅,而与日月争光,过矣。(《离骚序》,《全后汉文》卷二十五)

屈原的"罪过"在这里被归纳为两条,一是"露才扬己",老跟包括怀王在内的别人过不去,堪为"贬洁狂狷景行之士";二是说《离骚》中的许多描写违背经义,不合法度。由第一条批评,我们感到的是一个"乡愿"式的庸人班固;由第二条指责,我们又看到一个正襟危坐、一脸认真的卫道士班固。这两种人格特征似乎是相互矛盾的,但在中国文化中却常常奇妙地统一在一个人身上。当然,在东汉历史语境中,班固这种人格的出现并非偶然,也是该时代崇实尚用、萎缩保守之审美文化的典型产物。

　　然而，东汉中晚期却有了某种历史性变化。是时，朝廷愈加腐朽，政治更为黑暗，社会矛盾日益尖锐，于是，一种革新朝政的呼声在士人间滋起。王逸（主要活动在公元107-144年之间）则是在这种社会背景下出现的一位学者。他为楚地人，与屈原同乡。他在对楚辞的全面注释和研究中，通过大力肯定屈原那种为国为民舍生忘死的"殉道"精神，间接地呼应和表达了这种社会变革意识。

　　首先，他抨击了班固那种"明哲保身"、"避害全命"的庸人哲学，认为"人臣之义，以忠正为高，以伏节为贤。故有危言以存国，杀身以成仁"。如果放弃道义原则，一味避患自保，虽"终寿百年，盖志士之所耻，愚夫之所贱也"。所以，他高度称赞了屈原那种坚守正义九死不悔的"殉道"精神：

　　　　今若屈原，膺忠贞之质，体清洁之性，直若砥矢，言若丹青，进不隐其谋，退不顾其命，此诚绝世之行，俊彦之英也。……而论者以为"露才扬己"、"怨刺其上"、"强非其人"，殆失厥中矣！（《楚辞章句序》，《全后汉文》卷五、七）

　　王逸在这里对屈原人格的大力褒扬，与班固对屈原为人的贬抑大相迥异。特别是王逸认为屈原的作品，在班固所指责的"露己扬才，怨刺其上"方面做得还不够，同《诗经》的讽谏比起来，还算是"优游婉顺"的，它本来应当更尖锐激烈一些。王逸的这一说法，虽不尽合《离骚》原义，但却反映了王逸本人要求革新政治的强烈愿望和鲜明态度。

　　其次，他继承了司马迁的观点，认为屈原作品就是一种"忧悲愁思"、"不胜愤懑"之作。他说：

　　　　屈原履忠被谮，忧悲愁思，独依诗人之义，而作《离骚》，上以讽谏，下以自慰。遭时暗乱，不见省纳，不胜愤懑，遂复作《九歌》以下凡二十五篇。（《楚辞章句序》）

这种肯定诗应发忧思、舒愤懑的观点，与他对屈原殉道人格的赞扬是一致的，同时也与司马迁的"发愤"说形成一种历史的呼应。当然，王逸最终又把《离骚》归结为"依托《五经》以立义"（《楚辞章句序》），将楚辞之旨扯回到儒家诗教的轨道上去。这是王逸本人无力超越的时代性局限。

　　值得关注的是，王逸与司马迁的观点有呼应，也有一定区别。司马迁的"发愤"说虽有一定的现实批判意味，但正如前面所说，其主观化、情绪化、个人化色彩更浓一些。而王逸提出的抒"愤懑"说，既没有明显的个人不幸遭遇的因素在内，也与其所在时代的社会变革思潮颇相吻合，因而其现实批判的意味则更自觉，更具社会性、客观性和普遍性。

从上述两汉时代有关屈原的解释和论争中，我们可以发现这么几点，一是在王逸之前，人们大都以某种实用理性的人生方略来衡量屈原的"殉道"行为，特别在东汉班固那里这一点达到了极致，但在王逸那里，屈原的"殉道"精神却闪耀出夺目的人格光芒，并具有了十分鲜明的社会批判意义。这无论如何都不应看做为一种偶然的、寻常的现象。它似乎意味着审美文化中的主体精神和批判意识正趋觉醒。二是他们大都承认屈原作品是发"忧怨"、抒"悲愤"的，但却态度不一。贾谊、扬雄等仅仅是感动、流涕，司马迁则从个人遭遇的角度予以热情肯定，班固则从"全命避害"和伦常名教的角度给以激烈指责，而王逸则在社会批判的层面上予以大力褒扬。由此表明，中国古典诗学中偏于言志表情的审美传统在东汉中晚期正发生着某种动荡和变迁，其趋势似乎正指向着一种审美文化意识的独立和自觉。

抒情小赋：一种托物寓理的表意文本

由王逸评屈原所显露出来的东汉中晚期两种审美文化倾向：主观发愤与现实批判，在大约同时的抒情小赋中得到了具体展开。

正如空前一统、雄心勃勃的西汉产生了"感物造端"、"润色鸿业"的散体大赋一样，总体上已呈衰落之势的东汉时代则随着汉大赋的渐趋式微，一种新的赋体——抒情小赋勃然兴起了。

当然，篇幅短小而又重在抒情的辞赋在西汉已有出现，如董仲舒的《士不遇赋》，司马相如的《悲士不遇赋》，还有传为司马相如所作的《长门赋》以及扬雄所作的《逐贫赋》等，都属这种抒情短制。但它们在当时不足以与大赋相抗衡，故不占主流。东汉张衡创作的《二京赋》在将京都大赋推向"长篇之极轨"之后，也将汉大赋推向终结。与此同时，他创作的《归田赋》，则标志着一种真正取代大赋的新的辞赋文体——抒情小赋已然兴起。这是一种反映东汉中后期社会意识和审美精神的新型文体。

作为抒情小赋的"萌芽"，张衡的《归田赋》尚未脱尽汉大赋体物、叙事的遗风。这是一篇以状景叙事为主、以言理表情为辅的小赋。作品由大致相当的四段组成。第一段写的是归田之缘由，无非是讲自己在官场呆得太久了，既无明略辅佐当朝，又偏遇到政治昏暗，如此下去还有什么意思？所以干脆返归田园算了。想想，纵心世外，与渔父同戏，岂不更美？这是一段叙述性文字，但其中隐含着不满时政、向往超脱的情怀。接下来三段便基本是状景叙事了。其中第二段最是清新：

于是仲春令月，时和气清，原隰郁茂，百草滋荣。王雎鼓翼，鶬鹒哀鸣，交颈颉颃，关关嘤嘤。于焉逍遥，聊以娱情。

第三、四段，一写在山水间吟啸、垂钓、驰射的乐趣，一写在田园中弹琴、读书、赋诗、著文的自得。总起来看，这三段写景状物、叙事议理，真切清新，明丽自然。二、四段尾缀以两句抒情文字，起点题作用，但不为主体。有人把这种描写说成情景交融，不确。在这里，状景和表情一是比例上有较大差距，二是关系上呈分隔状态，不能说成"交融"。情景交融在中国古典文艺中是一很高境界，从文学史上看，这一境界的实现要到山水诗才得见分晓，此时讲情景交融未免尚早。

到了东汉后期，此类小赋的"抒情"成分有所发展，而"体物"痕迹则有所降低。如蔡邕的《述行赋》，写的是作者应召赴京鼓琴献艺途中的所见所思。首段写道，因"淫雨"连绵，路途难行，"马棧踯而不进兮，心郁悒而愤思。"此句说明作品旨在表达一种"愤思"。"愤"系于"情"而"思"指向"理"，表达"愤思"，也就是既是抒情也是言理，二者何为主次？从词语组合看，"愤思"当为偏正结构，意为"愤懑之思想"或"义愤之思绪"。从全文内容看，作者是借沿途所见景物和史迹来思古讽今，对现实中宦官小人得势，正人君子遭黜，广大百姓受苦等荒谬黑暗现象给以激烈痛切的责斥。文中洋溢着一种愤懑之情，但更多更主要的是贯注着一种"则善戒恶"的批判理性和现实关怀。作者是融"愤"于"思"，寓情于理，是以理思为主的写作。当然，这个批判性的"理思"绝非抽象的玄思空想，而是借物思古，即景言理。所以，《述行赋》有宣情发愤之义，但更主要的是理性的思古鉴今、托物讽世，是一种熔铸着理性自觉和现实批判的"愤思"。

而赵壹的《刺世疾邪赋》，则是一篇典型的抨击时政、批判现实之作。从审美内涵上看，它可以说进一步走向了汉大赋的反面。汉大赋那种歌功颂德的政治豪情，在这里被一种愤世嫉俗的主体情怀所取代。但这种情怀同张衡、蔡邕的作品一样，也很少是直抒出来的，而是潜隐于文本里，鼓胀于论辩中。它的独特之处在于，既不是寄情于物，也不是托意于古，而是将满腔愤懑贯注在深刻全面的理性剖析和敏锐自觉的社会批判中，是一篇寓情于理、直指现实的批判性文学范本。

作品以明是非、辨真伪、刺过讥失、匡时济世的理性姿态和使命意识，对有史以来的所谓王道政治进行了全面的清算和剖露。在作者看来，"于兹迄今，情伪万方。"自春秋至秦汉，社会是越来越残酷，越来越黑暗了。一切统治者不管说得怎样好听，其实都是"利己而自足"之徒，他们是不管老百姓死活的。道德败坏、奸佞得势、豪强不法、贤正遭黜、百姓受难等，便是当今社会的真实图景。为什么会如此？"原斯瘼之攸兴，实执政之匪贤。"这个结论可谓一针见血,矛头所向,直指集权统治者,触及了问题的实质。正因如此,作者极其痛苦地表达了他对现实政治的最终绝望和否定:

> 宁饥寒于尧舜之荒岁兮,不饱暖于当今之丰年!

可以说,赵壹充满激愤的叙述,繁而不乱,思路缜密,辨析精到,论说合理,具有深刻的理性内涵和强大的思想力量。在这里,强烈的、地火岩浆般的义愤情感融贯于理性化的历史反思和主体化的现实批判中,振聋发聩,撼人心魄。一方面,论理,而不是抒情,是这篇作品的主旨;另一方面,它又不是抽象概念地论理,而是充满激愤之情地论理,所以说,寓情于理,是这篇辞赋最突出的审美特征。

总之,东汉中后期出现的所谓抒情小赋,为审美文化的发展带来了崭新的话题和鲜活的气息。从直接的审美内涵看,它不再像汉大赋那样,一味追求感性事象的铺排扩张和文本体例的鸿篇巨制,亦即追求一种"感物造端"的"大美",而是倾向于事理述写的即兴随意和文体形式的短篇小制,亦即有意识地疏离那种感性的大美。同时,它也不再对社会现实采取激情化的歌功颂德的认同态度,而是转向对现实政治的激愤化批判和理性化超脱。在这种转向中,个人和社会之间、现实和理想之间已经显露出越来越大的缝隙和裂痕,越来越尖锐的矛盾和冲突。一种由义愤之情所催化的主体理性的自觉正在这一背景中缓缓形成。

正是在这个意义上,抒情小赋的所谓抒情,与其说是一种个体经验的情绪化表达,倒不如说是一种主体理性的义愤化显现。正是一种义愤,或说在寓物托史中一种批判社会、超脱现实的理性痛苦与觉醒,构成了抒情小赋真正的文化内涵和审美意味。这将成为不久以后的魏晋时代所谓"文的自觉"的思想胚芽和美学先声。

文人五言诗:从感伤到感性

如果说抒情小赋在义愤化的生命体验中偏于社会性的理性批判的话,那么东汉中晚期的文人五言诗创作则在同样的生命体验中表现出向个体性的情感吟咏发展的趋势。这也意味着,东汉时代偏于"崇实"的审美文化趣尚在文艺上的体现,正由偏重于客观场景的写实和外在功利的实用,经过现实批判这一中介环节,而逐步转向内在人性的裸露和真情实感的抒发,转向一种个体存在的、生命体验的真实表达。

文人五言诗的出现和发展,是中国古典诗歌史上的一件大事。就诗体形式看,最初盛行的是《诗经》为代表的四言诗,之后是《楚辞》的杂言诗,汉乐府民歌则是"杂言"

和"五言"并行,而以五言居多。在学习乐府民歌的基础上,东汉出现了文人五言诗。从四言、杂言到五言的演变并不仅仅是诗体形式问题,实质上也是内容表达的需要。五言比之四言,无论是语词还是音节变化都更丰富和多样,因而更适于表现较为复杂的事象情感。当然,也不是说字词多、音节多就一定是好的,它还有个形式格律是否和谐的问题,所以,字词、音节更多但形式上有悖和谐美规范的"杂言诗",到东汉还是要让位于五言诗。

五言诗在东汉文人手里基本定型,这既是中国古典诗歌的发展规律所使然,也是与东汉时代,特别是东汉中晚期文人特有的生存困境和内心生活直接相关。个人与社会、现实与理想的分裂和冲突,给文人带来复杂而痛苦的内心感受。要表达这种感受,同时又不致破坏美的最高原则,那么,舍弃四言,超越杂言,而走向五言,便成为东汉中晚期文人诗歌创作的必然选择。

文人五言诗以东汉末年的《古诗十九首》最为典型。《古诗十九首》载于《文选》,因作者姓名失传,时代无定,故《文选》编者题为"古诗"。现一般确认这些"古诗"产生时代约为东汉末数十年间。至于说《古诗十九首》为文人之作,大约从其情感表达的委婉含蓄,"格律音节"的"略有定程"(梁启超语)以及普遍贯穿的"感伤"情怀等方面就可看出,因为它们与俚谣民歌是大异其趣的。特别是其浓郁深重的"感伤"情怀,尤为汉魏之后文人诗歌所常见。《古诗十九首》所表达的大都是游子、思妇、闺怨、怀乡、友情、行乐等世俗人生内容,而其最主要也最具时代特色的审美旨趣,就是"感伤"。那种挥之不去、刻骨铭心的人生失意感、无望感、漂泊感、孤寂感、短促感、寄寓感、焦虑感……皆悲云愁雾般地笼罩在这些五言诗中,凝成看似言近语短,实则负载深沉的"感伤"主题。

游子、思妇的离愁别恨,闺怨乡思,是其感伤主题的一大内容。当时的中下层文人,为了讨个好的出路,不得不远离故乡,游走权门,以图谋个一官半职。但这些游宦之士往往得意者少,不幸者多。于是他们苦苦挣扎的人生体验和羁旅情怀便借助五言体诗传达了出来。《明月何皎皎》、《涉江采芙蓉》、《去者日以疏》等即属此类作品。有了游子,自然就有思妇,有了愁旅,自然就有闺怨。所以留守空房的怨妇们也要通过诗歌来表达"与君生别离"的无尽孤寂和深切悲伤。《古诗十九首》中这类作品居多数,如《行行重行行》、《青青河畔草》、《冉冉生孤竹》、《庭中有奇树》、《凛凛岁云暮》、《孟冬寒气至》、《客从远方来》等等皆是(所谓"思妇"诗,人们认为大都是宦游之士模拟女性口吻而作,倘果如此,也应算做游子心态的一种曲折表露)。兹录一首《行行重行行》以为范例:

> 行行重行行，与君生别离。相去万余里，各在天一涯。道路阻且长，会面安可知。胡马依北风，越鸟巢南枝。相去日已远，衣带日已缓。浮云蔽白日，游子不顾返。思君令人老，岁月忽已晚，弃捐勿复道，努力加餐饭。

这是一首以思妇口吻表达离愁别恨的诗作，独具意味。一方面是感情真挚深切，语言朴质自然，几无雕琢痕迹，与民歌很接近；另一方面又毕竟不同于民歌，感情表达在真挚自然中又具丰富婉转之妙，颇有知书达理女性之风韵。明王世贞评此诗曰："'相去日以远，衣带日以缓'，'缓'字妙极。又，古歌云：'离家日趋远，衣带日趋缓'，岂古人亦相蹈袭耶？抑偶合也？'以'字雅，'趋'字峭，俱大有味。"（《艺苑卮言》卷二）民歌原作"离家日趋远，衣带日趋缓"中的"趋"字，语气急促，立意直峭，着重于行为与状态的刻画，传达出一种急切痛苦之情，而此首"思妇"诗中"相去日已远，衣带日已缓"一句（"已"亦或"以"），虽与民歌蹈合，但其味又大异。其中的"已"字为虚词，比之"趋"字则语气和缓而悠长，立意婉转而含蓄。唯其如此，才更显女主人公情感之丰富、体验之细腻和痛苦之深刻，可谓含意言外，耐人品嚼。

感叹光阴短暂，人生匆促，身如朝露，命若飙尘，则为文人五言诗之感伤主题的又一大内容。实际上，这一内容与"游子"或"思妇"们的生命体验是互为表里的。宦游之士常年远离故土，飘落异乡，居留无定，前途未卜，就自然会产生人生如寄、命运无常的羁旅感受和过客心态，所以也就容易将游子的经验和人生的状态联系在一起：

> 人生寄一世，奄忽若飙尘。（《今日良宴会》）
> 人生天地间，忽如远行客。（《青青陵上柏》）
> 浩浩阴阳移，年命如朝露。人生忽如寄，寿无金石固。（《驱车上东门》）

这些诗句表明，羁旅之士境遇的无定、无常、客居、寄托、飘零、艰难、匆忙、短暂等内在体验，也同时成了人生状态的真实写照，成了文人士子的生存图景。难怪读着这些文人五言诗，我们会时时感到一种悲伤之情、哀怨之气扑面而来，弥漫而至。诚如诗中所写："终日不成章，泣涕零如雨"（《迢迢牵牛星》），"白杨多悲风，萧萧愁杀人"（《去者日以疏》），"忧愁不能寐，揽衣起徘徊"（《明月何皎皎》），"徒倚怀感伤，垂涕沾双扉"（《凛凛岁云暮》）……如此伤感，真真是"怎一个愁字了得"！

这种由羁旅生活延伸至人生状态的寄寓感受、飘零体验和过客心态，在诗人们那里进一步激起一种对"老"的畏惧意识，对死亡正在无情逼近、人生竟然如此短暂的惶恐感。诗中反复出现着这种句子："思君令人老，岁月忽已晚"（《行行重行行》），"思君令人老，轩车来何迟"（《冉冉孤生竹》），"同心而离居，忧伤以终老"（《涉江采笑蓉》),"所遇无故物,焉得不速老","人生非金石,岂能长寿考"(《回车驾言迈》),"四时更变化,岁暮一何速"(《东城高且长》),"去者日以疏,生者日以亲"(《去者日以疏》)……这简直就是一种世纪末式的感觉,一种来日无多、老之将至的迟暮意识。作为东汉末年的作品,《古诗十九首》的作者们莫非已敏感到大汉王朝的气数已尽,敏感到黄巾起义的腥风血雨,敏感到士人性命的朝不保夕,敏感到旧的体系的行将崩溃?

既然现实这般险恶,功名如此空茫,暮老日益迫近,未来幻灭难测,那么人生的意义究竟何在? 人应该怎样活才能善待自己,不枉此生? 结论似乎只有一个,那就是把握住眼前时光,现世行乐,及时行乐,让有限的生命获得最大限度的享受。也就是说,只有在感性的享乐中,感伤的心情才能得以疗补和抚慰。这便构成文人五言诗的另一大主题。梁启超指出:"从内容实质上研究十九首,则厌世思想之浓厚——现实享乐主义之讴歌,最为其特色。"(《中国之美文及其历史》)《十九首》中厌世思想是否浓厚,这还有待讨论,但它作为"现实享乐主义之讴歌"则是确定无疑的。从感伤的心情走向感性的享乐,大概是东汉中后期文人五言诗最鲜明的审美内涵。张衡的《同声歌》可谓开其先声:"邂逅承际会,得充君后房。……洒扫清枕席,鞸芬以狄香。重户结金扃,高下华灯光。衣解巾粉御,列图陈枕张。素女为我师,仪态盈万方。众夫所希见,天老教轩皇。乐莫斯夜乐,没齿焉可忘?"这首诗写男女欢爱之情景可谓真切细致,甚至不乏色情意味。历代诗家常解此诗为"喻臣子之事君也",实乃迂腐之论。该诗用的是新婚女子口吻,反映的却是士人的观念趣味。虽没明说行乐之旨,但"现实享乐主义"的意思却昭然字里行间。自此,现世行乐便成为汉末文人五言诗所普遍崇尚和表达的重要内容。《古诗十九首》在这方面尤为突出:

> 昼短苦夜长,何不秉烛游。为乐当及时,何能待来兹?(《生年不满百》)
> 服食求神仙,多为药所误。不如饮美酒,被服纨与素。(《驱车上东门》)
> 《晨风》怀苦心,《蟋蟀》伤局促。荡涤放情志,何为自结束?(《东城高且长》)
> 伤彼蕙兰花,含英扬光辉。过时而不采,将随秋草萎。(《冉冉孤生竹》)
> 斗酒相娱乐,聊厚不为薄。……极宴娱心意,戚戚何所迫!(《青青陵上柏》)

这些诗句,贯穿着的就是一种现世享受、及时行乐的题旨。其由感伤向感性的沉迷,除了表明了对伦理目标的厌倦,对功名利禄的疏离,对德行节操的怀疑,对神道仙术的摒弃等等之外,还表明了一个重要的审美文化转向,那就是价值重心和文学趣尚向感性个体的凝聚,向生命自然的回归。不是外在社会功业的有无成就,而是内在个体生命的快乐与否,成了这一时代文人五言诗所关注的审美焦点。这正是东汉"崇实"趣尚的历史性转型。它意味着一种生命的、自然的、性情的、内在的真实正在审美文化的中心界域里悄然崛起，而历史也将由此翻开新的一页。

书法艺术："饰文字以观美"

谈东汉审美文化，不能不谈书法。书法这门中华民族特有的艺术形式，在汉代，特别在东汉时代经历了一次重大而深刻的历史变迁，那就是，中国传统的表意文字在这里终于蜕变为鲁迅所说的一门自觉的"饰文字以观美"的书法艺术。

秦篆与秦隶　在漫长悠远的先秦时代，无论是殷商甲骨文、西周金文，还是春秋

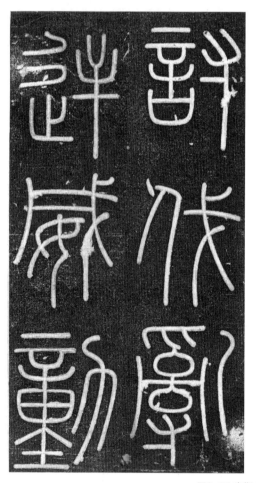

图2-31 李斯《峄山刻石》

特别是战国的石鼓文（或称"籀文"），基本都是篆书形式，通常称为大篆。到秦代初，"丞相李斯乃奏同之，罢其不与秦文合者，斯作《仓颉篇》，中车府令赵高作《爰历篇》，太史令胡毋敬作《博学篇》，皆取史籀、大篆，或颇省改，所谓小篆者也"（许慎《说文解字·叙》）。这就是说，大篆到秦代有所省改，于是有了小篆。从大篆到小篆，是中国文字的一大进步。在字体上小篆明显形成了线条圆匀，笔画简省，字形纵势长方，结构定型统一等特点，而在观感上则更具简捷明快、平整端严、宽舒遒劲、浑朴圆和之风姿。所以同大篆相比，小篆一方面更有利于书写应用，一方面也愈具"观美"价值。它使中国文字进一步定型化、符号化。但是秦小篆的这种进步还不是根本意义上的，它还没有真正摆脱篆书的象形古意。传为李斯所书的《泰山刻石》、《峄山刻石》（图2–31）、《琅琊刻石》等是我们今天所能看到的最有代表性的小篆精品。

许慎说"秦书有八体"，现在所见到的主要是"三体"，即除大篆、小篆外，还有一个隶书。秦隶的出现同小篆之取代大篆一样，也是基于书写便利的需要。《说文·叙》中说秦代"初有隶书，以趣约易"。《汉书·艺文志》也说：秦时"始造隶书矣，起于官狱多事，苟趋省易，施之于徒隶也"。也就是说，秦隶是在处理犯人事宜时为简省便利而使用的一种字体。还有的说法认为隶书是一个叫程邈的徒隶（贱民）创立的，故叫隶书。不过从书法艺术的审美角度讲，秦隶的"苟趋省易"与小篆的"增损大篆"有根本的差异。小篆充其量是对大篆的一种改良，而隶书的出现则是对篆书的一种革命，是中国文字和书法史上的一次质的飞跃。湖北云梦睡虎地秦墓出土的竹简墨迹，为今天所能见到的秦隶之范式。

为什么隶的出现是一种书体之革命呢？因为古文大篆基本是一种"画成其物，随体诘诎"的象形文字，所以形体无定，笔画无定。秦小篆对大篆虽有省改，使之趋于字符化、定型化，但仍存象形古意，而隶书则从根本上扬弃了象形。从它开始，字不再是"画"出来的，而是"写"出来的。它的主要特点就是在笔画上化圆转为方折，以直线代弧线，出现了"蚕头"和"波磔"，在笔势上则由缓缓的行笔变为短促的奋笔，从而不仅提高了书写速度，而且更重要的是脱离了象形，超越了古文，使汉字进入了今文时代，为书法真正走向自由写意的审美化、艺术化一途创造了前提，奠定了基础。

当然，秦代以小篆为主，秦隶只是一种边缘化、辅助性文字，而且在结构上还是一种亦篆亦隶的，或者说由篆向隶转化过渡的书体。隶书的定型并成为一种主流书体则是在汉代。

西汉简牍与东汉碑刻　　在书法史上，汉代的重要性怎么说都是不过分的。这不仅意味着，隶书这种根本改变汉字形构的字体在汉代，特别在东汉已完全成熟，而且楷、草、行等后代各种书体也都产生于汉代。近人祝嘉说:"各种书体,皆备于汉,后世无以复加,守辙寻途而已。余故曰:汉代为书学之黄金时代也。"(《书学史》第15页,中国书店出版社,1987年版)当然,楷、草、行等书体在汉代还只是初萌形态,不足以取代隶书的主流地位。

隶在两汉也有一个演变过程。西汉隶书基本是秦隶的一种持续,是从篆书向真正的汉隶转化的一种过渡形式。惟其为过渡,西汉隶书反倒呈现出一种千姿百态的气象。其中最有代表性的是简牍和帛书。19世纪至20世纪有两件轰动书法界、学术界的大事,一是甲骨文的发现,一是汉晋简牍的出土。简牍,即竹简和木牍的统称。位于中国新疆、甘肃一带古丝绸路上出土的简牍最为丰富,其中汉简数量占全国首位。这些汉简所成时代以西汉为主,所编成的作品主要有《流沙坠简》、《武威汉简》(图2-32)、《居延汉简释文三部》(图2-33)等。帛书墨迹则主要是湖南马王堆三号汉墓出土的《老子》甲本、乙本等帛书。

西汉书法,特别是简牍墨迹的总体笔法基本可用率真自然、纵逸活泼来概述。它处于既突破了古篆旧规矩又尚未定型于汉隶新法式的发展阶段,故能随心所欲,奔放张扬,疏密不拘,潇洒自得。它们有的若篆若隶,浑然一体,有的波挑披拂,形意翩翩;有的劲健爽利,飘逸灵动;有的则雄浑飞扬,纵意舒展。其审美意味在某种程度上与汉大赋感物造端、铺张夸饰之风有异曲同工之妙,具有较为鲜明的纵横捭阖、沉雄豪放的"大美"气象。

图2-34 开通褒斜道刻石

隶书至东汉,特别是桓、灵之世(147-189)臻于成熟,成为定型化、标准化、官制化的汉隶,其代表作便是蔚为大观的东汉碑刻,即通常所说的"汉碑"。

其实,"碑"在古代由来已久,最早它立在宫殿宗庙之前,其功能是为了观察日影推测时间,或为了拴住祭祀的牲。立在墓前,则是为了施以鹿卢(滑车),用绳索牵引,把棺放下墓圹。碑上有刻,以述德记事彰

图2-35 西狭颂

功美名于其上，则自东汉开始。欧阳修《集古录》中说："至后汉以后始有碑文，欲求前汉碑碣，卒不可得。"这意味着东汉碑刻之盛，与这一时代多记主人生前事迹的墓室壁画、画像砖、画像石等空前发达是相通互应的，都是"事死如生"的墓葬观念和"大象其生"的现世情怀等文化趣尚的产物，都是旨在彰显人生事功、追求生命不朽的一种特殊形式。据说，在东汉，不仅达官贵人都树墓碑，就是庶民百姓也立墓碑，不仅成人有墓碑，幼童也多有墓碑，如《蔡邕集》中就有《童幼胡根碑》。墓碑有家属或亲族中人设立的，也有弟子、门人设立的，更有友人、故吏、地方官设立的，由此可见东汉碑刻的繁盛是空前的。除墓碑外，还有的是直接刻在摩崖石壁上，成为汉代碑刻之一种。也正因如此，成熟的汉隶在东汉碑刻这种坚硬载体中得以大量地存留下来。

作为汉隶范型，东汉碑刻所显示出来的审美风姿是异彩纷呈、绚烂多样的。清王澍《虚舟题跋》中说，汉碑"每碑各出一奇，莫有同者"，指的就是这一情景。不过从大的方面看，主要有三种基本类型。

第一类可描述为古拙朴茂，厚重雄浑，气酣力足，遒壮宏大。这类汉碑的审美文化渊源似更系于古风。其中最拙古者，有《开通褒斜道刻石》（图2-34）和《郙阁颂》摩崖石刻等。较拙古者，则有《衡方碑》、《西狭颂》（图2-35）等。观赏此类汉隶，能让人联想到汉霍去病墓前石雕那种古拙雄厚的大美气象。

第二类可描述为规矩森严、方圆中正、典雅刚健、遒劲端庄。这类汉碑的审美文化根源似在现实秩序，因而应视为汉隶碑刻的典范。它们以树"八分"，开风习被后世看做

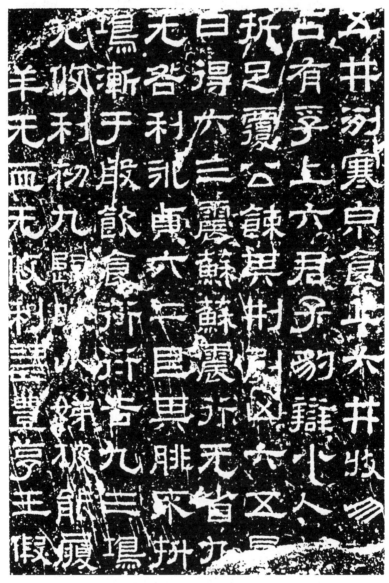

图2-36 熹平石经

图2-1 金缕玉衣（河北满城汉墓出土）

图2-3 绿釉陶望楼（东汉·陕西潼关县吊桥汉墓出土） 图2-4 汉代彩绘陶壶

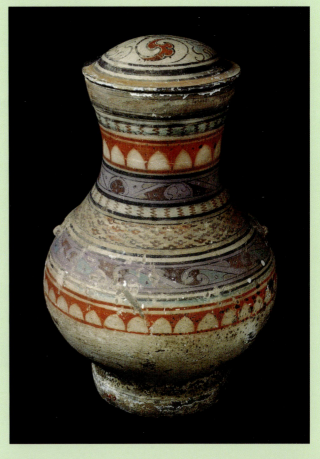

图2-5 湖南长沙马王堆1号汉墓帛画

图2-7 河北安平汉墓壁画（局部）

图2-10 东汉石兽天禄（河南南阳）

图2-9 汉代石刻双狮（陕西咸阳）

图2-11 高颐墓石辟邪（东汉·四川雅安）

图2-12 陶猪　图2-13 陶井
（东汉末年·河南辉县）　（东汉·陕西西安出土）

图2-14 击鼓说书俑　图2-15 击鼓说书俑
（东汉·四川成都）　（东汉·四川郫县）

图2-16 长信宫灯（河北满城汉墓出土）

图2-17 铜奔马（东汉末年，甘肃武威）

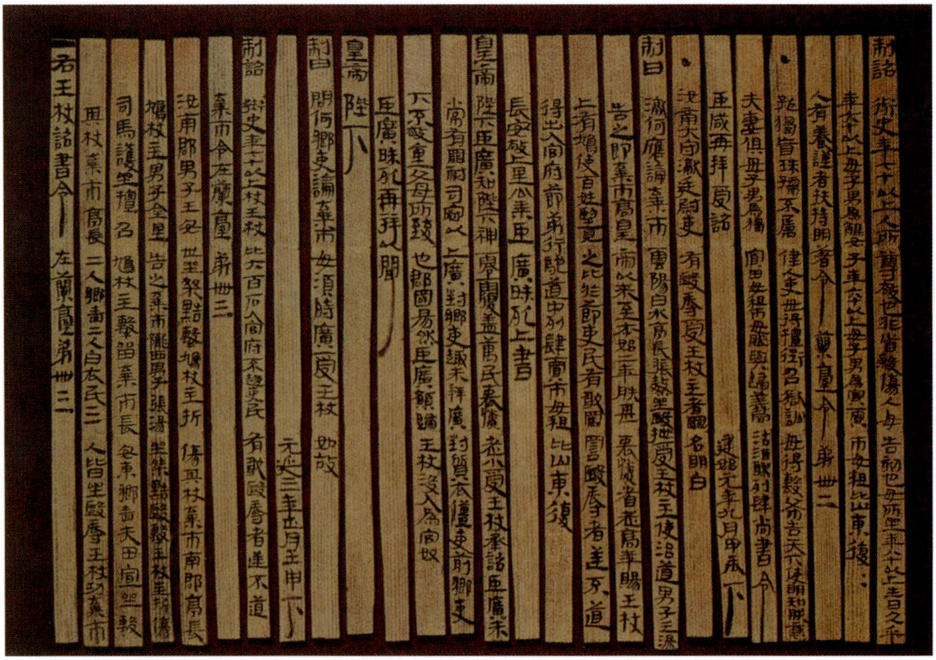

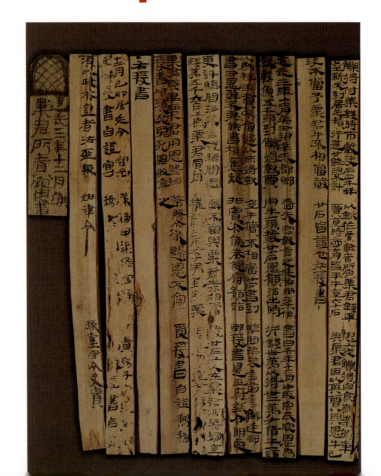

图2-32 甘肃武威汉简

图2-33 居延汉简

图2-37 张迁碑

图2-38 石门颂

汉隶中的"馆阁"。蔡邕主持并亲自写了一部分的《熹平石经》（亦称《汉石经》）则为其代表。

《熹平石经》（图2-36）用八分书体写成。八分，一般是指东汉时期成熟了的隶书，左右相背分开，波势挑法明显，脱尽篆意。《石经》运笔沉稳凝重，波折劲挺，点画磊落，骨力劲健。结体分布匀称，端严方正，气度雍容壮伟，既具有成熟的隶书法则，又为隶书向楷书的过渡提供了范例。（参见董文《中国历代书法鉴赏》第23页，辽宁大学出版社，1988年版）。有学者批评《石经》规整有余而灵动不足，缺乏自然飘洒的韵味等等，其实，以动态发展的眼光看，它正代表了汉隶的一种特定类型，是一种与东汉主流文化相对应的、具有较多庙堂气息、经学意味和正统色彩的隶书。这一种大致反映东汉时代儒教化、伦理化、典正化、功利化审美风尚的汉隶，除《熹平石经》外，还有《礼器碑》、《孔宙碑》、《乙瑛碑》、《张迁碑》（图2-37）、《华山碑》等碑刻作品。这些作品在

123

与《石经》的审美基调大体保持一致的情况下，也有些微差异。如清王澍《虚舟题跋》评《礼器碑》时说："汉碑有雄古者，有浑劲者，有方整者。求其清微变化，无如此碑。""以为清超却遒劲，以为遒劲却又肃括。自有分隶来莫有超妙如此碑者。"这个评论是很精到的。再如《张迁碑》，一般把它视为方笔典型，但这只是它的技法特点，而在其结体严密方整、用笔劲健端庄、皆具典正壮美之风采方面实与《石经》等并无大异，理应归为同类。

第三类可描述为纵横恣意、放逸舒展、清峻秀丽、飘洒自由。这类汉碑的审美文化意蕴似更指向未来，尤其指向切近的魏晋时代。在飘逸舒展方面较为典型的是《石门颂》（图2-38）。此作品是一摩崖刻石，其"字势飞动，如野鹤闲鸥，或翩翩起舞飘飘欲

图2-39 曹全碑

仙，或优哉游哉轻盈漫步。谛视之，运笔凝练而活脱，字势纵横恣肆，空灵逸宕"（董文《中国历代书法鉴赏》第18页）。该书结字尤具特点，扁长殊异，大小不同。整幅之中"命"、"升"、"诵"等字垂直长过两字，其笔势夸张如长枪大戟，舒展狂放，真个是落拓不羁，真率自由。从这幅隶书中，我们似乎可以感受到"魏晋风度"的隐约气息了。清末书家杨守敬评此书说："其行笔真如野鹤闲鸥，飘飘欲仙，六朝疏秀一派皆从此出。"（滕西奇著《中国书法史简编》第46页，山东教育出版社，1990年版）可谓中鹄之论。在清峻秀丽方面较为典型的则是《曹全碑》、《史晨碑》等，特别是《曹全碑》（图2-39），在严整遒劲的洋洋汉碑中独以秀雅清丽见长，其结字以圆笔为主，以横取为势。字呈扁方，扁中寓圆。一般横画细，竖画粗。横画起笔、收笔有明显的"蚕头"、"雁尾"之特征，中宫紧收，波磔舒展，笔势轻灵飘逸处，如凤翼开张，翩然多姿，秀逸动人。笔画不拘一格，长者极长，笔力遒劲，送到尽处；短者极短，含蓄蕴藉，笔短意长。在审美形态上一反汉隶多以"大美"、"壮美"为主的特点，而呈现出较多的清丽之韵，阴柔之趣。清代张廷济称此碑"貌如罗绮婵娟"，万经说此碑"秀美飞动"，孙退谷亦评此碑"字法遒秀逸致"等等，都指的是这个意思。《曹全碑》体现出的清丽之韵，阴柔之趣，说明它对汉隶已形成某种超越之势，在很大意义上已开六朝清秀书风之先河。

我们说东汉时代是中国书法史上至为重要的时代，不仅因为它开始有意识地追求一种书法的艺术性、观赏性，而且它还出现了真正的书法美学思想。它不仅在审美领域自由地创作着，而且在美学领域自觉地思考着。尽管这一思考还是初步的、简单的，但却是书法美意识趋于成熟的重要标识。

东汉崔瑗的《草书势》（西晋卫恒《四体书势》引）是今天能见到的最早的书法美学文章。这里所论草书，主要是章草，亦即作为汉隶"急就章"的一种草书体。这篇谈草书的文章重要之处有二，一是讲"草书之法，盖又简略"，"兼功并用，爱日省力"等，即草书是纯从书写便利的功用出发而由隶书变来的。二是讲草书虽是"观其法象，俯仰有仪"，即从实际生活中抽象出来的，但却"方不中矩，圆不副规。抑左扬右，兀若竦崎；兽跂鸟跱，志在飞移；狡兔暴骇，将奔未驰……"这就指出了草书的独特性在于不受法度规范的拘束，在于表现一种飞动奔驰的气势，因而是偏于主观和自由的艺术。

无疑，这样一种书法美学思想，在强调伦常讲究秩序的东汉时代是不大容易获得广泛认同的。果然，那个写过《刺世疾邪赋》的赵壹又写了一篇《非草书》，对此予以抨击。此文一开始就给草书定了"罪"："余惧其背经而趋俗，此非所以弘道兴世也。"很明显，赵壹论书的尺度是伦理功用主义的。书法的意义在于宗经化俗，"弘道兴世"，因而应当向古书学习。然而"夫草书之兴也，其于近古乎？上非天象所垂，下非河洛所吐，中非圣人所造"。那么它究竟本之何处？从形式上看，它是"示简易之指"，即为了书写方便，但在根本上，它是"务内"的产物，是抒发"小志"即纯个人心意的结果，所以草书既无益于"圣人之业"，也无用于"征聘"，"考绩"，是一种真正的"伎艺之细者"，亦即一种微不足道的雕虫小技罢了。赵壹在这里彻底否定了草书。

赵壹还从另一个角度批评了草书。他认为，当今学草书的人，不去领悟"简易"这一草书之本，而是一味模仿杜度、崔瑗，这样一来，写草书这件本来简易快捷之事，反倒变得艰难缓慢了。在赵壹看来，"凡人各殊气血，异筋骨。心有疏密，手有巧拙。书之好丑，在心与手，可强为哉？若人颜有美恶，岂可学以相若耶？"所以那些学杜、崔草书者，到头来只会"如效颦者之增丑，学步者之失节也"。

赵壹的前后说法实际上是相矛盾的。首先，他本是否定草书的，可后面他否定的又不是草书本身，而只是对草书创始者杜、崔等人的模仿行为。他认为杜、崔等人"皆有超世绝俗之才"，别人是学不来的，这就等于肯定了杜、崔等人的草书。其次，"书之好丑，在心与手"的观点，触及了草书创作的个体性、主观性和自由性特征，这与他反对草书的"务内"和"小志"也颇不一致。实际上，这种理论的内在龃龉状态，正是东汉中后期书法美学处于一种由实用而审美的历史转型阶段的写照。

到东汉末，蔡邕在《笔论》中提出"任情恣性"一说，就显示出了书法美学的进一步发展和成熟。蔡邕书论，现传于世的有《笔论》、《九势》、《篆势》、《笔颂》等几篇，以《笔论》为最重要。但这篇文章的真伪尚有争议。我们以为，此文所提出的中心思想，与当时书法创作正趋向抒情任性的实际情况基本是吻合的，所以，这一阶段出现这样的文章是自然的。

《笔论》的陈述中有两点值得注意，第一是将"任情恣性"视为书法之本义，指出：

> 书者，散也。欲书先散怀抱，任情恣性，然后书之。若迫于事，虽中山兔毫不能佳也。
> 夫书先默坐静思，随意所适，言不出口，气不盈息，沉密神采，如对至尊，则无不善矣。

所谓先散怀抱，也就是首先使内在心情从外在事务中彻底解脱出来，达到一种"默坐静思，随意所适"的自由状态，这样即可进入一种"任情恣性"的创作境界。倘一开始就为世事所迫，为功利所拘，那是无法写出好字来的。应当说，蔡邕的看法虽寥寥几笔，却直达书法作为一门写意艺术的审美本质，可谓精彩、深刻。就东汉时代说，这一看法也带有某种程度的超前性。

但蔡邕毕竟还是汉代人。他无法真正突破汉代书法美学的局限性。所以第二，他又坚持书法"象形"的观点。我们知道，"象形"是汉字的原初形态，而汉字和书法的重大飞跃也正体现在对"象形"古意的突破上。汉隶取代古篆就是这样一种突破，这一点我们前面已有论述。但书法美学在这方面却稍嫌滞后，如《草书势》就讲过"写彼鸟迹"、"观其法象"之类偏于"象形"观念的话。蔡邕在提出了"任情恣性"一说之后，也保留了"象形"论的"尾巴"：

> 为书之体，须入其形，若坐若行，若飞若动，若往若来，若卧若起，若愁若喜，若虫食木叶，若利剑长戈，若强弓硬矢，若水火，若云雾，若日月，纵横有可象者，方得谓之书矣。

这里所说的"为书之体，须入其形"，"纵横有可象者，方得谓之书"等，显然还带有早期"象形"论色彩。当然它与早期"画成其物，随体诘诎"的象形观念已有区别。它所谓书法"须入"（摹拟）的"形"、"象"，主要不再是客观存在的具体物象，而是某种客观的、物理的"形势"或气象。这即"若……"句式所蕴涵的意思。从历史发展的角度说，这种"若……"或"如……"句式一方面表明原始"象形"观念已显解体之势，一方面也意味着书法美学在走向"写意"论时仍难以完全割断与"象形"说的联系。这种情形似乎是古典书法美学的一种历史宿命。在其后的许多书论中，这种"若……"或"如……"句式不断得以重复使用，就是一个很好的例证。

不过，这丝毫不会削弱蔡邕书法美学思想的趋前性意义，其理论上的历史局限也恰好表明了其思想趋前的艰难和真实。作为一种理论上的矛盾现象，它让我们谛听到了中国书法文化正从文字向艺术，从实用向审美，从讲究"弘道兴世"向标举"超俗绝世"，从注重"写迹"、"法象"向崇尚"务内"、"随意"，一句话，从"象形"论、"功用"论向"写意"论、"观美"论过渡转变的历史足音。

总之，从东汉中后期始，无论在美学观念还是在艺术创作上，审美文化都已历史地显现出了某些新因素、新征象，表露出了新鲜活泼的生命气息。它昭示我们，中国审美文化即将告别一个旧的阶段，而迎来一个新的时代。一种真正的历史转型就要开始了。

三、魏晋之际的自我超越

建安二十五年（220）十月，刚刚继承了曹操魏王之位的曹丕代汉称帝，建国号魏，都洛阳。自此，历时四百余年的大汉帝国寿终正寝，一个新的历史时代开始了。

当然，曹魏政权是短暂的，仅有46年光景就被司马氏建立的晋朝取代了。晋又分西晋和东晋。此处所谓魏晋之际，主要指的是魏与西晋时期（个别问题延至东晋），总共百年左右。别看这一段时间在历史长河中不算太长，在整个古代审美文化发展中的意义却非同一般。如果说魏晋南北朝诚如宗白华先生所讲的那样，是"中国美学思想大转折的关键"（《美学散步》第26–27页，上海人民出版社，1981年版）的话，那么，魏晋之际正是这一"大转折的关键"的"关键"，是这一大转折的全面启动期。

魏晋之际审美文化的鲜明姿态是什么？就是面对个体与社会、自然与名教、情与理的尖锐的时代性冲突，将东汉中晚期萌动的新趋向，即审美文化由外而内、由伦理而性情、由名教而自然的变折，变成了一种历史的自觉，一种时代的主潮，其基本标志，一方面是自我人格的本体化、主体化，是个体向自我、人性、真情的回归，用钱穆先生的话说，也就是"个人自我的觉醒"（《国学概论》第147页，商务印书馆，1997年7月版）；另一方面，则是个体对伦常、名教、礼法、俗规、节操、功业等等外在价值目标的疏淡和超越，而且这种疏淡和超越并不是一种自然的过程，而是有意识的、理性自觉的文化选择。这两个方面统一起来，便凝成和突出了"自我超越"这一时代主题。"自我超越"可以视为魏晋之际一种主流性的社会意识、文化姿态、哲学观念和审美风尚。它使得这个时代充满了"极自由、极解放、最富于智慧、最浓于热情"（宗白华语）的文化气息，使得一个时代文化真正走向了艺术，走向了美！

为什么偏偏魏晋之际会出现这样深刻的文化变折？说起来似乎有些不可思议，因为这个时期恰恰是中国历史上最黑暗、最恐怖、最混乱、最痛苦的时代之一。先是三国之战，再是曹氏与司马氏两大集团之间的权力之争，后是西晋的"八王之乱"、"永嘉之乱"，还有中央皇室与地方豪强、门阀士族之间，以及地方豪强、门阀士族彼此之间的尖锐冲突等等，真可谓政治险恶、战乱频仍、宦海肃杀、哀鸿遍野，正如《晋书·阮籍传》中所说"魏晋之际，天下多故，名士少有全者"。按说，在这样黑暗恐怖人人自危的生存环境中，怎么会出现审美文化的大解放、大自由、大发展呢？然而这种审美文化的大解放、大自由、大发展却真真切切地发生了。对此，我们不妨试着做一点分析和阐释。

其实，现实的黑暗恐怖在给人以朝不保夕的畏惧感的同时，也会产生另外一种效应，那就是导致诸如王道理想、皇朝权威、正统道德、伦常秩序之类往昔曾被视为神圣的东西，在被怀疑和疏离中走向暗淡甚至崩解。这就为"自我超越"这一时代主题的全面展开提供了历史前提。除此之外，促使魏晋之际这一时代主题深入发展的重大因素还有三点，其一，在社会经济基础上，随着汉末以来土地兼并的加快进行，大土地所有权日益集中在豪强大族手里，与此同时，破了产的手工业者和失去土地的农民不得不汇聚在豪强大族门下，成为束缚在领主土地上的农民。这就构成了典型的以自给自足的地主庄园经济为基础的封建社会形态，而这种新的社会经济形态必然会带来审美文化上的深刻变化。其二，同封建大土地所有制这一经济基础相适应，在社会阶级力量上，门阀士族取代了秦汉世家贵族的地位。世家贵族主要指有封国封邑的王侯，而门阀士族（亦称门阀世族）则主要指以"士"为骨干的累世做官的特权阶层。称世族是说他们世袭做官，称士族是指他们掌握文化知识权力。门阀士族在经济上占有大量土地和劳动人口，不向国家纳租服役；在社会地位上高人一等，与寒门庶族的界限犹如隔着一层天，即所谓"上品无寒门，下品无势族"（《晋书·刘毅传》）。他们在政治、经济、军事、文化等方面享受特权，相对独立。门阀制度在魏晋之际的形成，对大一统的中央皇室专制集权无疑是一极大的冲击和瓦解，从而为思想文化的解放奠定了阶级基础。其三，在社会主流意识形态上，则是与大一统专制政治相联系的儒家"独尊"局面的结束和代表门阀士族价值体系的玄学思潮的崛起。对此，《晋书·列传·儒林序》中说：

> 有晋始自中朝，迄于江左，莫不崇饰华竞，祖述虚玄，摈阙里之典经，习正始之余论，指礼法为流俗，目纵诞以清高，遂使宪章弛废，名教颓毁……

其实，儒学衰颓和玄学崛起这一新的意识形态格局的出现不自晋始，而是早在汉末三国就已形成。曹操推行"唯才是举"的用人政策（而不管儒家所谓的"德"），何晏、王弼首创"以无为本"的玄学体系等，即为明显标志。魏晋之际社会主流意识形态由儒而玄的这一转换,尤为直接地驱动和催化了该时代审美文化的重大变折与飞跃。

毫无疑问,正是在上述社会背景和文化语境中,魏晋之际孕育了"自我超越"这一新的审美文化主题。该主题使这一时代在整个古代审美文化史上生气勃扬,光彩流溢,个性凸显,意义彰著,成为一个至为关键的历史转捩点。

1 "洋洋清绮":
走进个体生命体验的文学

文学,作为一种用语言来表达生命体验的艺术,它对生存现实的反应是敏感而准确的。正因如此,它成为我们走进魏晋之际审美文化的一个最先的切入点。

对这一时代的文学,郑振铎在《插图本中国文学史》中描述为"高迈"和"清隽"。显然,这是两种不同的文学审美形态。"高迈",大抵是高远、豪迈、慷慨、壮丽之意;而"清隽"则大约与清雅、超群、细婉、隽秀相联系,也可以简单地说,一个指壮美,一个指优美。从魏晋之际总的文学形态来看,基本有一个逐步从偏于"高迈"向偏于"清隽",从偏于壮丽向偏于秀美的演变过程。所以建安曹丕的诗赋被鲁迅说成是"华丽之外,加上壮大"(《魏晋风度及文章与药及酒之关系》),而西晋陆机的诗文则被沈德潜说成"矫健之气不复存矣"(《古诗源》),涉及的就是这一演变过程。同时,这两种文学审美形态,也常常表现在单个作家身上。如曹丕的诗文除壮丽外,也有细婉的一面,所以刘勰说:"魏文之才,洋洋清绮。"(《文心雕龙·才略》);"洋洋",盛大、壮丽之貌,而"清绮"则是细婉、秀美之态。其他作家也大多如是,恕不赘述。这两种审美形态的并存主要说明了两点,一是这时期的审美文化呈一种过渡状态、双重形态,表现出历史转折阶段的典型特征;二是这种文学审美形态的双重性、过渡性,正是"自我超越"这一时代主题的丰富内蕴在魏晋之际逐步展开的曲折反映。

建安诗文:慷慨与悲凉的二重唱

文学史上,一般将汉末建安年间(196–220)至曹魏黄初、太和年间(220–237)的文学称作建安文学,代表作家是"三曹"(曹操、曹丕、曹植)和"七子"(孔融、陈琳、王粲、徐幹、阮瑀、应瑒、刘桢),还有一个女诗人蔡琰也很杰出。建安文学的突出特点,

图3-1 曹操横槊赋诗图
（清康熙刻本《三国志》卷首冠图）

就是在中国审美文化史上，开始了真正的文人化写作；他们的创作，总体上是对东汉中、晚期文学，特别是《古诗十九首》所代表的文人作品中出现的感伤主义题旨的进一步深化和发挥，同时也带上了建安时代的特有气概，那就是建功立业的政治雄心和积极进取的豪迈情怀。刘勰说建安"时文，雅好慷慨"，"梗概而多气"（《文心雕龙·时序》），就是说的这一情形。慷慨气概与感伤主义看起来很矛盾，但在建安文学中却是有机统一的。前人用"慷慨悲凉"描述建安文学，确为中的之论。

建安文学正处新旧时代交替之际，因而文人作家们大都有一展宏图的理想和抱负，渴望在政治上、人生上有所作为。曹操（图3-1）作为一个叱咤风云的乱世英雄，他抒发政治抱负的四言诗最有意味，比如：

老骥伏枥，志在千里；烈士暮年，壮心不已。（《龟虽寿》）

山不厌高，海不厌深，周公吐哺，天下归心。（《短歌行》）

曹植更是自小就追求"戮力上国，流惠下民，建永世之业，流金石之功"（《与杨德祖书》），所以他的诗多具慷慨多气的浓郁色彩，如《白马篇》写了一位英勇的游侠少年，实为诗人自我的化身："羽檄从北来，厉马登高堤。长驱蹈匈奴，左顾凌鲜卑……名编壮士籍，不得中顾私。捐躯赴国难，视死忽如归。"这是何等的壮志高情！又如其《薤露行》："愿得展功勤，输力于明君。怀此王佐才，慷慨独不群。"其《鰕䱇篇》："驾言登五岳，然后小陵丘……抚剑而雷音，猛气纵横浮。"这又是何等的雄心豪气！

不过，汉魏之间并不是一个正常的、任人驰骋的时代，动荡变乱残酷黑暗的现实让人朝不保夕，名教崩毁伦理失序的社会令人迷茫绝望。在这样的情势下，个体企望有所作为的任何抱负都可能是一厢情愿的幻想。"虽怀一介志，是时其能与"；"快人由为叹，抱情不得叙"；"我愿何时随，此叹亦难处！"（曹操《善哉行其二》）这种无可奈何的叹息表明的正是一种外在信念和人生目标的失落感，一种对生存境遇的忧患和生命意义的怅惘。于是，我们在建安文人们笔下，看到了两种沉重而悲凉的现实：

一种是外在的黑暗痛苦的社会现实。建安文学中的大量作品，以汉乐府那样的写实手法，叙述了当时"白骨露于野，千里无鸡鸣"（曹操《蒿里行》）、"路有饥妇人，抱子弃草间"（王粲《七哀诗》其一）的悲惨情景，表达了诗人"喟然伤心肝"（王粲）、"念之断人肠"（曹操）的痛苦心情。值得一提的是女诗人蔡琰（字文姬）的五言《悲愤诗》，作为一首长达540字的长篇叙事诗，对个人悲惨命运和苦难遭遇的白描式抒写，句句血泪，真切感人。总之，这一类诗，感时伤世，"缘事而发"，沉郁苍凉，深切质朴，具有鲜明的历史感和强烈的震撼力，被明人钟惺称为"汉末实录，真诗史也"。

一种是内在的悲怆忧伤的心理现实。对于审美文化，特别是其中的审美意识的发展而言，建安文学中所表达的内在心理现实似更令人关注。诗人们的心中普遍怀有一个"忧"字，忧虑、忧惧、忧怨、忧愁、忧伤……可谓郁结于心，挥之不去，用曹操的话说，叫做"忧从中来，不可断绝"（《短歌行》）。他们"忧"的是什么？自然有"天不仁兮降乱离"，"志意乖兮节义亏"（《胡笳十八拍》）的现实忧虑，有"常恐失罗网，忧患一旦并"（何晏《拟古》）的生死忧惧，但更深层的是对生命本身意义的忧伤、忧愁和忧思。在深深的迷惘和苦闷中，他们进一步深切感受到了《古诗十九首》的作者们所感受到的生之悲剧，那就是生命的短促，人生的无常，命运的变幻，生存的无根！他们悲怆地写到：

> 人居一世间，忽若风吹尘。（曹植《薤露行篇》）
>
> 转蓬离本根，飘飘随长风。（曹植《杂诗其二》）
>
> 惜哉时不遇，适与飘风会。（曹丕《杂诗其二》）
>
> 转蓬去其根，流飘从风移。（何晏《言志诗》）

个体的存在犹如离根的"转蓬"，无根无柢，随风飘零，自生自灭，这是一种多么可悲的情境！人原来不过是寄寓世间的一个孤独的过客而已：

> 日月不恒处，人生忽若寓。（曹植《浮萍篇》）
>
> 吁嗟此转蓬，居世何独然！（曹植《吁嗟篇》）

应当说，这种对人生无根感、孤独感的认识，虽未达到一种形而上的理性的自觉，但依然是相当深刻的。曹植在这方面尤为敏锐。他虽为魏文帝曹丕之胞弟，却备受曹丕迫害和折磨，一生抱负付诸东流，最终忧愤而死。亲兄弟尚且如此，又何谈他人！所以曹植的无根感、孤独感是切入骨髓、极为深刻的；甚至他在写人神恋爱的悲剧《洛神赋》（图3-2）时，依然摆不脱这种孤独感。那么美丽多情的爱神宓妃，也终因"人神之道殊"而不得不与追恋她的诗人含恨离别。人人互忌，人神相殊，可见个体的孤独确是无法逃避的了。

那么人该怎样活？或者说无根孤独的人怎样生存才会快乐？这是汉魏之际一个需要解决的时代性课题。建安诗人用诗的形式回答了这一问题，他们认为，"人生如寄，多忧何为？今我不乐，岁月如驰"（曹丕《善哉行》其一）；所以，他们或"对酒当歌"，或"秉烛夜游"，或"临河垂钓"，或"与君媾欢"，或"慷慨时激昂"，或"逍遥步西园"……总之，他们信奉的是"遨游快心意，保己终百年"（曹丕《芙蓉池作》）。心情的快乐，生命的康寿，才是人生的第一要义，其他一切都是虚若浮云，靠不住的。诗人们在这种个体价值和意义的重新选择中，获得了一种心灵的慰藉、精神的解脱、情感的满足和快乐，尽管这是暂时的解脱和快乐，没有而且也不可能真正超解内在的矛盾和痛苦，摆脱心情的悲怆和忧伤，但它毕竟使弥漫在悲云愁雾中的个体生命透出了亮色，看到了希望，显现了一种也许还不很明确的新的自我超越意识和追求。

正始诗文：从内心孤寂到人格超俗

正始（240-248），本为魏末齐王曹芳的年号，文学史上则一般把魏晋易代之际的诗文称为正始诗文。这时期主要的文学家是所谓的"竹林七贤"（图3-3），他们是阮籍、嵇康、山涛、王戎、向秀、刘伶、阮咸，其中以阮籍、嵇康为代表。

是时，司马氏和曹氏两大集团之间争权夺利的残酷斗争，将整个社会推入了黑暗恐怖的深渊。许多异己分子被无端杀害，天下名士，少有全者；而统治者却又同时提倡儒家的所谓仁义礼法，其政治和道德的虚伪性暴露无遗。这种现实环境，不仅剥夺了一般文人建功立业的机会和期望，也不仅让他们时时有朝不保夕的性命之虞，尤其严重的是彻底摧毁了他们的政治信念和伦理理想，使他们体验到了真正的内在孤寂和绝望。这可以说是正始诗文所处的不同于建安时代的一种特定社会语境。

正因如此，从审美文化的角度看，正始诗文主要不再有建安诗文那样的慷慨豪壮之气，而是更多、更突出地深化和发展了建安文学中"忧生之嗟"的一面，使其笼罩在人生、生命意义上的悲凉忧伤色彩更浓，更趋于一种深刻的悲哀、空前的孤独和绝对的无望。阮籍著名的《咏怀诗》82首，就典型地表现了这样一种幽深阴冷的情绪。在作者看来，现实不过是一张无处不在的网，谁也无法自由自在，"天网弥四野，六翮掩不舒"。所以，功名利禄是没有意义的，它只会让人相互倾轧，丧失自我，"膏火自煎熬，多财为祸害"，"高名令志惑，重利使心忧"；人与人之间也是相隔膜的，即使亲友之间也不例外，"人知结交易，交友诚独难"，"亲昵怀反侧，骨肉还相仇"；甚至人活一世，本身就是"终身履薄冰"的,"一日复一夕,一夕复一朝……但恐须臾间,魂气随风飘"。正是有了如此认识,《咏怀诗》便整个迷漫在一种极度伤感的情绪之中,诸如"憔悴使心悲"、"泪下谁能禁"、"感慨怀辛酸"、"悄悄令心悲"之类的句子,可谓随处皆是。这种极度伤感的根子即在于一种深刻的孤寂感、绝望感:

独坐空堂上,谁可与欢者?出门临永路,不见行车马。登高望九州,悠悠分旷野。孤鸟西北飞,离兽东南下。(其十七)

夜中不能寐,起坐弹鸣琴。薄帷鉴明月,清风吹我襟。孤鸿号外野,翔鸟鸣北林。徘徊将所见,忧思独伤心。(其一)

读到这样的诗句,只觉得一股清冷落寞、阴幽孤寂的气息扑面而来,让人感到一种旨趣遥深、难以名状的沉重意味。

然而,这种深重的悲哀、孤寂和绝望,却并没有导向诗人内在精神的崩溃,使他们走向自暴自弃的人性堕落,或走向背弃现实、皈依上帝的宗教之途,而是依然立足于现实的大地上,以一种理性的自觉,对个体的价值、自我的解脱和人格的超越重新进行思考与选择。当然这种重新选择并没有简单续写建安文学中的及时行乐题旨,而是追求更为高远的精神超越和自由。这使正始文学在题旨上具有了更深层的主体化、哲理化意味。阮籍《咏怀诗》中的不少作品即显露了这一自觉的审美追求。诸如"飘若风尘逝,忽若庆云晞","飘摇云日间,邈与世路殊"等句,说的即是对尘世的超脱;而"临堂翳华树,悠悠念无形","道真信可娱,清洁存精神"等句,则说的是精神向本体的飞升。

这类诗在嵇康那里更占主导。当然,与阮籍比起来,嵇康的论说文写得更好一些,《三国志》注引《魏氏春秋》说:"康所著文论六七万言,皆为世所玩味。"实际上他在思想界、玄学界的贡献要超过诗。但在文学上他也是很有特色、有影响的,其诗大都融玄学意味于自然生趣之中,清逸超俗,峻直幽深。比如:"良马既闲,丽服有晖。左揽繁弱,右接忘归。风驰电逝,蹑影追飞。凌厉中原,顾盼生姿"(《四言赠兄秀才入军诗》之八),"猗猗兰蔼,殖彼中原。绿叶幽茂,丽藻丰繁。馥馥蕙芳,顺风而宣。将御椒房,吐熏龙轩。瞻彼秋草,怅矣惟骞"(《四言诗》)等,它们虽为四言,却清丽雅致,颇有深味。值得关注的是,这类诗已有向写景诗发展的趋势,而且其景象深味往往与玄理之思息息相通,其中有代表性的是:

息徒兰圃,秣马华山。流磻平皋,垂纶长川。目送归鸿,手挥五弦。俯仰自得,游心太玄。嘉彼钓叟,得鱼忘筌。郢人逝矣,谁与尽言?(《四言赠兄秀才入军诗之十三》)

走向太玄境界作为一种自我超越方式究竟意味着什么？在嵇康这里即意味着回归内心，追求一种心灵的自得和自由，亦即他在玄学上所说的"越名任心"。从审美文化史上说，这则意味着文学向内在世界的进一步开掘，意味着以"心"（主观、心灵、精神）为本的美学观念正日渐步入主流。

西晋诗文：清绮型、文人化审美格调

西晋时代（265-316），随着三国战乱局面的结束，统治阶级内不同利益集团之间的尖锐矛盾暂时得以缓解，建安以来社会关系上剑拔弩张的紧张格局也暂时趋于平和；文人阶层因政治依附关系不同而出现的分化和对立也不再那么突出，他们大都归聚在统治者的阵营中了。这样，文学也就遇到了一个跟过去有所不同的现实语境。建安诗文中因理想无法实现而产生的强烈苦闷，正始诗文中因现实黑暗虚伪而产生的深刻绝望，这一切在西晋诗文中都不再是突出的了，都被一种相对平缓而淡静的心情取代了。于是，清雅的、轻柔的、绮靡的、工巧的审美文化出现了，一种真正的文人化审美格调形成了。

当然，建安以来逐渐内在化、主观化、自我化、表情化的文学演变趋势，对西晋诗人文人化审美格调的成熟具有更本质的决定作用。如钟嵘说张华的创作："巧用文字，务为妍冶"，其诗"儿女情多，风云气少"（《诗品》中卷）；潘岳则专写伤春悲秋之情，尤以写追念爱妻的"悼亡诗"名重诗史，陈祚明称他为"情深之子，每一涉笔，淋漓倾注，宛转侧折，旁写曲诉，刺刺不能自休"（《采菽堂·古诗选》卷十一）。这是一种文人色彩很浓的抒情化趋向，它在标志着文学走向内心的同时，也流露出脱离现实的形式化审美倾向。因为文学走向内心世界，也就是离开外在现实，回避外在现实与内在理想的矛盾冲突以及这一矛盾冲突所引起的内在紧张和痛苦，这也就很容易导致文学内容的相对单调和空泛，使文学不可避免地流入雕琢文采、玩赏辞藻、吟风弄月、工于技巧的形式主义和唯美主义；而这正是那种脱离现实，或者说不敢直面现实的所谓文人化创作常常表现出来的特点。不过从另一方面说，这种文学的内在化和审美化也有它积极的历史意义，即它在很大程度上正标志着审美意识的趋于自觉和独立。西晋诗文文人化格调形成的辩证意义似也正在乎此。

西晋的主要作家除较早的傅玄、张华外，大致是钟嵘《诗品序》中所讲的"三张（张载、张协、张亢）、二陆（陆机、陆云）、两潘（潘岳、潘尼）、一左（左思）"，其中以最具文人化写作特色的陆机为代表。

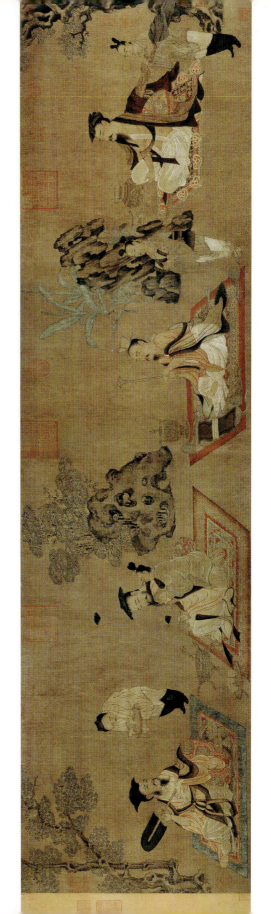

图3-2 《洛神赋图卷》（东晋顾恺之绘，宋人摹本）

图3-3 高逸图（唐孙位绘，从右至左分别为山涛、王戎、刘伶、阮籍）

文賦

余每觀才士之所作，竊有以得其用心。夫放言遣辭，良多變矣，妍蚩好惡，可得而言。每自屬文，尤見其情。恒患意不稱物，文不逮意，蓋非知之難，能之難也。故作文賦，以述先士之盛藻，因論作文之利害所由，他日殆可謂曲盡其妙。至於操斧伐柯，雖取則不遠，若夫隨手之變，良難以辭逮。蓋所能言者，具於此云。

佇中區以玄覽，頤情志於典墳。遵四時以歎逝，瞻萬物而思紛；悲落葉於勁秋，喜柔條於芳春。心懍懍以懷霜，志眇眇而臨雲。詠世德之駿烈，誦先人之清芬。遊文章之林府，嘉麗藻之彬彬。慨投篇而援筆，聊宣之乎斯文。

其始也，皆收視反聽，耽思傍訊，精騖八極，心遊萬仞。其致也，情曈曨而彌鮮，物昭晰而互進；傾群言之瀝液，漱六藝之芳潤。浮天淵以安流，濯下泉而潛浸。於是沈辭怫悅，若遊魚銜鉤，而出重淵之深；浮藻聯翩，若翰鳥纓繳，而墜曾雲之峻。收百世之闕文，採千載之遺韻。謝朝華於已披，啟夕秀於未振。觀古今於須臾，撫四海於一瞬。

然後選義按部，考辭就班。抱景者咸叩，懷響者畢彈。或因枝以振葉，或沿波而討源。或本隱以之顯，或求易而得難。或虎變而獸擾，或龍見而鳥瀾；或妥帖而易施，或岨峿而不安。

陆机（261-303），字士衡，吴郡吴县华亭（今上海松江县）人。他的诗美观念是明确讲究"诗缘情而绮靡"，即一是讲诗的主观性、抒情性；二是讲诗的修辞性、形式美。在诗的创作上他其实也主要实践了这两点。不过人们一般不太认可其诗作的抒情性，实际上，陆机对抒情的追求是自觉的。这从其诗多"挽歌"、"怨妇"、"伤时"、"嗟生"一类题材、题旨即可见出。只是作为东吴名将陆逊之后，陆机终究无法走出其贵族圈子，而且到西晋朝廷做官后也备受器重，可谓优裕显要，一帆风顺，没有也不可能有沉重的生存磨难和痛彻的内心体验，这就造就了其"惠心清且闲"（《日出东南隅行》）的生存状态，决定了其诗所追求的抒情只能是相对外在的和模拟性的，这也正是陆诗多拘于"拟古"题意的主要原因，如有名的《拟古诗十二首》即模拟《古诗十九首》而作，另外《短歌行》、《苦寒行》等是模仿曹操，七言《燕歌行》则是步曹丕后尘。这类诗多就原诗之意变换词句，无法确定陆机自己的真情实感，当然这也可理解为诗人情感的一种曲折隐讳的表达。最能说明陆机诗歌特点的，是他对自然景致的细腻感受和精妙摹写，如在较有代表性的《赴洛道中作诗二首》中，作者写道：

> 远游越山川，山川修且广。振策陟崇丘，安辔遵平莽。夕息抱影寐，朝徂衔思往。顿辔倚高岩，侧听悲风响。清露坠素辉，明月一何朗。抚枕不能寐，振衣独长想。

野途的空旷，鸟兽的鸣啸，月影的冷凄，夜风的悲响，晨露的清幽，一位听了一夜风声、又望着露珠从枝叶间无声滑落的孤零零的远行过客，这一切所蕴涵的幽幽的悲伤、深深的孤独和浓浓的寂寞便凝成了一种特有的气氛与意味。这种气氛和意味不是慷慨豪壮的，也不是苦闷绝望的，而是一种幽闭无语和顾影自怜，一种非常内在的伤感和孤寂。正因如此，它的审美境界主要不再是一种壮美，而是趋于清静和优美了。尤其是，细腻而敏感的诗的主人公，在这里对自然景致的微妙变化有着极深切的感应和领会，人与物、情与景之间产生了内在的交流和沟通。这一种写景诗的出现，以及后来田园诗、山水诗的崛起，应当说与审美意识内在化、心理化的发展是息息相关的。

审美意识的内在化、心理化发展除了导致艺术境界的优美化和拟景文学的盛行外，还有一个重要效应便是形式美意识的凸显和独立。我们知道，建安文学开始显现一种新的自我超越意识。也正是从那时起，文学开始体现"诗赋欲丽"（曹丕语）的美学追求，而曹植在创作上则尤为自觉地讲究语言的工整和华美，注重文辞的锤炼和对仗，体现出明显的"词采华茂"（钟嵘《诗品》）之美。到西晋，随着审美意识向自我内在世界的归聚，这种形式美追求愈趋自觉。从上面列举的陆机诗作即可看出，其语言的华美典雅雕饰精致显然已较为成熟，特别在排偶对仗和词采声色的讲究上差不多已臻完善，像

《苦寒行》、《招隐诗》等甚至已接近全篇对仗。这种诗歌修辞上的自觉追求,虽不免有繁冗雕琢之失,但一味否定显然也是片面的。从审美文化史的角度看,它标志着文学形式美意识的走向独立,而这一点,从更深远的意义上讲,也意味着审美文化在超越伦常功利、趋于自由形式的道路上已步入一个新的阶段。

总之,从建安到西晋,作为"自我超越"这一时代主题的具体展现形态之一,文学所发生的变化是巨大而深刻的。它基本上实现了文学美观念从偏于社会、伦理、叙事、功利向偏于个人、心理、抒情、形式的转变,也基本上突破了文学美形态从秦汉以来一直偏于雄大壮美的格局,而开始向偏于淡静优美转移。

2 "宅心高远":
玄风理趣的审美品性

谈魏晋之际的审美文化,不能不谈魏晋玄学。如果说魏晋文学是这一时代的心脏,那么魏晋玄学则是这一时代的灵魂;如果说魏晋文学是用感性体验的方式朦胧地表现了审美文化的时代变折,那么魏晋玄学则是以理性思辨的姿态明确地导引了审美文化的历史转换。

魏晋玄学是在正始年间形成而盛行于魏晋时代的一种社会理性思潮。为什么当时会产生这样一种带有思想解放性质的社会思潮呢?其背景原因比较复杂,不过大致说来有这么几个:其一,它是随着门阀士族这一新的社会势力的发展而形成的社会意识形态和价值观念体系。门阀士族作为新兴的社会特权阶层,它当然不愿意轻易接受现成的旧的思想体系,它要建立反映自己意愿和权利的新的理论依据与话语方式,于是便产生了所谓的玄学。所以魏晋玄学说到底主要是以门阀士族阶层为社会基础的。它是以门阀士族为主体的一种哲学,一种思维。其二,当时动荡变乱黑暗虚伪的社会政治现实,使人们普遍产生了一种强烈的忧惧情绪和怀疑意识,一种时事难为、人事不测的孤寂感和绝望感。人究竟该怎样活才既安全又快乐?究竟什么样的人格才是最理想、最完美的?这一些早在建安诗文中就被朦胧意识到了的严峻的时代性问题,此时变得愈加清晰,迫切需要一种新的理论来解答,于是魏晋玄学便应运而生了。其三,两汉时代所"独尊"的官方化儒学此时已趋衰微。两汉儒学的衰微有其必然性,一是作为迷信荒诞的谶纬神学和枯燥繁琐的章句经术,它已失去了学术生命力,渐为士人所厌弃;二是它所讲的纲常名教和道德伦理那一套,无法在当下险恶变乱丑恶虚伪的社会现实中找到客观依据,因而不可避免地要遭到时人的怀疑和疏淡;三是它作为一种服务于大一统专制集权的理论工具,一时难以适应封建的大地主庄园经济和各自为政的门阀士族阶层这一新的政治经济格局,因而自然要暂时"退场",以让位于反映时代要求的新的理性话语——玄学。

魏晋玄学的始作俑者是曹魏正始年间的名士何晏和王弼等人。他们高倡"以无为本"的"贵无"说,成为玄学发展中的第一个阶段;大约与王弼生于同时而迟卒十余年的竹林名士嵇康,则以"越名教而任自然"之说成为玄学发展的第二个阶段。晋元康、永嘉年间的裴頠著《崇有论》,试图矫正"贵无"说的"虚诞之弊"。郭象则以"独化于玄冥之境"一说,将"贵无"说与"崇有"论统一起来,是为玄学发展的终结阶段。一般认为,王弼和郭象代表的是玄学正流,或谓正统派;嵇康则代表的是玄学旁流,或谓"倒戈派"、"异端派"。就对审美文化的影响而言,王弼的"贵无"理论和嵇康的异端学说最为重要,值得我们集中关注和重点释读。

然而,玄学并不完全是一种书斋里的学问,它所反对和逃避的其实正是那种坐在书斋里皓首以穷的繁琐学问。所以更多的时候,它是在文人、名士、朋友等等之间的交谈或议论中"悟"出来的,这也就是它为什么又叫玄言清谈的原由了。鲁迅说:"东晋以后,不做文章而流为清谈,由《世说新语》一书里可以看到。"(《魏晋风度及文章与药及酒之关系》)实际上清谈之风与玄学之思同是正始年间"刮"起来的,《资治通鉴》卷七十九胡三省注曰:"正始所谓能言者,何平叔数人也。"这说明清谈早在西晋名士何晏、王弼等人那里就已开始,只是东晋以后此事光"流为清谈"而"不做文章"了。可以说,"清谈"是魏晋玄学的一种重要的存在方式,而且是一种极富游戏意味和审美色彩的存在方式。

在游戏化的情境中谈玄悟理

玄学这个名字,容易给人一种印象,以为它是一种拒人千里之外的莫测高深神秘难辨的抽象玄虚之学。这可能与"玄"这个字有关,《说文·玄部》讲:"玄,幽远也",也就是深远、深奥之义。魏晋玄学之称为"玄",也跟当时研究的是《老子》、《庄子》、《周易》这三本号称"三玄"的书有关。但这并不意味着它就是神秘莫测的玄虚之学。实际上玄学在这里虽指一种深厚、幽奥、透彻、高远之学,但其间少有神秘玄虚之意。恰恰相反,它是一门直窥人生本体意义的极有情致的"学问"。《玉篇·玄部》讲:"玄,妙也。"所谓妙,一指精微、深微,一指高妙、美妙,所以玄学是一门很妙的学问,它的魅力就在于它的精妙、深妙、高妙、美妙,即让人在一种妙不可言的审美化体验中领悟到精深的玄思理趣。

清谈,便是这种在审美化体验中领悟玄学精妙的主要方式之一。清谈作为一种社会风气,源自汉末议论朝政、品评人物的"清议"风尚。但因清议之士为此招致党锢之祸,后又因魏晋之际的政治局势愈加黑暗恐怖,这种人物清议之风便逐渐转为脱离实务的玄理清谈。原先那种名士文人相聚辩谈的形式似乎未变,但在具体对象、内容、方式、意义上,清谈已非同清议。

首先,它不再是"品核公卿,裁量执政"(《后汉书·党锢列传》)的才德品评,而是一种"论天人之际"、究有无之理的形上思辨,是一种探本求真的理性活动,"共谈析理"是其基本的目标和特征。《世说新语·文学》记述说:

> 殷中军为庾公长史,下都,王丞相为之集,桓公、王长史、王蓝田、谢镇西并在。丞相自起解帐带麈尾,语殷曰:"身今日当与君共谈析理。"既共清言,遂达三更。

这种名士相聚共谈析理以至于通宵达旦废寝忘食的清言方式,与秦汉时期务求功利、偏于世俗的文化明显不同,它非常典型地表现出了一种探究真理、彰扬智慧的时代新风尚。

那么这种共谈析理、唯真是求的活动是怎样进行的呢?基本是一种主客答问的方式,主方提出观点,客方进行辩难,称为"难"。双方一个会合下来,称为"一番"或"一交",胜者为胜,败者为"屈"。请看下面的记载:

> 何晏为吏部尚书,有位望,时谈客盈坐。王弼未弱冠往见之。晏闻弼名,因条向者胜理语弼曰:"此理仆以为极,可得复难不?"弼便作难,一坐人便以为屈。于是弼自为客主数番,皆一坐所不及。(《世说新语·文学》)

王弼恐怕这是首次出山,就遭遇了如此主客辩难的玄谈方式。毫无疑问,这种玄谈方式是极富挑战性的。它和今天常见的知识竞赛、演讲比赛之类还不一样,它并不是在事先已定好论题、拟好纲要的情况下进行的。它的具体论辩对手、题目、场合等大都是随机的、即兴式的。它对人的内在智慧、思维水平、精神深度以及辩说能力自然是一严峻考验,当然对那些富有真才实学的人来说也是一次显露头角的最好机会。王弼之所以成为一代玄学大师和偶像,不能说与他在这种场合中的出类拔萃毫无关系。所以,正是这种玄谈方式,极大地激活了人的思辨潜能,锻炼了人的思维能力,唤起了一代士人追究真理、崇尚智慧的热情和风气。

然而,我们对这种清谈方式最感兴趣的地方还不是思维问题,而是审美问题。就是说它其实并不是在那儿抽象枯燥地谈玄论理,而是一切都运行在一种游戏性的氛围和形式中,它把这种探本求真的理性思辨活动,已提升为一种心调意畅的审美活动了。

这也就是嵇康的诗句"乘云驾六龙，飘飖戏玄圃"（《游仙诗》）中"戏"字的意味所在。《世说新语·言语》也记载道：

> 诸名士共至洛水戏。还，乐令问王夷甫曰："今日戏，乐乎？"王曰："裴仆射善谈名理，混混有雅致；张茂先论《史》、《汉》，靡靡可听；我与王安丰说延陵、子房，亦超超玄著。"

把玄言清谈看做"戏"，看做自由的、愉快的游戏甚或嬉戏，这堪称魏晋之际审美文化的一种极典型的风格和情态。它将名理、《史》《汉》之类纯然学理性问题的探讨，变成了富于诗意性鉴赏体验的审美活动。重要的是，不仅清谈形式本身，而且清谈的内容即玄学义理，在这里也变得诗意化、趣味化，可以直接感动人的内心，让人欢喜不已了。《世说新语·文学》中说：

> 至于辞喻不相负，正始之音，正当尔耳。
>
> 傅嘏善言虚胜，荀粲谈尚玄远。每至共语，有争而不相喻。裴冀州释二家之义，通彼我之怀，常使两情皆得，彼此俱畅。

玄学清谈以主客辩难为主要形式，这就构成了一种思维对峙和观念碰撞的现场情景；所谓"正始之音"的主要意思也就是这种"辞喻不相负"或"有争而不相喻"的清谈场景。有学者把它称作"理赌"，其实就是一种思维的、智慧的竞赛。人们对于"理"的追逐已不仅仅是一种执著，而是近乎达到一种痴迷的状态。所以，傅嘏和荀粲会各执其"理"而互不相让，然而当裴頠巧妙地将二者所执之理沟通起来后，二人也便两情皆得，彼此俱畅了，因为"理"对他们来说，已差不多就是"神"之所往，"美"之所在。既然双方的"理"已通畅无碍，那么他们顿生一种审美性质的和谐感、愉悦感也就很自然了。

清谈之风发展到永嘉前后又有些许变化，那就是人们在依然讲究玄学之理的同时，其关注的重心已开始向审美的一面倾斜和转化。所谓"正始之音"的清谈是以"理"为唯一准则，而到此时的清谈，人们对论辩各方的形象姿态、表述技巧和语辞文采则更加注重和欣赏，也就是他们不再单纯追求以"理"服人，而是更加强调以"美"悦人了。《世说新语·文学》中记载说，一次，支遁（字道林）、谢安等人来到王濛家，要求"当共言咏，以写其怀"。于是便以《庄子·渔父》为题，"支道林先通，作七百许语，叙致精丽，才藻奇拔，众咸称善"。等大家都谈过之后，谢安则向支道林粗略发"难"，他"自叙其意，作万余语，才峰秀逸。既自难干，加意气拟托，萧然自得，四坐莫不厌心"。

显然，这里的清谈，不再单纯拘于"理"之高下，而是辩难过程中的"叙致"、"才藻"、"意气"、"才峰"、神采、风度等等审美层面的人格形象特征，成为人们品鉴和激赏的重心所在。该篇还有一些记载也特别典型，如：

> 谢镇西少时，闻殷浩能清言，故往造之。殷未过有所通，为谢标榜诸义，作数百语。既有佳致，兼辞条丰蔚，甚足以动心骇听。谢注神倾意，不觉流汗交面。
>
> 支道林、许掾诸人共在会稽王斋头，支为法师，许为都讲。支通一义，四坐莫不厌心；许送一难，众人莫不抃舞。但共嗟咏二家之美，不辩其理之所在。

能为话语的佳致丽辞感动得流汗交面，也能为辩难的精妙才藻满足得鼓掌舞蹈，以至于只顾沉浸在清谈形式的审美化欣赏里，反倒"不辩其理之所在"了。这大约就是魏晋之际玄言清谈的审美化风尚所达到的一种极致境界。

当然对这种脱离实务的清谈之风，当时就有批评意见。王羲之就曾对谢安说过："虚谈废务，浮文妨要，恐非当今所宜。"而谢安这位著名的政治家却出人意料地回答说："秦任商鞅，二世而亡，岂清言致患邪？"（《世说新语·言语》）这个机智的回答一方面确实有道理，因为把国家的兴亡归于清言与否显然是不公平的；另一方面也说明，当时那种游戏意味和审美色彩极浓的清谈风气确已成为时代主流，不易扭转了。

玄学：一种人格本体论美学

我们说过，玄言清谈之所以在魏晋之际蔚为大观，不仅因为其话语形式的审美化，而且还由于其理性内涵的美学化。为什么这么说呢？主要理由即在于玄学是一种以"自我超越"为主旨的人格本体论体系，也是一种涵蕴着新的自我人格美范式的价值论体系。何谓自我超越？就是个体实现从外部功利世界向自我情性本体的回归；不再是外在的高官厚禄荣华富贵道德节操名誉地位，而就是个体自我的天性、生命、心情、智慧、人格等等成为至高无上的本体。再没有什么比个体自我的超脱、性情的和谐、生命的安乐、智慧的明达和心意的自得这一类的事更重要、更有意义的了。"自我人格"成为个体关注的焦点与核心。正是在这里，玄学的义理走向了美学。

个体应当怎样活才有意义？究竟什么样的人格才是最美、最理想的？这是魏晋之际人们最关心的、迫切需要回答的时代课题。实际上，这也是一个如何协调个体和社会、"自然"和"名教"、感性和理性之间尖锐矛盾与冲突的问题。当文学敏感到了这一严峻问题却又无法明确解答时，玄学便历史地承担起了这一思想文化使命。

　　王弼（226—249）在玄学上的基本观点是"以无为本"说，认为"天下之物，皆以有为生。有之所始，以无为本"（《老子注》第四十章）。王弼所说的"有"，就是一切看得见、听得见、摸得到、嗅得到的具体事物，是整个形形色色流转不息的现象世界。他所说的"无"，则是决定着具体事物现象世界的本体，具体说，既是它们得以产生的最初原因（本源），也是它们赖以存在和发展的唯一根柢（本质）。王弼认为，世上的万事万物作为"有"，或作为"末"，它们究竟能不能产生，产生了以后能不能好好地存在和发展下去，这不由它们自身来决定，而是最终由这个叫做"无"的"本"（本体）说了算。因此，王弼又讲："将欲全有，必返于无也。"就是说要保全有声有形的具体事物，使它们能顺顺当当地生存和发展，就不能依靠具体事物自身，而只能返回到事物的本体上来，坚定地守住这个本体，和这个本体合而为一。那么这个作为本体的"无"又是什么样呢？用王弼的说法，就是"无形无名"、"超言绝象"、"寂然至无"，就是一种超感性、超事象、超现实的普遍绝对的道理，就是一种无偏无执、无形无迹、无识无为、恬淡静寂的形而上境界。王弼认为，正因为"无"看不到、听不到、摸不到、嗅不到，没有任何可以通过人的感觉就能直接把握到的具体特征，所以才会居于一切具体事物之上，达到一种"苞通天地，靡使不经"的"品物之宗主"（《老子微指略例》）的地位，成为一切具体事物的终极根源和最高主宰，即成为它们的本体。如果把形形色色的具体事物称作"子"的话，那么这个本体也就是它们的"母"。这也就是王弼玄学之被称为"贵无"论的原因所在。

　　不过，千万不要以为王氏所推崇的这个"无"，是一个完全脱离了具体事物（即所谓"有"）的绝对抽象的东西，更不要以为它是一个绝对的空洞和虚无。相反，"无"作为本体不仅不排斥"有"，不仅不跟形形色色的具体事物"分家"，把它们从自身中分离出去，和它们闹对立，而且它就在自身内无尽地囊括着"有"，囊括着作为"有"的天地万物，并通过它们来证明自己的本体地位，显现自己的本体功能，即王弼所谓"不炎不寒，不温不凉，故能包统万物"（《老子注》三十五章），"夫无不可以无明，必因于有"，并且是"必有之用极而无之功显"（韩康伯《易系辞注》引王弼《大衍义》）。因为很明显，"无"并不能用"无"本身来显明自己，而必须通过"济成"万物来证明自己。万事万物都生机勃勃蒸蒸日上了，才会表明万事万物的本体（"无"）是无处不在无所不能的。所以，"无"是体，"有"是用；"无之功"体现为"有之用"，反过来，"有之用"达到了极致，"无之功"也就告成了。可以看出来，王弼玄学的"贵无"论归根结底不仅不抛弃"有"，而且在总体构想上追求的正是"统无御有"、"崇本举末"、"守母存子"、"体用如一"。

问题在于，王弼讲这些多少有点抽象的玄理干什么呢？难道他真的像西方哲学家常喜欢做的那样，是在进行纯粹形而上的概念思辨和建构纯粹的哲学本体论体系吗？当然不是，至少不完全是。他的玄学作为中国传统哲学的一种特定形式，其着重点、落脚点仍然是在"人"的话题上，在人事、人生、人格、人性、人伦、人道等问题的探索上。在他这里，本体论的思辨是以目的论、价值论的重建为旨归的，"纯粹理性"是以"实践理性"为旨归的，"天道"是以"人道"为旨归的。所以，王弼玄学的根本目的就是要通过有无之辩，建构一种新的人格美范式，提出一种他心目中的"圣人"理想，以便协调在魏晋之际的每个人身上所表现出来的个体与社会、性情与伦理、"自然"与"名教"之间的尖锐矛盾和冲突，使个体的人既不脱离社会的伦理原则和名教秩序，不远离外在的物欲世界和功利现实，同时又不至于在伦理名教中扭曲自己，在物欲现实中丢失自己，而是仍保持着自我人格的独立，守护着自然人性的完满，显现着个体生命的本真，体验着内在精神的自由。一句话，他又是超然物外、寂然无为的。正因如此，王弼反反复复地说，"圣人"应当是"以无为为君"（《老子注》二十八章）的，"本在无为"（《老子注》三十八章）的，"与道同体"（《老子注》二十三章）的，"道同自然"（《论语释疑·泰伯》）的等等；说白了，就是认为"圣人"应是这样一种人，他决不挖空心思地追逐功德名利，也不太在意一时一事的荣辱得失，当然更不会沉溺于物欲之海难以自拔；他始终如一地固守在超然物外、寂然无为的本体（"无"、"道"、"性"、"一"、"自然"）之境里，以一种无形、无象、无识、无欲、无声、无名的静泊姿态，来自由地面对纷繁流变的尘世人间。看起来他简直就像个浑浑沌沌的赤子，对外面世间的一切处之漠然，无动于衷。那么这是否意味着"圣人"是一个不食人间烟火的活神仙？当然不是，因为他所固守的本体之"无"并不真的是空洞虚无的"无"，而是囊括众有、包统万物的"无"，所以他在（也只有在）自然无为、泊然无欲的本体境界里，在一种不跟外部现实发生矛盾和冲突的和谐情境中，反而可以无限地拥有和享用世俗人间，充分地获得生命的快乐和内心的自由，真正在一种日常生存状态中达到"自我超越"的人生境界。

瞧，这是一种多么理想的人格，多么美好的人生啊！它之所以理想和美好，就在于它把一种庸庸碌碌、忧忧戚戚的平凡人生诗意化、审美化了。人，个体的感性世俗的人，在这种审美化的生存状态中，也发生了转变和升华，成为一种"皆陈自然，至美无偏"（《论语释疑·泰伯》）的理想人格。那么，具体地说，这个"至美无偏"的理想人格有哪些主要的时代性特征呢？

首先，这是一种内守型、超越型的自由人格。我们知道，秦汉时代总体上崇尚的是一种能开疆拓域、建功立业的外向型、事功型人格，霍去病就是一个典型范例；而且那个时代的整个审美文化，也表现为这样一种主体追逐和征服外部世界的豪情与气象。但从魏晋始，特别在王弼这里，那种事功型、外向型的"大美"人格范式已趋消解。王氏心目中的"圣人"已是另一种面貌，他总体上是"以无为为君"的，因而在认识和实践上他都用不着向外追求，都表现为一种内守型、超越型的自由人格。一方面，他是"智慧自备"（《老子注》二章）的，"通远虑微"（《论语释疑·阳货》）的，总之是无事不通无理不晓的，所以他就可以"察己以知之，不求于外"（《老子注》五十四章），即通过内在智慧的自我观照和反省，而不是向外探求，就可获得终极真理；另一方面，他是"心虚志弱"（《老子注》三章）的，"本在无为"（《老子注》三十八章）的，他并不有意识地追逐对象的价值和物质的享乐，而是面对生活中的一切利害得失，荣辱沉浮，竟像个婴儿一样宁静淡泊，超然世外，正因如此，他不但没失去，反而获得了一切。他在无欲无为的存在方式中，消除了因向外追求而带来的种种局限、挫折和痛苦，以一种同世界不相冲突的姿态，真正实现了"物全而性得"或者叫"物自宾而处自安"（《老子注》十章）的最大功利和目的。至此，王弼就完整地"画"出了他心目中的"圣人"形象。

其次，这是一种理性型、智慧型"大美"人格。记得我们在描述秦汉审美文化气象时，用了"大美"这个词。但那个"大美"，是同当时外向性地追逐、占有和征服对象世界的社会历史语境分不开的，因而主要呈现的是一种旨在"润色鸿业"的空间扩张的"大美"，感性直观的"大美"。魏晋之际，"大美"理想虽仍在延续，但已有重大变化。在王弼这里，这一变化突出表现为其重心由外在的感性造型、客观对象逐步转向内在的理性智慧、主体人格。王弼认为，真正的"大美"不是感性的、有形的，"义苟在健，何必马乎！"（《周易略例·明象》）"象而形者非大象也，音而声者非大音也"（《老子指略》），因为像马这种有形有声的东西总是有限的，总是相对的"小"。所以真正的"大"，就不是"形"，而是"用形者"，即产生形、决定形的"无"："健也者，用形者也"。（《周易注·乾象》）"无"，有时也训为"道"，所以王弼又说："夫大之极也，其唯道乎！"（《老子注》三十八章）既然"无"或"道"是"大之极"，那么"以无为为君"，"与道同体"的"圣人"自然也是"大之极"。因为他已经掌握了最高真理，是一个"通远虑微"、"能尽理极"的"明物之所由者"，所以他就主要是一个理性、智慧的"大之极"，而不是外形、事功方面的"大之极"；他看起来似乎是"虚无柔弱"的，但实际上却有一种"不知其所由"的智慧之"力"，使他可以在危机四伏的现实中"善力举秋毫，善听闻雷霆"，"锐挫而无损"、"独立"而"不改"（《老子指略》），永远立于不败之地。难怪王弼玄学处处充满了对这种智慧、理性之美的热情呼唤和礼赞：

> 夫察见至微者，明之极也；探射隐伏者，虑之极也！
>
> 能尽极明，匪唯圣乎！能尽极虑，匪唯智乎！（《老子指略》）

圣者即智者，都属"善力"者、"大之极"者，正鲜明地体现了王弼的"大美"理想从偏于外物、事功、感性向偏于内心、智慧、理性的转换。这种转换是王弼个人的思想，也是整个魏晋时代审美文化的基本趋势。

不过，同嵇康比起来，王弼玄学虽然以自然（"无"）为本，以名教（"有"）为末，但他并不真正贬抑名教，相反，他想得更多的是用"自然"去统一"名教"，去保护、维持"名教"，即所谓"崇本举末"、"守母存子"之义。他在理论宗旨上兼综儒道两家，并以儒学为宗主，孔子高于老子，也多少可说明这一点。然而嵇康就不同了。虽说嵇康有时候也像是"不信礼教，甚至于反对礼教"，而心里其实"恐怕倒是相信礼教，当作宝贝"（鲁迅语）的那种人，比如他在写给儿子看的《家诫》里，就要求儿子做个谨慎的人，不要像他那样违背礼教，云云。但据此就认定他的反对礼教"其实不过是态度"，只是做出来给人看的，这也未免武断了些。实际上，嵇康对名教进行尖锐抨击，以至于到了"轻贱唐虞而笑大禹"（《卜疑》）、"非汤武而薄周孔"（《与山巨源绝交书》）的激烈程度，并不完全是一种姿态，而是建立在对儒学和名教本身的深刻认识基础上的，认为其主要的弊害就在于对人性自然的压抑和否定：

> 固知仁义务于理伪，非养真之要术；廉让生于争夺，非自然之所出也。（《难自然好学论》）

儒家所标榜的纲常名教仁义廉耻之类，在嵇康看来是不合人的自然天性的。所以人们对待儒家这一套的最好办法就是——

> 以明堂为丙舍，以讽诵为鬼语，以"六经"为芜秽，以仁义为臭腐；睹文籍则目瞧，修揖让则变伛，袭章服则转筋，谭礼典则齿龋，于是兼而弃之……（《难自然好学论》）

这些话说得多痛快啊！古代天子宣明政教的地方是停放灵柩的房屋，背诗诵文的话语是鬼一样的声音，"六经"圣典是一些芜秽之物，仁义道德臭不可闻。读经念书会让人变成斜眼儿，学习揖让之礼使人变成驼背，穿上礼服让人腿肚子转筋，谈论礼仪典章则会使人长蛀牙，所以，不如把这一切统统扔掉吧！那么，人应当怎么办呢？就是"越名教而任自然"：

> "六经"以抑引为主，人性以从欲为欢；抑引则违其愿，从欲则得自然。（《难自然

好学论》)

所谓"任自然",也就是"从欲";而所谓"从欲",也就是让人自然而然地发展天性,自由自在地满足意欲,而反对任何强加于人性之上的东西。不过,也不要以为嵇康是个纵欲主义者。实际上,他的"任自然"说,更追求的是人的一种性情的自然,心意的自得,是人的内心生活的无拘不羁舒放自由。所以,"越名教而任自然"在嵇康那里的另一个说法就是"越名任心":

> 矜尚不存乎心,故能越名教而任自然;情不系于所欲,故能审贵贱而通物情。物情顺通,故大道无违;越名任心,故是非无措也。(《释弘论》)

如此说来,嵇康的"任自然"说的意思就很清楚了,那就是主要并非指肉体形骸的感性放纵,而是指内在心情、心性、心意等等的超然自得。在他看来,世间最真实、最可宝贵的东西就是人的自然心性,或者简要地说就是"心"。它是万事万物最高的、唯一的尺度。只要以心为贵,则"是非必显";"值心而言,则言无不是。触情而行,则事无不吉"(《释弘论》)。所以,人的一生最要紧、最难得的不是别的,而只能是内在心意的满足和自得:

> 故世之难得者,非财也,非荣也,患意之不足耳!意足者,虽耦耕畎亩,被褐啜菽,莫不自得;不足者,虽养以天下,委以万物,犹未惬然。则足者不须外,不足者无外之不须也。(《答难养生论》)

这样,嵇康就比王弼更明确更自觉地突出了"内心"的本体意义。

　　值得一提的是嵇康的"养生"思想。他有好几篇谈论养生的文章。从字面意思看,养生就是保养生命使之康寿,重在形骸肉体的修炼摄养一面。这个意义的养生术在中国可谓源远流长。《庄子》外篇《刻意》中说:"此道引之士,养形之人,彭祖寿考者之所好也。"彭祖就是神话传说中一个极善养生从而以长寿闻名的仙人。他到底活了多少岁,没有定论,反正说他任殷大夫时,就已七百多岁,却无一点衰老之相。后周游四方,成仙而去。从《庄子》中可知,彭祖的养生就是通过导引之术来"养形",此亦为道教养生之要义,所以彭祖亦为道教所尊奉。然而嵇康的养生却不尽然。嵇康谈养生,一是为了张扬他"越名教而任自然"的思想,将人生价值的根本从伦理名教放回到个体的生命自然上来,因而带有文化叛逆的某种自觉;二是其养生尤重"保神""安心"这一面。在他看来,"精神之于形骸,犹国之有君也。……故(君子)修性以保神,安心以全身";"善养生者……外物以累心不存,神气以醇白独著。旷然无忧患,寂然无思虑"(《养生论》)。这也就是说,真正的养生并不在"养形",而在于内在心意的不为物累,个体精神的旷然自由。由此可知,嵇康的养生论依然是其"意足""自得"观念的一种发挥,是建立在以"心"为本的理论基础上的,与道教所说的养生不可混为一谈。

也正是在这样的理论基础上,嵇康提出了"有主于中,以内乐外"(《养生论》)的重要思想,这使他的玄学更加走近了美学。他讲以"心"为本,或者说"有主于中",就是主张人的内心是衡量人生状态的唯一根据和标尺。但这是否意味着人的内心是与外物截然两分绝对隔离的呢? 非也。恰恰相反,这样正保证了人不致与外部世界发生这样那样的冲突,也避免了因种种冲突而遭受这样那样的伤害和痛苦,从而使人在一种主与客、内与外的和谐相得中体验到生命的自足和快乐。从人与世界的认知关系说,它超越了单纯依靠理智来运作的局限性,因为在嵇康看来,"识而后感,智之用也",亦即事事处处都先诉诸理智的分析和判断,而不是用心去感悟,这样一种把握世界的方式实际上是"世之所患,祸之所由",没什么好结果的。最好的方式是什么呢? 就是"不虑而欲,性之动也",也就是不用理智分析而是在心性的自然感动中达到对事物的体悟。嵇康认为这样才会真正把握对象的本质,才会"遇物而当",实现"通物之美"(《难养生论》)。再从人与世界的功利关系说,它也超越了单纯的意志行为的片面性。嵇康说:"终无求欲,上美也"(《家诫》)。还说:"善以无名为本。"(《释弘论》)善的东西,美的东西,都是跟名利欲望之类无干的。但这并不是说人什么也不要做了,完全的超尘绝世了,人其实可以交友,可以当官,可以跟世俗社会好好相处,只是不要为了获取某种私利才去这样做,即所谓"文明在中,见素表璞;内不愧心,外不负俗;交不为利,仕不谋禄"(《卜疑集》)。嵇康认为,只有用一种无欲无志的淡泊态度对待现实人生,才会实现真正的"志"和"欲",让个体在世俗人间体验到内在的快乐和自由,始终处于"虽无钟鼓,乐已具矣"(《养生论》)的人生至境。

显而易见,嵇康所向往的"至人"同王弼所塑造的"圣人"一样,都是魏晋时代重建新的价值、重塑新的人格这一历史文化需要的思想产物。但二者又有所区别。相对说来,王弼的"圣人",其范围更偏于权力阶层,而嵇康的"至人"则更属于士人群体;前者的权谋、理性、智慧因素居多,后者的心性、生命、审美意味尤浓;前者的人格美形态偏于内省型、智慧型壮美,而后者则在坚守人格壮美的基础上有了较多的心性自由的优美色彩。从审美文化的发展趋势看,如果说王弼玄学以理性人格的壮美范式置换、超越了秦汉时期感性直观的"大美"形态的话,那么,嵇康玄学则以其"越名任心"的鲜明旗帜,成为审美理想从智慧型壮美人格向以"心"为本的优美型文化趣尚演变的中介环节。

3 "魏晋风度":
人物美的重塑和张扬

　　面对"自然"与"名教"，亦即个体与社会、生命与纲常、情感与伦理之间时代性的尖锐矛盾和冲突，魏晋玄学企图给予一个理论上的解决。但这一时代性矛盾和冲突，从根本上说还不是个理论问题，而是个实践问题，是个体在世俗生活中具体做人的直接现实问题。那么魏晋士人是怎样去做的呢？由对这一问题的探求，我们发现了中国历史中独具一格的审美文化现象，这就是以人物美重塑为核心的"魏晋风度"。

　　"魏晋风度"是鲁迅先生在一篇文章的题目中用过的一个词，是用来说明"自汉末至晋末文章的一部分的变化与药及酒之关系"的。我们这里则借这个术语来重点描述一下魏晋之际的一种特有的社会风气和文化趣尚，具体地说，是当时人们对人物美范本的一种崭新诠释和追求，是以人物美为中心所表现出来的那种极富时代特色的个性行为与人格风采。

　　从文化渊源上讲，如何做人，做何种人，这也是中国士人一直最在乎、最关注的一件事情。诸如修、齐、治、平之论，"兼济"、"独善"之说，"有为"、"无为"之思，"自然"、"名教"之辩等等，都大体是围绕这件事情所作的文章。特别在社会变革文化转型时代，士人们对此事的关注远较平常为甚，因为它直接关乎个体对人生价值取向的选择。所以对这件事情的探究，往往会引发一场思想文化的大解放。春秋战国就是这样一个时代，其次便是魏晋之际了。我们已经知道，魏晋文学在悲凉与怀疑的生命体验中即对此事开始了敏感而痛苦的探索，魏晋玄学则试图通过一种自我人格本体论的理性建构来解决这一中心焦虑和尖锐问题。应当说，通过这一过程，"自我超越"作为一种新的审美文化理念已经逐步成为整个时代的自觉和共识，成为士人阶层所向往的个体生存境界与人格范式的核心内涵。那么，很自然地，有了新的审美文化理念，也便会有相应的新的审美文化实践，会有以"自我超越"为主旨的新的社会美形态、新的人格美范型的现实展开。于是，一种旨在通过人物品藻，彰扬人物之美的所谓"魏晋风度"便特立独行地呈现在我们面前了。

同以往时代相比，重在人物之美的魏晋风度有哪些主要特点呢?

任诞行状

最能代表魏晋士人作风的恐怕数得上"任诞"这一行为方式了。专记汉末魏晋间人物言行的《世说新语》一书即有《任诞》篇。其实"任诞"在当时是一种很盛行、也很典型的士人做派，绝非士人许多行为做派中之小小的一种。它可以说就是所谓魏晋风度的一种时代性标记，在某种意义上，后世人们就是通过这个词认识这个时代和这个时代的士族形象的。"任诞"的字面意义，简单地说就是任性、放诞；而将这个词置于魏晋时代的特定历史文化语境里，它则有了更深厚的内涵，那就是"背叛礼教"、"违时绝俗"，亦即以狂傲放荡的叛逆姿态，蔑视一切外在的律令、礼法、时俗、成规，超越一切虚伪的伦理、道德、纲常、名教，让生命回归自然，让精神享受自由。它充分显露了人伦名教体系的全面危机。当然，这一危机实际自汉末即已开始。明陈继儒《枕谭·任诞》中说:"世谓任诞起于江左，非也。汉末已有之矣。"所以晋葛洪批评汉末以来的任诞之风时说道:

> 闻之汉末诸无行，自相品藻次第。群骄慢傲，不入道检者，为都魁雄伯，四通八达，皆背叛礼教而从肆邪僻，讪毁真正，中伤非党，口习丑言，身行弊事。凡所云为，使人不忍论也。(《抱朴子·刺骄》)

葛洪对这种种"不忍论"的"背叛礼教"的"无行"之事还是忍不住地"论"了一番。在《抱朴子·疾谬》中，他一一列举如下:

> 蓬发乱鬓，横挟不带。或亵衣以接人，或裸袒而箕踞。朋友之集，类味之游……其相见也，不复叙离阔，问安否。宾则入门而呼奴，主则望客而唤狗。其或不尔，不成亲至而弃之，不与为党。及好会，则狐蹲牛饮，争食竞割，掣拨淼折，无复廉耻。以同此者为泰，以不尔者为劣。

看看，这里所描述的士人是些什么样子:蓬头垢面，衣衫不整，敞着怀，叉着腿，怠慢无礼地接待客人。大凡朋友聚游一起，不切磋道德，不精研学问。见了面，不是叙旧问安，而是客人一进门就大呼主人为贱奴，主人则朝着客人叫唤狗。如果不这样做，就被视为交情不够，从此断绝关系不再来往。只要是臭味相投，彼此之间就没什么顾忌了，像狐狸一样蹲着，像牛一样地饮酒，争吃争喝，你抢我夺，放浪胡闹，丑态百出。能这样做的自然就是高逸之士，而不这样做的则被视为是低俗之人。

这诸种"无行"、"任诞"之状，葛洪虽归之汉末，但其实也反映了他所看到的魏晋之际的情景。比如他在《刺骄》中就写道："世人闻戴叔鸾、阮嗣宗傲俗自放，见谓大度，而不量其材力非傲生之匹而慕学之。或乱项科头，或裸袒蹲夷，或濯脚于稠众，或溲便于人前，或停客而独食，或行酒而止所亲。"戴叔鸾即汉末戴良，其母死，照样喝酒吃肉，以居丧不守礼闻名，被看做开汉晋士人任诞之先声者。阮嗣宗即阮籍，则更是不守礼法傲俗自放的竹林名士。他曾著《大人先生传》，把尊礼守法之士比作呆在裤裆里的群虱。据说他遭母丧后，也是照常吃肉喝酒。司隶何曾当着他的面向晋文王告状，骂他不孝，应把他流放海外。他在旁边听了，"饮啖不辍，神色自若"（《世说新语·任诞》）。干宝《晋纪》中也说何曾曾当面指责阮籍是个"任情恣性"的"败俗之人"。对此，干宝评述道："故魏、晋之间，有被发夷傲之事，背死忘生之人，反谓行礼者，籍为之也。"实际上，不独阮籍一人，大凡跻身魏晋名士行列的几乎都有任诞背礼之行。如前面提过的"竹林七贤"，其所以得此名，概因"七人常集于竹林之下，肆意酣畅，故世谓'竹林七贤'"。其中一位叫刘伶的，自称"天生刘伶，以酒为名"，曾著《酒德颂》，其言行任诞狂放尤甚。他常常"纵酒放达，或脱衣裸形在屋中，人见讥之。伶曰：'我以天地为栋宇，屋室为裈衣（引者按：裈，有裆的裤子），诸君何为入我裈中？'"（《世说新语·任诞》）可以想见，有戴良、阮籍这样的楷模，有"七贤"这样的名士，哪能不会出现葛洪所说的世人争相"慕学"任诞的风气呢？实际上不仅时人慕学之，而且后人也慕学之。比如此风在西晋末仍极盛行，王隐《晋书》中说：

> 魏末，阮籍嗜酒荒放，露头散发，裸袒箕踞。其后贵游子弟阮瞻、王澄、谢鲲、胡毋辅之徒，皆祖述于籍，谓得大道之本。故去巾帻，脱衣服，露丑恶，同禽兽。甚者名之为通，次者名之为达也。（《世说新语·德行》注引）

此处讲的阮、王、谢、胡毋等人，即为西晋末慕学阮籍、标榜"任放"的名士。此风甚至直到东晋依然不绝如缕，邓粲《晋纪》中说：

> 王导与周顗及朝士诣尚书纪瞻观伎。瞻有爱妾，能为新声。顗于众中欲通其妾，露其丑秽，颜无怍色。（《世说新语·任诞》注引）

这位周顗就是官至尚书左仆射且以"风德雅重"深孚众望的周伯仁。然而就是这么一位德高望重之人，却当众要跟别人的妾发生性关系，还露出自己的丑秽之物，其放任无忌已达到了不可思议的程度。

实际上，他们这样做的根本用意就是要"背叛礼教"，破毁礼教，将一切被神化的虚伪道德和一切抑制人性的伦常礼律统统否弃。正如阮籍所说："礼岂为我辈设也？"（《世说新语·任诞》）前述嵇康"越名教而任自然"一说的现实意义也正在此。特别值得注意的是，这种通过"任诞"方式破毁名教否弃礼俗的意识是自觉的，是建立在对纲常礼教伦理道德之虚伪性、荒谬性的深刻认识基础上的。"建安七子"之一孔融有一天"与白衣祢衡跌荡放言"，就说过一段惊世骇俗的话：

> 父之与子，当有何亲？论其本意，实为情欲发耳。子之于母，亦复奚为？譬如寄物瓴中，出则离矣。（《后汉书》卷七十《孔融传》）

孔融此言，无异于瓦解了整个以宗法血缘为核心的父子君臣的礼法名教体制，也动摇了以孝亲为根本的整个伦理道德体系的基础。在当时能有这种认识，也算大胆而深刻了。"父之与子，当有何亲"之论，反映了汉末以来破毁礼教之自觉意识所达到的水平。至西晋，社会的名教尊卑观念已大大淡化，儿子可以直呼父亲的名字，妻子公然狎昵丈夫，出现了西晋束皙《近游赋》中所描述的"妇皆卿夫，子呼父字"之社会现象（"卿"，在当时为狎昵之称）。应当说，这种由"任诞"方式所表现出来的"背叛礼教"的空前自觉，是意义重大的，它是一次真正的思想解放运动。反映在审美文化上，它则构成了魏晋风度的社会内涵和鲜明特征。它以一种近乎"丑"的外在形式，强烈地昭示了时人对虚伪名教的批判和对真实人性的追求，表达了他们力图重建一种新的人格美形象的坚定决心和自觉意识。

本"我"崇"神"

突出自我，张扬个性，一切唯个人的性情、需要、意念、心境、兴味、趣好为准则，是魏晋风度另一个鲜明的特色。实际上，这也是"任诞"方式的另一面。"背叛礼教"、超越礼法的同时也就是回归人性，凸显自我，实现生命的自然和心情的自由。所以，魏晋士人最看重的是一个"我"字，把"我"置于一切之首。以殷浩为例，当有人问他："卿定何如裴逸民？"他回答说："故当胜耳。"这里没有谦逊之语，只有唯"我"为大。时人常把殷浩与桓温等量齐观，二人便有些互不服气，有一天，"桓问殷：'卿何如我？'殷云：'我与我周旋久，宁作我。'"表示出不屑与之比较的意思。然而桓温却不认这个账，他又对别人讲："少时与渊源（殷浩字）共骑竹马,我弃去,已辄取之,故当在我下。"（《世说新语·品藻》）这里反复突出的是一种自我肯定个性张扬之意趣。魏晋士人之所以"宁作我",是因为他们觉得只有"我"才是至高的、一流的:

> 桓大司马下都,问真长曰："闻会稽王语奇进,尔邪?"刘（真长）曰："极进。然故是第二流中人耳!"桓曰："第一流复是谁?"刘曰："正是我辈耳!"（《世说新语·品藻》）

这种"我"为一流、当仁不让的意识,不能简单理解成狂妄自大,自命不凡,它反映的实际是魏晋人格美理想对个体、自我、人性的充分关注和高扬。

正因如此,魏晋士人最看重的还有一个"情"字。情与理的矛盾是个体和社会、"自然"和"名教"之矛盾的集中体现。魏晋之际人们追求超越名教,回归自我,也就必然追求越"理"任"情",使人的自然之性、生命之情从伦理规范（"礼"）的桎梏中解放出来,获得一种充分的满足和自由。《世说新语·伤逝》篇说:

> 王戎丧儿万子,山简往省之,王悲不自胜。简曰："孩抱中物,何至于此?"王曰："圣人忘情,最下不及情。情之所钟,正在我辈。"简服其言,更为之恸。

据说万子死时才19岁,王戎的悲不自胜无疑是一种真情的流露,其所表现出的父子关系实已超出名教礼法之外。更重要的是,他并不想做"忘情"的"圣人",而是发出"情之所钟,正在我辈"这样坚定而响亮的声音。这也是整个时代的最强音。其实,圣人有情还是无情,在魏晋玄学中已有所探讨。何晏以"无"为本,所以讲"圣人无（忘）情",但王弼不同意这一点,认为圣人本"无"却不离"有",所以应讲"圣人有情"。他说圣人既是"神明"也是"常人","圣人茂于人者神明也,同于人者五情也。"既然"同于人",圣人就"不能去自然之性",当然也"不能无哀乐以应物";因而圣人拥有常人的情感欲求"可以无大过",而对圣人做不到"以情从理"就予以这样那样的指责也实在"失之多矣"!（何劭《王弼传》）王弼"圣人有情"说的提出,从理论上就为魏晋之际个体之"情"的解放打通了道路。由此,父子之间由强调尊卑之"礼"转向突出自然之"情"（如王戎与其子的关系）,夫妻之间亦由尊卑转向了"狎昵",即转向亲密的情感关系。《世说新语·惑溺》中说:

> 荀奉倩与妇至笃,冬月妇病热,乃出中庭自取冷,还以身熨之。妇亡,奉倩后少时亦卒。

　　妻子冬天得了热病，荀奉倩便跑到院子里，将自己的身子冻得冰凉，再跑回用冷身子给妻子降温。妻子死后，他不久也告别了人世。这反映的是一种多么深挚动人的夫妻之情啊！即使放在现代，这样的夫妻感情也是很难得的。当时的人似乎都成了钟情之辈，似乎都愿为情生，为情死。如司徒长史王伯舆（名廞，东晋名士）登上茅山，竟对着山大哭着喊道："琅琊王伯舆，终当为情死！"（《世说新语·任诞》）应当说，这是一种非常奇特的文化景观。个体的、人性的"情"，成了自我人格的中心，这在古代审美文化史上是不多见的。

　　魏晋士人主"我"重"情"，与他们特别强调一个"真"字，或者说以"真"为美也有内在的关系。这里所说的"真"，主要不指外在的物理之真，形相之真，而是指人的一种内在的真本质、真性情，也就是当时人们视为生命之本的那个"自然"。有了这个自然性情的"真"作为生命之本和人生至境，那么一切外在的身份、地位、功名、利禄、礼节、操守、准则、规范之类东西就统统不重要了。人，只要他以真本质、真性情存在着，以真实、直率的姿态待人处事，处处裸露和展现着生命的本色与自然，他就会受到社会的首肯和褒奖，就是一个美的人格。《世说新语》一书处处展现了那个时代对人性之真、心趣之真的追求和赞赏。诸如："谢公称蓝田掇皮皆真。"（《赏誉》）"庾公问丞相：'蓝田何似？'王曰：'真独简贵，不减父祖。'"（《品藻》）这里所说的人物之美，皆指其性情之本真。即使人相貌丑陋，但任性率真，照样也是美的。比如："刘伶身长六尺，貌甚丑悴，而悠悠忽忽，土木形骸。"余嘉锡解释说："土木形骸者，谓乱头粗服，不加修饰，视其形骸，如土木然。"（《世说新语笺疏》（修订本）《容止》篇，上海古籍出版社，1993年版）所谓不加修饰，就是强调本性之真；而人物本性真实的主要标志，就是为人处事，不虚伪矫情，不矜持做作，任情恣性，率真畅意，正如一位叫张翰的名士所说："人生贵得适意尔。"（《世说新语·识鉴》）亦如嵇康所讲的，人生之美即在"意足""自得"。这样的人性之真，便成为魏晋时期普遍崇尚的人物美标准。王隐《晋书》中说：

> 王羲之幼有风操。郗虞卿闻王氏诸子皆俊，令使选婿。诸子皆饰容以待客，羲之独袒腹东床，啮胡饼，神色自若。使具以告。虞卿曰："此真吾子婿也！"问是谁？果是逸少，乃妻之。（《御览》八百六十）

这就是著名的"东床快婿"一词的由来。那么多王氏子弟，为什么单单挑中了王羲之做女婿？就是因为他不饰容，不矜持，任性所之，本色真实，因而是最美的人格。时人崇尚的这一人性之真，还指个体并不按照先定的原则、计划、成规、礼俗做人行事，而是只求兴者所至，心之所愿，心调意适，性情自得：

王子猷……忽忆戴安道。时戴在剡，即便夜乘小船就之。经宿方至，造门不前而返。人问其故，王曰："吾本乘兴而行，兴尽而返，何必见戴？"（《世说新语·任诞》）

这里所反映的乘兴而为、兴尽则止，一切唯兴致、兴趣、兴味为尚的人生态度和方式，是何等得潇洒磊落，率任自由！在如此真纯本色、自然原态的人性美面前，一切所谓教养、规矩、身份、礼数等又算得了什么呢？

当然，以我为本，以情为重，以真为尚，并不意味着魏晋士人追求的是纯然肉体的沉沦与感性的放纵。虽然这期间有杨朱之学的兴盛（《列子·杨朱》篇是魏晋时期所作，已为近代学界所证实），其声称"逸乐，顺性者也"；主张"养生"之道即"肆之而已"；讲究"人之生也，奚为哉？奚乐哉？为美厚尔，为声色尔！"等等，确也反映了上层社会一部分人醉生梦死的生活观念和方式，但总的说来，杨朱之学不代表魏晋士人的主流意识（其实杨朱之学本质上应视为魏晋士人"自我超越"之自觉意识的一种末流的、极端的形态），因为后者强调的主要不是感性形骸的放纵，而是内在神意的自得，即一种主体性智慧、心性、意趣、精神的满足和自由。换句话说，"自我超越"作为魏晋士人自觉追求的个体人格理想，其落脚处不在肉体而在性灵，不在物欲而在精神。这是把握该时代审美文化的根本要点。所以，注重一个"神"字，讲究以"神"为"王"，也是该时代人物美风采的重要特征。

对此，我们可稍作回溯以作比较。先秦两汉时期，虽有过道家之学的发展和黄老之术的兴盛，但士大夫的人格美理想，总体上是以天下为己任，以道德为圭臬的。这一点直到东汉中晚期仍表现得相当突出，其标志主要是，在当时议论朝政品评人物的"清议"风尚中，士人们一是参与政治，执著事功，尤其以决绝的姿态与外戚、宦官进行斗争，表现出对"兼善"型、"外王"型之传统人格范式的积极认同；二是崇尚节操，注重德行。这不仅源自个体的"内圣"欲求，也是士人获取声名的现实需要，因为声名与当时的选举制度直接相关。《廿二史札记》卷五"东汉尚名节"条说："盖当时荐举征辟，必采名誉，故凡可以得名誉必全力赴之。"这个名誉，既关乎功，更关乎德。"盖功德者所以垂名也，名者不灭，士之所利。"（《三国志·魏志》卷十九《陈思王植传》注引《魏略》）所以，功德名节便成为汉末士人的自觉追求，也成为当时人物品评的首要标准。但到曹魏时代，随着曹操"唯才是举"政策的实施，人物美重心即由"德"转向了"才"，转向了智慧、能力、才情、精神等方面。该时代刘劭的《人物志》说"夫圣贤之所美，莫美乎聪明"（《自序》），"智者德之帅也"（《八观》），"物生有形，形有神情；能知精神，则穷理尽性"（《九征》）等等，即体现出这一转化。自此，魏晋时代的人物美标准便不再是功德名节，而是变成了主体智慧、内在精神，即如陈季方所言：只"知泰山之高，渊泉之深,不知有功德与无也!"(《世说新语·德行》)于是,不但玄言清谈的智慧竞赛为士人所趋鹜,而且"神"之深浅高下也为士人所关注:

> 桓公（评高坐）曰:"精神渊箸。"
> 庾公目中郎:"神气融散,差如得上。"
> 司马太傅府多名士,一时俊异。庾文康云:"见子嵩在其中,常自神王"。（均见《世说新语·赏誉》）

大凡名士多以神明才俊见重,而能够在其中出类拔萃,成为"神王",那便是一件值得自豪的事了。"常自神王",意味着一种精神上、智慧上的优越感,一种内在心灵的深邃和无限,而这才是真正令人向慕的美的人格。所以,"宅心玄远"、"忽忘形骸"的嵇康、阮籍成为时人崇尚的人格楷模和偶像;而"区别臧否,瞻形得神"（《抱朴子》卷二十一《清鉴》）则成为一种普遍的人物品鉴目标和方法。

容色美仪

讲究人物的容貌之美也构成所谓魏晋风度的一大特色。个体的内在自我、才情、真性、精神等虽为当时人格美的重心,但它们仍要通过人外在的辞采容貌显现出来。所以,除了发言吐词为鉴定人物美之一途外（参见上述"清谈"一节）,容色形貌也为时人所极为看重。刘劭《人物志》中说:

> 故其刚柔明畅贞固之徵,著乎形容,见乎声色,发乎情味,各如其象。……故诚仁,必有温柔之色;诚勇,必有矜奋之色;诚智,必有明达之色。夫色见于貌,所谓征神。（《九征》）

正因为人的内质会在其外形上显现出来,或者说,人的外形总会显现其内质,所以,通过人的形容声色来窥悟其内在的才性神情,即葛洪所说的"瞻形得神",便成为魏晋时代人物美品鉴的一种风尚。实际上,在审美文化的意义上,重视人的容貌声色之美,往往与自我价值的发现、个性情感的张扬、生命意义的重建等人文思潮的涌动息息相关。具体到魏晋,则与该时代"自我超越"的文化主题直接相关联。所以,大约从汉末始,随着个体自觉意识的发动,讲究容貌之美的风气即已兴起。如《后汉书》记载说:

> 马融……为人美辞貌,有俊才。（《马融传》）
> 悦……性沉静,美姿容。（《荀淑传》附悦传）

> 郭太……身长八尺,容貌魁伟。(《郭太传》)

这足见人的容貌风采已为汉末人们所关注。下面这段记载尤值得重视:

> 大行在殡,路人掩涕。固独胡粉饰貌,搔头弄姿,盘旋偃仰,从容冶步,曾无惨怛伤悴之心。(《李固传》)

这段文字是时人作飞章对李固的诬奏之词。但李固平时当有搔首弄姿、顾影自怜的习气,才会让人逮住话柄。最引起我们注意的是李固在这里所表现出的女性化姿容情态。从纯审美的角度看,这是一种柔婉优美的姿态。一个男子在行为举止穿衣打扮上模拟女性,从心理学上讲似乎不是一种正常状态。但这不是我们此处要研究的问题。我们更关心的是该行为在审美文化史上的意义。有一点是清楚的,那就是这种女性化倾向往往跟对美的特别渴望和极为敏感有关。著名心理学家蔼理士将这种行为称作“性美的戾换现象”;对此他说:“在心理一方面,据我看来,戾换的人抱着一种极端的审美的旨趣,想模仿所爱的对象……”(《性心理学》第310页,三联书店,1987年7月版)这句话对我们理解该行为非常重要。因为它并不是个别的现象,而是在魏晋乃至南北朝时期也相当普遍,是一不可忽略的审美文化事件。

魏人何晏是玄学创始者之一,也是时人公认的美男子。《世说新语·容止》中说:“何平叔美姿仪,面至白。魏明帝疑其傅粉。”实际上何晏确实是傅粉了。《魏略》说:“晏性自喜,动静粉帛不去手,行步顾影。”这说明何晏是一个极端爱美的人,而且同李固一样,也有模拟女性的倾向。《晋书·五行志》说:“尚书何晏,好服妇人之服。”模拟女性同极端爱美应当是有联系的,因为在文明的进化史上,女性一直扮演的是美的角色,美的化身,是美神的原型和模特。男子爱美,讲究姿容,并崇拜模仿女性(或女神),往往是十分讲究人物品性的时代常有的现象,譬如古希腊就是这样,中国的魏晋时代也尤其是如此。至于魏晋玄学义理本身与此种爱美倾向是否有关,这是个复杂的问题,有待后察;但善好玄谈者中许多都跟何晏相像,极注重形貌姿容之美,却是实情。如“王夷甫(名衍)容貌整丽,妙于谈玄”,“潘安仁、夏侯湛并有美容,喜同行,时人谓之‘连璧’”。这个夏侯湛大约也是善清言的,臧荣绪《晋书》说:“湛美而容貌,才章富盛,早有名誉。”(《文选集注》百十三上《夏侯常侍诔注》引)到后来,口习清言,容止婉美,遂成一般门阀士族之时尚。屠隆鸿《苕节录》卷一说:

> 晋重门第,好容止。……肤清神朗,玉色令颜,缙神公言之朝端,吏部至以此臧否。士大夫手持粉白,口习清言,绰约嫣然,动相夸许,鄙勤朴而尚摆落,晋竟以此云扰。

其中最能说明魏晋时人对容色俊美的极端嗜好的, 有两个例子, 一例是裴楷 "有俊容姿", 一次他生病, 晋惠帝派王衍去看望他, 他怕自己的病容给人一种不美的印象, 便掉转身子, 向壁而卧, 只是听到来人到跟前了, 才 "强回视之"。还有一例便是历史有名的美男潘岳 (字安仁) 和丑男左思的不同遭遇了:

> 潘岳妙有姿容, 好神情。少时挟弹出洛阳道, 妇人遇者, 莫不连手共萦之。左太冲绝丑, 亦复效岳游遨, 于是群姬齐共乱唾之, 委顿而返。(《世说新语·容止》)

一个美男子, 一个丑陋人, 竟受到女性如此截然相反的待遇, 时人对二者的爱憎态度居然如此迥异, 实属罕见, 然而它正好反映了魏晋时人对美的极端敏感和强烈渴求, 反映了时人对美的人格形象的空前崇拜, 反映了审美意识在该时代的真正觉醒和兀然崛升。

以 "物" 衬 "人"

以人物美相标榜的魏晋风度还表现为 "拿自然界的美来形容人物品格的美" (宗白华《美学散步》第186页, 上海人民出版社, 1981年版)。自我意识的高扬, 个性人格的超越, 往往与自然美的吟味与发现相伴相随, 难分难解。这是因为自我超越之旨, 唯在山水自然中可得以最充分的印证和体现。魏晋清言, 即有以玄味对山水之说; 魏晋士人, 也素以放浪山水相标榜。曹丕在《与朝歌令吴质书》即记述了与友人日夜游玩园林的意趣 (《文选》卷四十二)。玄言诗人孙绰, "少诞任不羁, 家于会稽, 性好山水" (《世说新语·任诞》注引《中兴书》)。"竹林七贤" 亦因经常聚集啸傲于竹林之下而得名, 诸如此类, 不胜枚举。然而, 魏晋人之喜山水, 还尚未达到与山水两忘俱一的程度。山水自然更多的还是一种外在的形式, 更多的是显示、烘托士人自我人格的一种背景, 一种喻体。正如顾恺之把谢幼舆画在岩石里。人问他为什么这么画, 他说: "此子宜置丘壑中。" (《世说新语·巧艺》) 顾氏此话, 可谓魏晋人物与山水关系的绝妙表述。"子" (人物) 是中心, 而 "丘壑" 则是背景。广而言之, 人是中心, 自然只是背景。人在自然, 是为了显示清远之志; 而自然于人, 则只有衬托、比喻之用。所以, 魏晋的人物美品鉴常常是用山水景物之美来作比拟的, 如《世说新语》载道:

> 王公目太尉, "岩岩清峙, 壁立千仞"。
> 世目李元礼, "谡谡如劲松下风"。(《世说新语·赏誉》)
> 有人叹王公形茂者, 云: "濯濯若春月柳。"

唯会稽王来，轩轩如朝霞举。

时人目王右军"飘如游云，矫若惊龙"。

山公曰："嵇叔夜之为人也，岩岩若孤松之独立；其醉也，傀俄若玉山之将崩。"

（《世说新语·容止》）

这些人物之美的品鉴和欣赏，或用明喻，或用隐喻，皆拿自然之美来比拟，来形容，其语其义已经超越了理性认知的层面，而直接达到了审美的、诗意的境界。自然景物的形色品质，以万取一收极度凝练的典范情态，直接被用来赞美人的形貌之美，而其深层意味同时也象征着人的神意之光。通过自然美的烘托和净化，展现在我们面前的人，不再卑鄙和庸俗，也没有了萎缩和丑陋，而是充满了飘逸、洒脱、刚正、超凡的人格风采。人物鉴赏，在这里变成了诗的体味，美的创造。人之美，在这里跃上了巅峰，达到了极致！

这种以物衬我、以景喻人的人物品鉴形式，突出的是"人"的形象神采个性才情之美，属古代社会美发展的一种较高级、较成熟的形态，但这种人物品鉴形式同时也大大促进了自然美的上升和凸现。虽然此时人与自然、物与我、情与景、象与意等等之间尚未完全达到两忘俱一之境，还存在着内在的"缝隙"，"自然"对于"人"还仍是一种外在的背景，因而还不能说自然美已经成熟和独立；但用来比拟人物美的自然景物，毕竟也已经有了独特而精炼的审美特征，毕竟已经接近了那种创造性的审美意象，已经具有了某种直接给人以审美愉悦的性质（诸如"岩岩清峙，壁立千仞"，"飘如游云，矫若惊龙"之类），因而也可以说，以物喻人这种人物美彰扬方式距离自然美的真正独立已经近在咫尺了。

4 "文的自觉"：
艺术美学的开掘与突破

鲁迅曾说过，曹丕的时代是"文学的自觉时代"（《魏晋风度及文章与药及酒之关系》）。我们不妨作一点引申，把整个魏晋之际称作"审美文化的自觉时代"。这不仅表现在文学回归个体生命的写作意识上，也不仅表现在玄学聚焦自我人格的理性思索上，还不仅表现在以人物美的张扬为旨趣的所谓魏晋风度上，而且更典型、更直接地表现在艺术理论的审美化开掘与突破上。也就是说，"文的自觉"或"审美的自觉"，最重要的标志莫过于艺术美学所达到的自觉，因为只有理论形态的自觉才是真正成熟的自觉。

魏晋之际的文艺美学思想一如其他审美文化形式，充满了标新立异的个性色彩，其不泥传统、无所拘忌的创造意识和独立品格，使之在对文艺审美特性的理论把握中，有了一种历史性的开掘和突破。也正是这种理论层面的开掘与突破，使这一时期作为中国美学"大转折的关键"的"关键"，具有了更加坚实而突出的历史定位和意义。那么，这一时期文艺美学的开掘与突破体现在哪里呢？大致上说主要体现在三个思想环节上，即曹丕的"文以气为主"说、嵇康的"声无哀乐"说和陆机的"诗缘情"说。

曹丕的"文以气为主"说

曹丕（187-226）无论作为魏太子，还是作为魏文帝，总之作为政治家，应当是最关心文学政治伦理的教化功能的。可耐人寻味的是，他在仅存的文学批评文章《典论·论文》中，竟几乎只字不提这一类的话。即使谈到文学的社会功能时，也说的是"盖文章，经国之大业，不朽之盛事"。这句话里政治伦理教化的意味并不浓厚，反倒突出和拔高了文学本身的地位，使文学不再是汉代扬雄所谓"童子雕虫篆刻"、"壮夫不为"的东西。这应当算是文学自身的一种觉醒。不过曹丕的文学自觉意识更主要地体现在他的"文以气为主"说上：

> 文以气为主，气之清浊有体，不可力强而致。譬诸音乐，曲度虽均，节奏同检，至于引气不齐，巧拙有素，虽在父兄，不能以遗子弟。

文中所说的"气"是什么？这是读懂曹丕的一个关键，因为在这段话里，不但"文"，而且音乐也是以"气"为主的。

"气"是中国古代思想文化中用来表示某种物质存在的一个范畴。对人来说，"气"也就构成人的生命的原始基质和根本。《孟子·公孙丑》说："夫志，气之帅也；气，体之充也。"《管子》也说："气者身之充也。"（《心术下》）《管子·枢言》还说："有气则生，无气则死，生者以其气。"这都是说，气是生命、生存的根本条件。《管子》还提出"精气"概念，说："精也者，气之精者也。"（《业内篇》）"思之思之……其精气之极也。"（《心术》）这就有了把精神现象也归结于"气"的意思。王充更明确地说："人之所以生者，精气也。"（《论衡·论死》）王充还指出人之品质、性情、才能等等的个性差异，皆与所禀受的"气"的不同有关。"人有善恶，共一元气。气有少多，故性有贤愚。"（《论衡·率性》）"人禀气而生，含气而长，得贵则贵，得贱则贱"（《论衡·命义》）等等说法，都强调的是这一点。综括起来，"气"的涵义大致就是，它虽无形却又是一切有形物质的原始基质和根本，因此它也是人全部生命活动的原始基质和根本，而且它还与人的特定才情、精神、气质、个性的差异有内在直接的关系。

据此来解读曹丕的"文以气为主"说，就会发现它跟过去的美学观念已有很大不同了，其首要的、突出的变化，便是不再把伦理教化功能作为艺术的根本点和落脚处，而是通过确立"气"在艺术中的主导地位，将人的生命气质、个性才情视为艺术的中介与核心。艺术创造不再单纯是为了某种政治的、伦理的功用，而主要是一种个体的生命活动，是个体的才情气质的一种自然表现。显然，这是一种新的艺术美学观，之所以说它新，是因为它标志着中国古典美学第一次真正把理论焦点凝聚在人自身，凝聚在人的生命、个性、情感、气质中。这一转向，在美学史上的重要意义，即标志着对"诗言志"说的一种超越和扬弃。我们知道，自先秦提出"诗言志"的命题以来，"志"一直是先秦两汉美学中占主导地位的核心范畴。什么是"志"？简单地说，"志"一方面指的是人的情感意志，是人的一种内在怀抱，因而是一个主体性范畴。这表明中国诗学从一开始就是偏于内向性、主体性的。另一方面，这个"志"在心理体验的形式中又主要指向的是一种伦理抱负和道德情怀。朱自清说，"志"在先秦是一种与礼教不分的伦理怀抱。罗根泽说，这一种"志"主要是儒家所讲的"圣道之志"（《中国文学批评史》〈一〉第42页，上海古籍出版社，1984年3月版）。这又表明中国诗学从一开始就跟伦理学有着不解之缘。所以，"志"的美学内涵就主要是一种偏于社会伦理王道事功的主体性怀抱和理想。这说明，"志"与"气"是两种不同的概念，而且这种不同也早已被人认识到了，孟子就说过："夫志，气之帅也；气，体之充也。夫志至焉，气次焉。"（《孟子·公孙丑上》）孟子在这里不但指出了二者的不同，而且还明确表示了志为主、气为次的意思，这在先秦是很有代表性的。然而曹丕"文以气为主"说的提出，就扭转、改变了这一观念。他把文学的重心从外向性的伦理意志和事功理想层面，拉回到了内向性的个体才性和情感气质领域，从而为文学的审美化进程打开了广阔的通道，所以可看做对"诗言志"说的一种扬弃和超越。"文气"说的提出，标志着文学审美意识的真正觉醒，它为古代文艺美学的发展带来了全新的视域和理念。

从"文以气为主"说出发，曹丕又提出了"诗赋欲丽"的重要见解。这同样是一个具有历史转折意义的见解。他在区分诗赋与奏议、书论、铭诔的不同时说：

夫文本同而末异，盖奏议宜雅，书论宜理，铭诔尚实，诗赋欲丽。

诗赋与其他文体的区别就在于它讲一个"丽"字。什么叫丽？丽就是好看，就是美。强调诗赋要"丽"，即要以审美为准则，这个思想跟过去，比方说跟汉代就很不一样。我们知道，西汉扬雄在谈到赋的时候说的是"诗人之赋丽以则，辞人之赋丽以淫"。"丽"是可以的，但要有限制，要有规范，否则就会过分，就不美了。所以主张"丽以则"，反对"丽以淫"。但到曹丕这儿，这个"则"便去掉了，因而"丽"也就突出出来了。那么"丽"意味着什么，"则"又意味着什么？"丽"总体上是偏于形式方面的好看，但形式好看必有相应好看的内容，这个内容不再是那种严肃刻板的外在伦理政治主题，而主要是与个体的日常生命活动和内在情感体验息息相关的旨趣。这样亲切动人的内容，加上和谐优美的形式，还能不好看吗？但"则"就是另回事了，它要在内容和形式上都套上一个社会政治、伦常礼教的僵硬规范，把文艺作品弄得很严肃，很刻板，那就好看不了了，因为"丽"已被"则"住了。所以曹丕的"诗赋欲丽"说，就给文艺大大地松了绑，使之可以向审美的自由境界大步前进了。

不过，曹丕的"丽"还主要不是那种柔弱的丽，优美的丽，而是一种宏健的丽，壮美的丽，用鲁迅的话说，叫做华丽，或者叫"于华丽以外，加上壮大"。之所以如此，是因为曹丕讲文学的"气"。一讲"气"，就不会太柔弱，就会有一种内在的力，一种人格的刚健和胸怀的壮慨。黄叔琳评《文心雕龙·风骨》说："气是风骨之本。"风骨，即包含胸怀的壮慨和人格的刚健在内，为一种壮美的情态。所以，曹丕评说"应瑒和而不壮，刘桢壮而不密"，说"孔融体气高妙"，"然……理不胜辞，以至于杂以嘲戏"（《典论·论文》），说"公干有逸气，但未遒耳"，说"仲宣……惜其体弱"（《与吴质书》）等等，都是以壮美为褒贬文字、臧否人物的基本美学准则。当然，这里的壮美已主要不再是汉代那种外在感性的、物态形象的雄伟，而是偏于内在人格的刚健和主体情怀的壮慨了。

但无论如何，"华丽好看，却是曹丕提倡的功劳"（鲁迅《魏晋风度及文章与药及酒之关系》），这一点，同"文以气为主"说所内含的人的自觉，所体现的文学向人的生命情感世界的转向，在理论上是环环相连，有机统一的，都在艺术美学的历史转折中立下了开拓与突破之功。

嵇康的《声无哀乐论》

嵇康（图3-4）不仅是历史上一位最具叛逆性格的思想家和正始时代的著名诗人，而且还是一位桀骜不驯的音乐家和独树一帜的美学家。众所周知，他曾面对屠刀，弹着一首《广陵散》，从容就义。《广陵散》是首什么

图3-4 嵇康（明万历刻本《列仙全传》插图）

曲子？据考证，那是一首旋律激昂慷慨、富有战斗意味的乐曲，因而常为统治阶级及其卫道者们所忌骂。朱熹说："其声最不和平，有臣凌君之意。"（《琴书大全》引《紫阳琴书》）宋濂也指责该曲"其声愤怒躁急，不可为训，宁可为法乎？"（《琴书大全》引《太古遗音》）从这些责骂声里，不难想见此曲的风格。嵇康唯爱此曲，一方面说明了他特立独行的叛逆性格和反抗精神，另一方面也说明他对音乐有着独到的品味和深厚的修养。这使他写出了有名的《琴赋》，更写出了极其重要的音乐美学论文《声无哀乐论》。该论文是继曹丕《典论·论文》之后，推动艺术理念向主体情感世界进一步聚焦与回归的重要理论环节。

《声无哀乐论》的首要特色，就是把理论矛头直接对准了以《乐记》为代表的正统儒家音乐美学。我们知道，《乐记》对音乐的基本规定就是"其

本在人心之感于物也"。这个规定一方面指出音乐是"本在人心"的,因而是抒情的、表现的艺术;另一方面又指出音乐是"感于物"的,也就是说,"凡音之起,由人心生也;人心之动,物使之然也。"正是从这儿出发,《乐记》又把音乐的最终根源置于客观的"物"的世界中。这在理论上本没有什么错。但问题在于,《乐记》由此赋予音乐一种客观伦理的认知价值和政教功能。音乐的情感变化可以反映政治伦理现实的治乱盛衰之变化,即所谓"治世之音安以乐,亡国之音哀以思"。所以,"乐者,通伦理者也","审声以知音,审音以知乐,审乐以知政,而治道备矣"(《乐本篇》)。音乐整个就变成了伦理政治的一个工具,其自由抒情的审美本性反倒被淹没遮蔽了。

稽康在《声无哀乐论》中,用虚设的秦客(象征正统音乐美学)和东野主人(暗喻作者自己)之间一问一答的形式,对整个儒家音乐美学给予驳难和清算。他的基本观点是:"声之于心,明为二物。"音乐只是一种"自然之和",与人的情感变化是"殊途异轨,不相经纬"的。音乐以声音的繁简、高低、大小、轻重为体,其四时律吕,宫商集化,"皆自然相待,不假人以为用也。"也就是说,音乐就是音乐,它只是自然的声音所表现出来的一种和谐形式,本身并不对人承诺什么功能、效应和义务,也并不反映社会政治情感伦理的变化,"虽遭遇浊乱,其体自若而不变也"。人间的治乱盛衰不会改变五声之律,人情的悲欢哀乐也无关乎自然之和。既然如此,那种认为"哀乐之情,表于金石;安乐之象,形于管弦",以及"文王之功德,与风俗之盛衰,皆可象之于声音"的正统说法,都不过是"俗儒妄记,欲神其事而追为耳",实际上这只是为了"令天下惑声音之道",以欺骗糊弄后代罢了。总之,音乐本身作为"自然之和",独立于任何伦理认知的内容和道德教化的价值之外,它是一个纯粹的声音之美,自然之美。这就从音乐本体的角度,尖锐抨击和彻底清算了先秦以来正统的儒家音乐美学观。

可是音乐毕竟会引起人或哀或乐的情感体验呀!这该怎样解释呢?稽康认为,这并非音乐本身含有"哀乐之情",而是人在日常生活中已经积聚了或悲或欢的情感经验,一旦受到音乐的触动和感发,这种悲欢经验就会不由自主地表现出或哀或乐的情感反应,即所谓"哀乐……先遘于心,但因和声,以自显发"。就好比人喝酒后,会表现出喜怒之情,你不能说酒本身有什么"喜怒之理",而只能说人心中的喜怒之情被酒所引发出来而已。这就可以说明,面对同样和谐的音乐,为什么有的人会"惨然而泣",有的人则"忻然而欢",因为人心中所积存的情感是各个不同的。稽康在《琴赋》里也讲了同样的思想。他说,琴声作为至和之音,"诚可以感荡心志,发泄幽情矣。是故怀戚者闻之,则……愀怆伤心;其康乐者闻之,则……抃舞踊溢。"所以,《声无哀乐论》的最终结论,就是"声音自当以善恶(即清浊)为主,则无关乎哀乐。哀乐自当以情感,则无系于声音"。由此可知，乐者而欢，悲者而泣，这原本是人的内在"幽情"之"发泄"，而非音声之本意也。

嵇康把人欣赏音乐时所产生的哀乐之情同音乐本身完全分离开来，认为二者之间是没关系的，很明显，这是一种带有二元论色彩的看法，在理论上有牵强之处，而且嵇康的论证有时也显得矛盾，诸如当他说到古代理想社会时，则认为那时是"凯乐之情，见于金石；含弘光大，显于音声也"，即欢乐之情与音乐之声是一体的，只是后来社会衰败了，声之与情，才明为二物。这里的理论龃龉是显而易见的，但这并不能掩盖嵇康美学思想的贡献。实际上，嵇康"声无哀乐"说的美学实质和历史意义，一方面是用"自然之和"的概念净化了音乐，剔除了儒家美学赋予音乐的种种非"自然"的伦理内涵和功能，还音乐（也是整个艺术）以一种不假人以为用的独立自主的本体存在，一种自身就是目的的纯粹自然的美。另一方面，又用"以自显发"的理论指明了音乐审美情感发生的主体性本源，从而把审美情感范畴从客观的伦理价值体系的覆盖与规范中解放出来，从对象决定论的认知模式中解放出来，还它以能动的、主观的、自由的本来面目。这就进一步肯定和高扬了曹丕所开掘的个体内在情感世界的意义。

正因为在嵇康这个环节上，主体的个性情感的自由品格空前地凸现出来，所以魏晋美学将情感范畴纳入理论视野的核心和焦点，就是顺理成章呼之欲出的事了。

陆机的"诗缘情"说

西晋时期，建安以来"自我超越"的审美文化主题已发展到全面落实阶段。如前所述，这一时期文学的抒情化、形式化、文人化、优美化色彩日益突出，即为其重要标识之一。这一切反映到艺术美学上，则是自曹丕以来所倡扬，又经嵇康深入推动的表情论思潮的瓜熟蒂落走向成熟，其标志便是陆机《文赋》的产生和"缘情"论的提出。

陆机《文赋》（图3-5）是古代美学史上第一篇全面系统地论述文学审美特征的文章。它的产生本身，在很大程度上即意味着古代艺术美学已真正步入了理论自觉和学术独立之门。尤其值得注意的是，它用一种经验描述的文学化话语方式，精辟地揭示了艺术创造过程中审美心理的内在结构特征，体悟到了艺术的审美本质和规律，在美学史上意义重大。其中首先要提的，就是它的"诗缘情而绮靡"一说。

《文赋》是在区分各种文体的审美特征时提出这一学说的。它说：

> 诗缘情而绮靡。赋体物而浏亮。碑披文以相质。诔缠绵而凄怆。铭博约而温润。箴顿挫而清壮。颂优游以彬蔚。论精微而朗畅。奏平彻以闲雅。说炜晔而谲诳。

对文体进行分类，是魏晋以来一个突出的美学现象。曹丕将文学分为奏议、书论、铭诔、诗赋四科，到了陆机，便有了上面的十分法。这种文体分类的逐渐细化，反映了美学对文学的理解更加精深和纯粹。这种理解的精深和纯粹不仅体现在文体形式上，而且也表现在文体内涵上。最重要的，是对诗赋看法的日渐深化。如前所述，曹丕说"诗赋欲丽"，这对汉人讲的"诗人之赋丽以则"已经有重大的超越，而陆机则更明确地说"诗缘情而绮靡，赋体物而浏亮"，不仅愈加肯定诗赋形式的清绮优美，而且还直窥诗赋艺术的审美特质，赋是以体物为主的，而诗则以缘情为要。对赋的体物特征，我们在汉代部分已有充分描述，恕不再赘。然对诗的缘情本质，却值得稍做一番考察和辨析。

最关键的是理清"诗缘情"与"诗言志"之间在审美内涵上的历史承继关系。显然，这是两个联系极为密切的诗学命题。我们知道，"诗言志"早在先秦即已提出，而在谈曹丕时，我们也已就该命题作过考辨，指出它是偏于内向性、主体性、表现性的，然而其所"言"之"志"又偏重于一种主体性的伦理怀抱和道德情怀，而不是一种纯个体的生命情感体验。它的意义基本是"发乎情，止乎礼义"。有个体的"情"的因素，但归结处是社会的"理"，或者说是个体情感意向同社会伦理目标的融合。但曹丕的"文以气为主"说一出，则将"志"的这个意思大大突破了，艺术的伦理政教功能开始被疏淡，而其内含的个体生命表现的意味则突出出来。然而"气"的美学内涵仍嫌宽泛和抽象，缺乏明确的理论规定性。于是，陆机"诗缘情"说的重大意义便凸现了出来。该说不仅扬弃了"言志"论中的伦理政教内容，而且也超越了曹丕学说中生命气性意涵的宽泛性和抽象性，使艺术的焦点、核心明确地凝定在个体的情感上，即将宽泛的"气"凝定为具体的"情"。朱自清说"缘情"是"言志"以外的"一个新标目"，是"将'吟咏情性'一语简单化、普遍化"了。它强调诗（艺术）表达的是"一己的穷通出处"，而"与政教无甚关涉处"（《诗言志辨》第34—35页，华东师范大学出版社，1996年版）。应当说，这是一个深得"缘情"说之精髓的经典阐释。从此，"缘情"论便取代先秦以来的"言志"说，成为中国艺术美学的主流话语之一。当然，其后仍有"言志"说的某种影子在，但更多的情况下，"志"的意思已接近了"情"，主要指个体的性情、七情、情志了。这意味着，自陆机开始，一种同"自我超越"时代主题相呼应的、以内向化、"一己"化、个人化为特征的表情主义美学思潮已然确立。

同"缘情"命题相联系的是"绮靡"概念。陆机所谓"绮靡"者，清妙秀丽之意也，柔婉优美之态也。"缘情"一说偏于内心、抒情、写意、表现，这种美学观念反映在形式层面上，就必然呈现为一种清绮的、优美的艺术风貌。为什么这么说呢？这是因为崇尚"缘情"的审美主体是只向内寻求的，只关注自我的情感心灵之体验的，对外部世界是持超越态度的，这样自然就回避了因向外追求而发生的主客矛盾和冲突，消泯了因这种矛盾冲突而产生的动荡、亢奋之状态，由此所呈现出来的也当然不是包含着矛盾冲突因素的壮美气象，而只能是宁静、清绮、和谐、自由的优美风貌。这也就是缘情写意的艺术往往偏于优美形态的根本原因。

"绮靡"，实际上既是一个优美范畴，也是一个形式美概念，所以，讲究"诗缘情而绮靡"的陆机也是一个极重形式之美的人。他在诗歌写作上即自觉追求词采声色、排偶对仗，是西晋作家的代表。在美学上他也有意提倡形式的美，主张好作品应"播芳蕤之馥馥，发青条之森森"，这对后代形式美学有着极为关键的推动和影响。罗根泽说正是这种形式美追求，表明"魏晋以至六朝才是纯文学的时代呢"（《中国文学批评史》〈一〉第154页，上海古籍出版社，1984年版）。而陆机所谓形式，首要的就是一种"绮靡"的亦即优美的形式。他主张文学应"会意也尚巧，遣言也贵妍"，即表达意趣要巧，结构语言要美，其标准便是"藻思绮合，清丽芊眠"，这显然是一种优美化的形式标准。如果把这里讲的"尚巧"、"贵妍"、"绮合"、"清丽"同秦汉时代强调的"奇伟俶傥"的"弘丽之文"相比照，就不难看出在陆机的形式美意识中，优美已取代壮美而渐趋主导了。其次，陆机又认为辞采形式是受内在情感所规定的。内在的情感必显示于外在的形式，"信情貌之不差，故每变而在颜"，情和貌，内心和外表，是诚中形外的主次本末之关系。反之，"言寡情而鲜爱，辞浮漂而不归"，要是缺乏深爱挚情，缺乏真切的感受和体验，形式就必然会外在于内容，虚浮空洞，无所依归，也就谈不上美。艺术形式只是主体内在情感的自然凝结和感性显现。这一看法同那种脱离情感内容的形式美理论比起来，显然是合理的，也揭示了形式美学在古代往往同抒情思潮难分难解的重要特点。再次，既然陆机崇尚优美的形式，而形式的优美，也就是形式各要素之间所达成的多样统一的有机和谐。所以，他明确反对那种"混妍媸而成体"的"和"，认为这种"和"是"虽应而不合"，因为这种矛盾因素的混合、杂糅并不是真正的"和"。只有"丰约之裁，俯仰之形，因宜适变，曲有微情"，即将形式各要素恰当而有机的搭配起来，实现"暨音声之迭代，若五色之相宣"这种多样统一的内在协调，才是真正的"和"。在这里，陆机开始提出一种形式美规则。他所理解的美的形式，不是那种杂多因素的混合，而是各形式要素之间既有五色之异又有互调相适，既变化多样又有序统一，从而具有一种"曲有微情"耐人品味的和谐之美。应当说，这种在差异多样中求和谐统一的观念，尽管表述得还不够具体和明确，但却成为南朝沈约形式美学的重要思想资源和出发点。

陆机《文赋》不仅提出了"诗缘情"的重要命题，论述了文学的语词形式及其优美化标准，而且还深入细致地描述了文学创作的心理结构、心理过程，其中对文学的审美感知、想象、理性、情感等基本心理因素所做的具体而精微的阐发，在古代也算得上首屈一指，有着不可轻视的筚路蓝缕之功。

审美感知在陆机那里是文学创作的首要环节和基础，所以一开始就被纳入了《文赋》的视野。但陆机笔下的审美感知，主要是一种"伫中区以玄览"的活动。这有点类似嵇康所讲的"有主于中，以内乐外"的玄趣。显然，陆机所理解的感知，不是单纯反映论意义的，而是更接近心理学范畴的，是一种以内心的自由观照为基点的内与外、心与物互感相应的活动，所以它表现为"遵四时以叹逝，瞻万物而思纷"、"悲落叶于劲秋，喜柔条于芳春"的心理情状。在这里，对象物已不是纯然外在的、物质的存在，而是和作家的主观感受、情感想象等心理因素浑然交融的审美意象。一事一物，一草一木，无不浸染着人的喜怒哀乐，应和着人的思绪心情。这样作家便有了"慨投篇而援笔，聊宣之乎斯文"的创造冲动。

但这种审美感知毕竟还不是艺术创造。它需要插上审美想象的翅膀才能开始创作。于是，陆机创造性地深入了艺术想象的世界，他说："其始也，皆收视反听，耽思傍讯，精骛八极，心游万仞"，"浮天渊以安流，濯下泉而潜浸"，"观古今于须臾，抚四海于一瞬"。这些绝妙语句，极其精当地描述了审美想象无限自由的特点。它可以突破"八极"、"万仞"、"天渊"、"下泉"、"古今"、"四海"等等客观的物理时空的限制，使之都变成可以为人所自由驱遣组合的主观心理的时空表象，变成一种人格化、情感化的自由形式。值得注意的是，陆机所说的想象，并不是客观表象与主观心理的简单拼接和嵌合，而是所谓"课虚无以责有，叩寂寞而求音"，即从无限空静自由的心境出发，以"无"责"有"，以"虚"求"实"，以"心"融"物"，以"意"变"象"。这同玄学所讲的"崇无御有"、"以内乐外"等是相通的。心、意相对于物、象就是一种无，一种虚，然而并不是绝对的空洞和抽象，而是在"收视反听"之后已内在地涵摄了各种感性的审美表象（"有"）于自身之中，已将个别、有限、具体、感性的物象融化为普遍、一般、无限、理性的内在心意形式，因此只要"罄澄心以凝思，眇众虑以为言"，用一种澄净无限的心境去对待、观照万有众象，就会尽情地"笼天地于形内，挫万物于笔端"，创造出一个鲜活新颖、妙趣盎然的艺术世界。这就是审美想象中有与无、虚与实、动与静、心与物、意与象、情与景等等的辩证法。应当说，陆机对想象的理解是相当深刻的。

想象的展翅飞翔是靠情感来推动的。陆机的"缘情"命题，奠定了情感在艺术中的审美中介与核心的地位，所以在陆机对创作过程的描述中，情感是贯乎始终的。审美感知表现为"心懔懔以怀霜，志眇眇而临云"，"悲落叶于劲秋，喜柔条于芳春"的情景相融之状貌，而审美想象则表现为"思涉乐其必笑，方言哀而已叹"，"思风发于胸臆，言泉流于唇齿"的情思飞扬之丰采。作为艺术的中介，情感像有一只神奇的手，既赋予感知表象以内在的生命和意趣，也赋予想象以感性的冲动和无限的自由。

然而陆机在强调主观情感自由想象时，并没有忘记理性。在他看来，情感想象作为艺术之"质"，离不开"理"的扶持，所以他讲究"理扶质以立干"，要求艺术应有"辞达而理举"的刚正之骨。这个"理"是什么? 陆机没明说，不过综观全文，大约包含伦理之理，也有一般理性的意思。他主张"颐情志于典坟"，即通过学习古经圣典王道伦理来颐养情志，陶冶情操。这里的"典坟"所意喻的"理"就既是伦理，也是一般道理。不过他更强调的是"理"在"情"中，认为如果"六情底滞，志往神留"，就会使艺术"兀若枯木，豁若涸流"，即要是理性压制了情感神思，艺术的无限生趣和意味就丧失了。所以，艺术不应是"顿精爽以自求"的有意雕琢，而应是"操觚以率尔"的自由表现。从这个意义上说，陆机心目中的"理"是既能扶持情思，同时又不掩蔽情思的"理"，是以"情"为本的"理"。这也是一个非常精辟的阐述，对后来司空图、严羽等人有关情、理关系的美学思想影响极大。

总而言之，陆机《文赋》对艺术审美特征的直悟和描述，无论在系统性上，还是在深刻性上，都是前所未有的。就魏晋之际艺术美学的发展说，它继曹丕《典论·论文》和嵇康《声无哀乐论》之后，进一步将偏于自我、个体、情感、心意的时代审美新潮推向了更高、更自觉的阶段。它意味着，魏晋之际"自我超越"的时代主题在艺术美学领域已结出了相当成熟的思想果实。

四、东晋南朝的心灵感荡

建武元年（317），司马懿的曾孙司马睿在江南即晋王位，次年登上皇座，史称晋元帝，都于建康（今江苏南京），是为东晋。自此，中国审美文化的重心从北方移往南方。

我们这里要重点描述的，是大约从东晋到南朝宋、齐这一历史阶段审美文化的发展过程。当然，这一历史分期是相对的，其与前后时期的重叠交叉不可避免。但我们之所以要这样分，是因为这一阶段的审美文化具有一种相对内在的历史联系和大致统一的演化趋势。如果说，在魏晋南北朝这一中国审美文化的"大转折"过程中，魏晋之际主要承担的是一种以"自我超越"为主旨的开拓使命的话，那么，这一阶段则可视为以"心灵感荡"为特征的全面深化期，是"大转折"历史过程的真正展现和全面落实。

"心灵感荡"一语，取自钟嵘《诗品》中的一句话："凡此种种，感荡心灵。"这里只是借用此语对本阶段审美文化特征做一个概要描述，表示本阶段实为中国士人在"自我超越"的人格追求之后，其内在心灵、性灵、精神获得空前开发和拓展的一个时期；而所谓"感荡"，则喻示主体的内在"心灵"在这一过程中所表现出的鼓满生趣空前活泼的特定状态。

东晋至南朝宋、齐这一阶段的审美文化之所以会表现出"心灵感荡"的状态，原因是多方面的，最主要的是其社会历史语境已与魏晋之际有所不同。政治上，这一阶段虽仍有上层统治集团连绵不断的皇位争夺，有士、庶之间的权利冲突，有士族内部南、北势力之间的矛盾，还有南、北方之间一次次的攻伐战争等等，但总的来看，已比魏晋之际安定和平了许多。特别是东晋，司马氏与王、庾、桓、谢四大士族"共天下"，以相互制约的形式保持了政治上大致均衡缓和的态势，使司马氏的皇位得以维持了百年之久。随着政治的相对稳定，这一阶段的经济也有了较大的发展。尤其由于大量北方汉族人民迁徙南方，"中州士女避乱江左者十六七"，从而给江南带来了先进的生产技术，使以长江三角洲为中心的南方广大地区得到了开发，中国经济重心开始由黄河流域向长江流域转移。政治的相对稳定，经济的空前繁荣，也极大地推动了东晋南朝文化上的进步，使之成为中华文明在江南一带大发展的历史时期。这里面最值得重视的便是佛教文化，尤其是佛学思想的广泛传播和渗透。如果说魏晋之际的主流意识形态是玄学体系的话，那么这个阶段的主流意识形态则是佛学思潮。它对审美文化的新发展、新趋向有着重要的语境意义。

然而，政治经济也好，意识形态也好，其对审美文化的影响并不是、也不可能是直接的，这里面需要一系列中介；而其中最重要、最有力的中介，便是作为文化主体的人，特别是汉末三国崛起而到东晋达到鼎盛的门阀士族这一社会阶层力量，他们是这一阶段政治、经济，特别是文化领域里绝对的主宰。即使在南朝各代，门阀士族虽放弃了政权、兵权，但其高贵的政治地位、社会地位依然不变，尤其在文化上仍然是主导与核心。所以，他们的人生哲学、价值观念、生活方式、审美趣好等直接决定着此阶段审美文化的发展水平和趋向。一般说来，门阀士族作为世袭特权阶层，本就无意于在社会政治生活中有所作为，他们往往轻视世事，鄙薄事功，脱离实际，务虚尚玄，因而极易在纯精神的领域寻找自己心灵的栖息地。这样，先是玄学清谈，然后是佛学思辨，就成为他们主要的生存状态和思想方式。魏晋之际他们以手捧"三玄"（《老》、《庄》、《易》）相标榜；东晋以后，他们则将《般若》、《涅槃》、《金刚》置于案头，挂在嘴边了。正因如此，"灵"（心灵、智慧、精神）的一面在他们那里得到了较充分的拓展。这表明，本阶段审美文化所遭遇的社会现实语境已与魏晋之际迥然有异。这个差异反映在审美文化的内在矛盾结构上，则是魏晋之际那种个体与社会、"自然"与"名教"、情与理的尖锐冲突在此时已相对淡化，而人与自然、内心与外物、形与神、意与象之间的关系则凸现出来。于是，魏晋之际那种个体在变乱黑暗的现实中所努力追求的自我超越的人格理想，在此时似乎已失去了突出的意义，个体似乎用不着通过某种放浪形骸、特立独行的方式显耀自我的存在了。与此相对的是，一种拓展主体精神、深入内心世界、追求心灵无限自由的文化欲求则日益成为这一时代的主流。中国古代审美文化理念从偏于人格（自我）本体论的建构，开始过渡、转化到精神（心灵）本体论的沉思上来。这种由人格而精神、由自我而心灵的过渡转化，表明了审美文化一种更加内向化、心意化，因而也更加"唯美"化的发展趋势。同时，又由于从外在的伦理目标回到了内在的心灵生活，人们的整个精神状态也不再像"竹林七贤"那样激进，那样过于突出自我人格之超越了，而是心情上淡静了许多，和谐了许多，在审美上也更加倾向于意趣的玩味和心物的合一了。鲁迅说得好:"到东晋,风气变了,社会思想平静得多,各处都夹入了佛教的思想。再至晋末,乱也看惯了,篡也看惯了,文章便更和平。"(《魏晋风度及文章与药及酒之关系》)所以,这一时代的文学艺术便不再有魏晋之际那么多的悲云苦雾,而是显得柔和婉媚些了,而专门思考文学艺术的美学也开始有意地讲一些崇尚圆润优美之类的话了。审美文化相对而言显得少了一些阳刚之气,而多了一些阴柔之趣。

1 "妙存环中"：
佛学话语的美学意趣

正如谈魏晋之际审美文化不能不谈玄学一样，谈东晋之后的审美文化也不能不谈佛学，因为二者不仅都是各自阶段审美文化发展嬗变的重大语境因素之一，而且它们本身也因其深厚的美学意趣而成为审美文化发展中不可忽略的有机环节。

佛教在西汉末已传入中国，但很长时间内一直被当作黄老道术看待。直到佛经翻译多了起来，人们对佛教的认识才慢慢有所提高。魏晋之际，佛教名僧多与玄学名士有交往，他们亦多善清谈。东晋以后，佛教教义开始正式以独立的哲学姿态出现。从玄学名士，到一般士人，大都开始由玄入释，迷上佛学。据说王羲之原来并不太瞧得起僧人，当名士孙绰向他介绍名僧支遁，说此人很有学问时，他还不屑一顾，"殊自轻之"。后来孙、支二人一起来他的住处拜访，他仍不理支遁。支遁离去，他也正好要出门，支遁便顺路对他讲论了一番庄子的《逍遥游》。羲之听罢，一下子就被迷住了，"遂披襟解带，留连不能已"（《世说新语·文学》）。当时玄、佛之间的界限尚不严明，佛学起初依附玄学，时人大都以玄解佛。支遁所论，也属玄言题目。但他毕竟是个名僧，玄谈之中已贯通佛理，所以"才藻新奇"，折服羲之。不光羲之，当时许多士人也都深信此说，认为这种"逍遥"论"皆是诸名贤寻味之所不得，后遂用支理"（《世说新语·言语》）。这从一个侧面反映了东晋之后士人普遍转向佛学的一种时代趣尚。

"非有非无"说

这一时期流传的佛学主要是大乘空宗般若学。般若，也称波若、钵罗若等，是梵文Prajñā的音译，意译为"智慧"、"明"等，是超越世俗到达涅槃彼岸的智慧，是成佛所需的特殊认识，而对"般若"义理的研究则称为般若学。佛学一开始依附于玄学，主要标志之一就是依然围绕着有无、动静、形神、内外等玄学概念、命题来思辨，尤以对有无关系的思辨为主。般若学最初即以玄学"以无为本"说为理论基础，由此出现了所谓"六家七宗"诸派，其中最主要的宗派有三，一曰"心无"宗，即"无心于万物，万物未尝无"，也就是只讲主观内心的虚静无物，却并未否定外物的实际存在；二曰"本无"宗，即"情尚于无多，触言以宾无"，也就是只讲"无"是万物的唯一本体，却对现象之"有"熟视无睹；三曰"即色"宗，即"明色不自色，故虽色而非色"（均见僧肇《不真空义》），也就是认为一切现象都没有自身定性，所以是"非色"，是"空"，但没体悟到一切"色"（现象）本身就是"假有"，都非真实的实在。

般若学的这些意见分歧，是佛学中国化过程的早期阶段必然会出现的。到东晋中后期的僧肇这位中国化佛学体系的奠基人那里，才真正完善了般若佛学。他提出了"非有非无"的所谓"中道"观。在他看来，上述般若学中的种种看法，有一个共同点，就是都把有和无看成真实的、实在的东西，都执著于有和无之间的差别，而没有看到它们本质上都是"不真"，都是"空"（"诸法性空"），因而没有差别：

> 欲言其有，有非真生；欲言其无，事象即形。象形不即无，非真非实有。（《不真空论》）

现象作为假象，毕竟是一种存在，故"非无"；但现象的存在又是不真实的，是性空，故"非有"。有非真有，无非真无，因而对它们的把握，就应当"离于二边"，树立起"非有非无"的"中道"观；也就是既不执著于"有"，也不执著于"无"，而是坚守"契神于有无之间"的"中道"。僧肇认为，这个"中道"观之所以成立，是因为它以"至虚无生"为最终根据：

> 夫至虚无生者，盖是般若玄鉴之妙趣，有物之宗极也。（《不真空论》）

"至虚无生"既是体悟宇宙最高真理的根本旨趣之所在，也是世间万法的实相和本质，这两个方面（即认识论和本体论）的统一，就决定了般若智慧必归于"非有非无"的"中道"观。这就从根本上将有、无之间的差异和对立彻底消除了，从另一方面说也是将有和无天衣无缝地融合起来了：既是非有非无，也是即有即无，因为在"至虚无生"的最终根据那里，这都是一样的，没有任何差别的。

可以看出，般若佛学既依附于玄学，又改造扬弃了玄学。玄学讲究"以无为本"、"崇本举末"，是在保留"有"、"无"差别的前提下将"有"统一于"无"；而般若学则通过"非有非无"的"中道"观或"性空"论，彻底消除了"有"、"无"的差别，其实质也就是泯灭了本体和现象的差别,使之在理论上真正达到了圆融无间和谐如一。正由于这一结构性改造和转换,魏晋玄学在"以无御有"、"物物而无累于物"的理想下面仍包含的物我差异和对立,在般若佛学这里完全消失,人与对象、物与我之间真正形成了契合两忘的一体化关系。

"物我俱一"论

般若学破除了有和无的差异和对立,就在理论上为它建立一种不同于玄学的新的物我关系模式铺平了道路。

如前所述,般若学将整个现象界、宇宙界的本质都理解为性空不实,"至虚无生",正是凭这一点,它将玄学中的有、无对立消解了,进击超越了玄学。那么,这个"至虚无生"的佛性本体是否可以说就是与感性界、现象界截然无干的绝对空洞、虚无和死寂呢?也不是。恰恰相反,在般若学看来,它不但一点也不空洞、虚无和死寂,而且它就住在生意盎然的"六情"、"诸法"之中,住在此岸世界凡俗人间里,即所谓"佛无定所,应物而现,在净为净,在秽为秽"(僧肇《维摩经注·菩萨行品》)。"诸法实相即是涅槃"(龙树《中论》),也就是说,佛无处不在,所以,形形色色的大千世界,人伦现实,由于佛性本体的存驻和显现,就不再单纯是原来那个有限个别的世界了,它变成了充满无限意义的对象,正如竺道生所说:"日月之照无不表色,而盲者不见,岂日月过耶?佛亦如是。"(《维摩诘经·佛国品》)好比艳阳明月的普照使万物显出了形影光色一样,佛性的光辉使世间的一切充满了生趣和意味。它消除了万有诸法那种完全外在于人的纯粹的物质性、个别性和冷漠性,而使之成为灌注和显现着佛性本体的、具有无限韵味的所在。

这样,对于般若智慧来说,就有了两个认知层面。否定世俗认识,体悟"性空"本体,即看到世界"至虚无生"的寂灭相,属于"虚其心"的层面,而"从寂灭中出,住六情中",感应诸法,会通万物,即看到世界生趣鲜活的世俗相,则属于"实其照"的层面。这两个层面统一起来,就是最高的般若智慧,就是"圣心"。僧肇说:"是以圣人虚其心而实其照,终日知而未尝知也。"(《般若无知论》)因此,正如对待有和无,应"契神于有无之间"一样,般若智慧在对待主与客、心和物、真和俗、虚和实等等关系时,也应"离于二边",不执不偏,使之泯然无别,圆融如一。所以在僧肇那里,般若智慧实际就是处理主客、心物关系的一种全新的思维模式,其基本义理用他的话说,就是"三明镜于内,神光照于外",就是"内外相与以成其照功"(《般若无知论》),或者就是"妙存环中"，"物我俱一"（《维摩诘所说经注·问疾品》），一句话，就是主与客、内与外、我与物的泯然无别，两忘如一。

这一主客两忘、真俗无别、"内外相与"、"物我俱一"的般若义理的表述，意义重大。从佛学哲学的层面看，它追求的是涅槃彼岸，成佛境界，而从审美文化的角度看，它的"合理内核"，实际上与中国美学正在追求的审美境界息息相通。正是在这个意义上，佛学义理开始被引进了美学，转换为美学。

般若义理与审美境界

说般若佛学所表述的主客两忘、真俗无别、"内外相与"、"物我俱一"的基本义理，与中国审美文化精神、特别是审美境界理论息息相通，主要基于以下的考虑和判断：

一方面，它使主体成为真正自由的主体，确切地说，成为真正自由的心灵或精神，用宗炳的话说，就是成为"畅于己也无穷"的"精神我"（《明佛论》，《弘明集》卷二）。我们知道，主体的超越性、自由性的获得是审美文化走向自觉和独立的一个重要标志。建安以来，追求主体的自由成为审美文化的一个主旋律。魏晋之际"自我超越"的时代主题，便反映了这一主旋律。"统无御有"、"物物而无累于物"的玄学义理，则是对这种主体性自由的一种新的理论构想。它旨在塑造的是一种超越型的"人格我"。但如前所述，这个理论构想，特别是这个"人格我"的塑造，是以保留无和有、主与客、我和物的差别为前提的，这就又决定了其主体的自由必然是有限的。般若佛学在玄学的基础上，建立了主客两忘、物我俱一的思维模式，便消除了这种主体自由的有限性。为什么这样说呢？因为，在般若学这里，"我"（主体）由于和"物"（客体）是泯然无别、两忘俱一的，所以就不会存在"物物"，自然也就谈不上"无累于物"。这里的真实情形是，"我"（主体、精神、心灵）只要"畅于己"就会至于"无穷"，即只要充分地、尽情地发扬自己的内心或精神，就会进入一种无所囿限的自由境界。因为这个"精神我"与外在"物"是泯然两忘圆融如一的，因而它在"畅于己"时，绝对不会遇到（或根本不存在）来自"物"世界的抵抗。非但不会遇到"物"的抵抗，而且"我"与"物"呈现的是一种自由感应的和谐关系；即如僧肇所说："圣心虚微，妙绝常境，感无不应，会无不通。"（《肇论·答刘遗民》）沈约说得更明白："推极神道，原本心灵。感之所召，跨无边而咫尺。"（《佛记序》）心灵是万物之本体，所以外物不仅不会构成心灵的感性边界，反而成为心灵所自由感召、纵意化应的诗意对象。从这个意义是说，般若佛学极大地开发了人的心灵，解放了人的精神,将玄学的人格(自我)本体论转换为佛学的精神(心灵)本体论,使主体从有限自由的"人格我"上升为无限自由的"精神我"。这反映在审美文化、艺术观念上,则意味着在魏晋"缘情"论崛兴的同时,一种偏于畅神的、写意的审美思潮也将于晋宋之后的佛学语境中开始生成。

另一方面,般若义理也使客体成为真正自由的客体,成为自身具有审美意味的独立对象。就是说,客体一方随着主体自由性的真正获得,也同时具有了独立自由的品格。这也就是僧肇所说的:"内有独鉴之明,外有万法之实。"(《般若无知论》)其学理在于,由于主客两忘、物我俱一的思维模式的建立,客体对象在这里就发生了意义的转换,它既不再是外在于"我"(主体)的一种纯粹的"物",一种与"我"无关的纯感性个别的存在,也不再是烘托主体的一种单纯的喻体和背景,一种只有依附于"我"才能获得意义的外部媒介,而是本身即灌注和显现着真如佛性、与主体心灵息息相通的所在,因而是具有内在无限意味的独立性对象。一山一水,一草一木,在这里都不再是冷漠疏远的纯然外在物,而是成为一种富有情趣和韵味的诗性境界。在般若佛学的描述中,对象界呈现的是这样的情态:它非有非无,非真非假;它空灵冲淡,无迹可求;它"如幻、如焰、如水中月";它"如梦、如影、如镜中像"(鸠摩罗什《大品般若经》卷一)。这种客体对象的情趣化、韵味化、空灵化、精神化特征,不正是山水美、自然美走向真正独立的思想背景和渊源吗?从远处讲,不正是唐宋以后所津津乐道孜孜以求的审美意境、艺术意境吗?

从艺术理念上说,主客两忘、物我俱一的思维模式,也使得人与对象之间构成了一种真正的审美自由关系。艺术创造主体对对象的体悟和把握,其方式也就不再是"物物"的、摹拟的、象形的、写实的,而是追求"超以象外"、畅神写意的,即如僧肇所说的:"穷微言之美,极象外之谈者也。"(《涅槃无名论》)也就是在有限中体认无限,在感性中直窥理性,在物景中品味情趣,在形象中妙悟意趣。这是中国审美文化中一种非常独特的审美鉴赏理念和艺术把握方式。这种佛学形态的审美理念和艺术方式,与后来司空图所讲的"味外之旨"、"韵外之致"等诗学命题,不正有着深刻的学理性渊源关系吗?

所以可以说,般若佛学的传播和渗透,构成了古代审美文化发展上升的又一深厚资源和历史契机。

2 "会心林水":
自然美的崛然独立

晋宋以来审美文化发展的一个重大转折，首先是在现实美领域里，自然美从作为社会美、人格美之陪衬和背景的附属地位中解放出来，以一种崛然而起的姿态走向了独立。

佛学语境与自然之美

我们知道，魏晋之际现实美的主流形态是以人物美为核心的社会美，其标志便是时人争相标榜的所谓"魏晋风度"。在这个用"魏晋风度"一词来描述的人物美风尚中，自然美虽然已为时人所广泛关注，但与人物美尚未达到两忘俱一的境界，还基本是作为人物美的一种外在形式，一种背景、烘托、喻体而存在。我们还谈到，人物美之所以会成为魏晋之际现实美的主流形态，其审美文化语境根源，在思想层面上，是玄学话语的人格本体论体系；在一般的社会意识中，则是"自我超越"的时代主旨。但晋宋以后，这一审美文化语境已发生重要转换。般若佛学以精神（心灵）为最高本体的话语体系已取代玄学的人格（自我）本体论思维而日益成为主流。般若佛学所表述的主客两忘、物我俱一的认知模式，使客体对象与主体人的差别彻底消失，"物"的世界不再是"人"的对立物、异己物，不再作为"人"的仆役、衬托、喻体、背景而存在，而是与人（"精神我"）泯然无别、澹然两忘、和谐如一了。这样一来，自然界的美就不再是依附于人的，只为突出"人"这个中心而存在的，而是成了自身即具有无限意蕴，因而可与人的心灵息息相通的真正独立的审美对象。刘勰说："宋初文咏，体有因革。庄老告退，而山水方滋。"（《文心雕龙·明诗》）这里讲的虽然是文学向山水诗的变迁，但也隐约透露了自然美的独立，实与文化语境由玄而佛的历史转换息息相关。

"自来亲人"

正因山水草木，花鸟虫鱼，大凡自然中的一切，自身都蕴含着无尽的审美意味，所以它们作为独立的审美对象，便与人构成一种内在的和谐，成为人（"精神我"）可以与之默契、沟通、交流、"会心"的"自来亲人"。《世说新语·言语》中说：

> 简文入华林园，顾谓左右曰："会心处不必在远，翳然林水，便自有濠濮间想也，觉鸟兽禽鱼自来亲人。"

这种"会心林水"的生命感受，正标志着自然美在古代的真正凸现和诞生。因为它意味着，自然万物从此不再是神秘的、冷漠的、遥远的、纯物质的存在，也不仅仅是显示人之清高、隐逸、超世、脱俗等品格的外在背景或比兴媒介，而已经是人们能够与之"会心"、在感情上可以与之交融的"自来亲人"，是与人没有任何物种区别的、如同同胞亲族一样的天然知己。这在审美意识、文化观念上是一种多么重大的变化呵！这里消失了任何的自然崇拜、图腾顶礼，也不见了人对于自然的主宰感、优越感，天与人、物与我之间是一种天然契合的、同构同源的、两忘俱一的关系。它意味着，人与自然之间一种真正审美化、诗意化的关系形成了。

在晋宋之际士大夫的心目中，仿佛自然最亲近人，同情人，理解人。它使人们在那个动乱多忌的环境和年代里生成的一颗孤独寂寞的心，在花草林木、山水虫鱼之中找到了沟通和寄托，获得了抚爱与安慰。所以，人们争相以与自然相处为乐、以与林水厮守为欢。《世说新语》载："张湛好于斋前种松竹。"（《任诞》）"康僧渊……立精舍，旁连岭，带长川，芳林列于轩庭，清流激于堂宇。……（康氏）处之怡然，亦有以自得。"（《栖逸》）"孙绰赋《遂初》，筑室畎川……斋前种一株松，恒自手壅治之。"（《言语》）最有代表性的是这段文字：

> 王子猷尝暂寄人空宅住，便令种竹。或问："暂住何烦尔？"王啸咏良久，直指竹曰："何可一日无此君？"（《任诞》）

这"何可一日无此君"之语，道出了弥漫在当时士大夫阶层中的一种普遍心态和共同情趣。山林草木的高洁清静、恬淡寂寞、天高地远、自在自乐，与人们所向往的内在心灵的无限自由相契相通。它使倦于世间污浊和喧嚣的人们，徜徉在山水林木之间，"想长松下当有清风耳"（《世说新语·言语》），体验着"会心林水"的那份精神的和谐，那份内在的愉悦。

浪迹山水

魏晋时士人们浪迹山水已成风尚。如前述建安诗人、竹林七贤，都喜欢畅游园林，啸傲山涧，至东晋，此风益盛。高族名士争相修建园林别墅，游赏江南风景，将更多的时间和兴致投向了山水自然。如书法家王羲之有著名的"兰亭之游"。他在《临河叙》中记述道：

> 永和九年，岁在癸丑，莫春之初，会于会稽山阴之兰亭，修禊事也。群贤毕至，少长咸集。此地有崇山峻岭，茂林修竹。又有清流激湍，映带左右。引以为流觞曲水，列坐其次。是日也，天朗气清，惠风和畅，娱目骋怀，信可乐也。（《世说新语·企羡》注引）

这一段文字，宛如一幅画，让我们真切地感到贤人名士在山川林竹的怀抱里聚会畅游，饮酒赋诗，该是何等地娱目乐心。玄言诗人孙绰、许询在迷恋山水方面也很有名，据说他们"居于会稽，游放山水，十有余年"。不过此时士人们的游放山水，还不能视为已真正达到物我两忘之境，因为其行为更多地带有一层标榜自己"俱有高尚之志"（《晋书·孙楚传》附《孙绰传》）的意思在内，亦即自然景致的美是依附于人物风度之美的，所以总体上仍不逾人格本体的玄学文化语境。

晋宋以后，随着佛学精神取代玄学观念而成为社会意识主流，游山玩水真正成为士人们精神生活的内在需要。他们对于自然之美的依恋，已真正达到了"何可一日无此君"的境地。南朝刘宋时有名的高士宗炳，好山水，爱远游，以至于有人多次推荐他当官，甚至皇帝刘裕多次提拔他，他都"前后辟召竟不就"，自谓："吾栖隐丘壑三十年，岂可于王门折腰为吏耶？"他曾西涉荆巫，南登衡岳，遍历胜景，竟不知老之将至。后由于身体不好返回江陵，慨叹曰："噫！老病将至，名山恐难遍游，唯当澄怀观道，卧以游之。"于是，他便将一生所游历的名山大川，"皆图于壁，坐卧向之"（张彦远《历代名画记》），其对山水的狂热迷恋由此可见一斑。谢灵运也是一位山水迷。一般解释他的好游山水，是因政治欲望不得满足之后的一种自我排遣行为，此说似嫌过于简单。实际上，他的放浪山水，更与他的佛学观念及其影响下的审美意趣有关。他曾任永嘉太守。这个地方的山水之美很有名，而这正合他意。于是，他便"肆意游遨，遍历诸县，动逾旬朔，民间听讼，不复关怀"，把永嘉山水玩了一个遍后，他就称病辞职，回到了会稽老家，"修营别业，傍山带江，尽幽居之美"。后来又利用父祖留下的雄厚资财，"凿山浚湖，功役无已。寻山陟岭，必造幽峻，岩障千重，莫不备尽"，"尝自始宁南山，伐木开径，直至临海"（《宋书·谢灵运传》）。显然，这一切，只用一个政治情绪排遣说是无法讲清的。在这里，自然所具有的无尽意味和空灵境界，与谢灵运所追求的自由精神（心灵）是互契同构、息息相通的，这是导致他在山水面前流连忘返、醉心不已的更为深刻的原因。

有一个现象是非常重要的，那就是像宗炳、谢灵运这种痴迷山水的士人，往往也都是深谙般若、精熟佛理的，宗、谢二人甚至就是著名的佛学家。宗炳是名僧慧远大师的弟子，著《明佛论》，倡"三教（儒、道、释）共辙"之说。谢灵运更是元嘉之世佛法界的一位巨子，其所写《辨宗论》一文，折衷孔、释之言，讲究"顿悟"之道。二人之说，皆构成佛学史的重要思想环节。这一现象，绝非偶然。从根本上说，般若学之义理与自然美之独立，确有难分难解的内在联系，其中的道理我们前面已有所论及，而最关键的一点就是在精神（心灵）本体论的思维层面上主客两忘、物我俱一之关系结构和认知模式的形成。人在与自然的朝夕厮守中，可以体味到社会现实生活中所没有的那种清寂、虚静、深邃、旷远，那种无限自由的感觉和无以穷尽的意趣。自然界的一山一水，一草一木，仿佛就是对人的心灵的某种暗示和象征，都与人的内在情感体验相召唤、相契合，或者说，似乎都是人的情感心理的一种外在形式。《世说新语·言语》中说：

> 卫洗马初欲渡江，形神惨悴，语左右云："见此芒芒，不觉百端交集。苟未免有情，亦复谁能遣此！"

这段文字说明，对山水自然中的某种意味、神韵、情趣、启示的发现和觉悟，归根到底与人特定的情感心理有关，是人对自身内心世界的发现和觉悟。用近代德国美学家立普斯的术语说，这是一种由内而外、内外合一的"移情"作用；而用般若佛学的话说，这则是在"三明镜于内，神光照于外"（僧肇《般若无知论》）的直观顿悟中所达到的"物我俱一"。

心灵超越

自然美偏于形式，是色、形、声、光等因素及其多样统一的有序组合。它不带明显的社会功利内容。相对于人间随处可见的复杂、动荡、嘈乱、危难、狭窄、变迁、冲突，自然界则相对地单纯、静穆、安宁、和平、旷远、永恒、和谐。自然界这种特有的时空属性和结构形式，就似乎成为"至虚无生"的精神本体和"非有非无"的般若智慧的感性映现，当然也仿佛成为一种印证人们物我两忘心灵自由的诗性境界。从这个意义上说，自然美的独立实际上正是人的心灵自由精神超越的产物。这也就是卫洗马那句"苟未免有情，亦复谁能遣此"的大致意思所在。黑格尔在谈到自然美的时候说，一方面自然界的万象纷呈本身"显出一种愉快的动人的外在和谐，引人入胜"；另一方面，"例如寂静的月夜，平静的山谷，其中有小溪蜿蜒地流着……这里的意蕴并不属于对象本身，而是在于所唤醒的心情。"（《美学》第一卷第170页，商务印书馆，1979年版）鲍桑葵甚至把自然美的发现同近代浪漫主义联系起来，因为二者"对于象征主义、对于性格和对于激情的热爱"等方面，"具有同一的根源"（《美学史》第567页，商务印书馆，1985年版）。这都涉及一个同样的意思，即自然美独立的直接原因即在心灵的超越和自由，是人的自由心灵与自然结构形式的同构相应，互契交融。晋宋以来人们普遍地追求、渴念、迷恋大自然的美，虽并不等同于浪漫主义，但却与般若佛学精神本体论的广泛传播及其对人的心灵世界的空前开掘密切相关。

作为现实美的一大飞跃，自然美的独立为审美和艺术的发展提供了更加广阔的前景。从直接的审美效应看，晋宋之际山水画继人物画、山水诗继田园诗之后的历史性勃兴，就是自然美、山水美继人物美凸现之后正在走向独立这一审美文化进程的典型反映。

3 "形神之间":
绘画艺术与绘画美学

　　审美文化从魏晋之际以人物美为主发展到晋宋以后以自然美为尚这一历史进程，在绘画领域得到了十分鲜明而充分的展现。

　　魏晋以来，特别是东晋之后，中国绘画文化真正步入了一种自觉时代。这包括绘画艺术和绘画美学两方面。所谓自觉，即指绘画不再是直到三国曹植还在强调的一种"存乎鉴者"的手段，一种简单的伦理教化的工具，而是表现出了对绘画艺术之审美品格的自觉追求。正如潘天寿先生所说："魏晋以前之绘画，大抵为人伦之补助，政教之方便。"而到魏晋人那里，绘画观念则"由审美蹈入自由制作之境地，使吾国绘画史上渐见自由艺术之萌芽"（《中国绘画史》第29页，上海人民美术出版社，1983年版）。这个评估是精到恰切的。

　　这一阶段的发展从外部征象上讲，其最鲜明的特点主要是绘画队伍的迅猛扩增，特别是士大夫阶层染指绘事者众多，名士胜流大都参与此道，甚至一代帝王，如魏少帝曹髦、晋明帝司马绍、梁元帝萧绎等也都以善画、爱画、赏画、藏画为乐事。这都在无形中提高了画家的社会地位。实际上，这一时期的统治者确实不再把精于绘事的人看做可供奴役的画工，而是给予他们特殊地位，使他们或做朝廷的画官，或做军阀的清客。他们成为一个有深厚的审美修养、有优裕的生活待遇、有足够时间和专门职业来从事创作的特殊阶层。绘画队伍的这种文人化、精英化、专业化，不仅直接促成了魏晋以降绘画艺术的全面繁荣，而且实际上也构成了这一阶段绘画艺术步入审美自觉境界的坚实基础和强大动因。因为很明显，只有在这个阶层的笔下，绘画艺术才会摆脱世俗日用生活的缠绕，真正走向超功利、超现实的审美之途、自由之境。

　　这一阶段绘画艺术走向自觉的审美文化历程大致是，先是魏晋以来人物画兴起，至东晋顾恺之则集其大成。晋宋以降，山水画又从人物画中（作为人物画的背景因素）分化出来, 渐趋独立, 宗炳则堪为代表。与这一绘画艺术实践相适应, 绘画美学也围绕着形、神关系问题, 在理论上展开了从顾恺之经谢赫到宗炳、王微的逻辑演变过程。

人物画

说起来, 人物画的话题是应放在魏晋之际的题目下面谈论的。因为从审美文化语境上讲, 人物画的兴起, 与魏晋之际"自我超越"的时代主旨, 与魏晋玄学人格本体的价值重建, 与当时盛行人物品藻标榜名士风度的时尚等等是难分难解的, 与以"魏晋风度"为标识的人物美的崛然凸现直接相关。我们拟在东晋南朝这一阶段谈这个问题, 主要是想把它与山水画放在一起进行综观和描述, 以便更清楚地看到绘画艺术的发展脉络和趋向。当然还有一个理由就是, 人物画在东晋南朝有更大、更成熟的发展。

人物画在汉代以前就已出现, 如汉代最常见的"圣贤图"、"帝王图"、"列女图"之类。但那时的人物画, 一则是为了人伦政教之用, 二则是偏于外形之似、相貌之真, 即如毛延寿那样, 讲究的是"人形丑好老少必得其真", 所以作为一种绘画艺术, 总体上还是不独立、不自觉的。汉末三国时代, 佛像画随同人物画一起发展, 其中吴人曹不兴即以人物、佛像冠绝一时。据说他喜欢作大幅画, 曾在五十尺长的绢布上画人物, 运笔迅疾, 转瞬即成, 其"头面手足, 胸臆肩背, 无遗失尺度"(《古画品录》)。这当然也说明他的功夫还多表现在形似貌真一面。

曹不兴的学生卫协, 亦长于人物和佛像, 时称"画圣"。但他作为晋人, 毕竟已大不同于其师。是时, 玄言清谈在"有"、"无"之辩中, 亦将形、神关系作了深入阐发, 神主形从、神君形臣的观念已然通行天下, 所以卫协画人物已不拘于形体之似, 而是重在得其神气。后魏的孙畅之在《述画记》中, 曾说他画"《七佛图》, 人物不敢点眼睛"。眼睛是人的神气所在, 所以他特别小心, 不敢轻易下笔。谢赫说他的人物画"虽不备该形似, 而妙有气韵, 凌跨群雄, 旷代绝笔"(《古画品录》), 这都指出了卫协重在人物之神的绘画追求。

图4-1 顾恺之(清代《古圣贤像传略》插图)

人物画应当说到东晋才臻于成熟。代表性画家是顾恺之（图4-1）。顾氏是当时的名士者流，言谈举止，"痴黠各半"，"好矜夸"，"好谐谑"，"率直通脱"，被时人称作"三绝"（画绝、才绝、痴绝）。他喜好清谈，深受玄言诗人如许询、孙绰、桓温、庾高等人的影响。这一切都表明他精神上所依归的是魏晋之际"自我超越"的审美文化题旨。这一点对理解他的绘画的审美个性特征非常重要。他在绘画上成名很早，二十岁左右就在瓦棺寺绘制维摩诘居士像，广受赞扬。他所画人物、佛像、美女、龙虎、山水、鸟兽等，无不精妙，其中尤以人物为最胜。

顾恺之的人物画在继承卫协的基础上，也有两大审美特点，一是在坚持形似原则的前提下，重点放在人物神明的传达上。作为卫协的学生，顾氏并不简单追随老师"不备该形似"的趣味，而是很重人物形态的写实。对此他在美学上有很明确的意识和理念，提出了"悟对"、"实对"之说。顾恺之的作品真迹没有保存下来，但从相传为其摹本的《列女仁智图》（图4-2）、《女史箴图》、《洛神赋图》等作品中也能看到这一"悟对"、"实对"的美学理念。《女史箴图》（图4-3）是根据西晋张华《女史箴赋》所画的变相图，旨在宣传封建说教、道德劝诫之内容。我们关注的是其形象解说原赋题旨的再现性手法。有学者指出，画家在此所采取的"手法是单纯、简练、高度有力之写实的"（李浴《中国美术史纲》第446页），这一评判甚是有理。《列女仁智图》的布陈方式和形象特征与《女史箴图》极为相近，亦以写实为原则。《洛神赋图》（见前图3-2）作为取材于曹植《洛神赋》的长幅画卷，则更加典型地体现了"实对"原则。画面上，曹植那痴情凝视、怅然若失的表情，宓妃那含情脉脉、回眸盼睐的神意，"怅盘桓而不能去"的情绪氛围，"吾将归乎东路"的悲怆心境，以及所配置的一切景物，如山石、树木、水浪、舟车、马匹、鸟兽、器具等等，都是无不彼此应对，相互生色，恰如其分地再现了原赋的情节内容，其写实意识和技巧都是显明而突出的。

正是在形似写实的基础上，顾恺之表现了他对"传神"之趣的非常自觉的追求，并使这一新的审美趣尚臻于完善。唐代张怀瓘对此有最恰当的评价，他说："象人之美，张（僧繇）得其肉，陆（探微）得其骨，顾（恺之）得其神。"（《画断》）顾氏对"传神"之趣的自觉追求实际上从很年轻时就已开始。有一个脍炙人口的故事说，哀帝兴宁二年，京师修建瓦棺寺，寺僧请当时的名流"鸣刹注疏"（即撞钟并写上所施舍的钱数），当时士大夫中施钱者每人不过十万，而顾恺之却踊跃地写了百万。他那时虽已是桓温的司马参军，但其实并不富有，寺僧们满以为这二十岁左右的年轻人不过是说说大话而已，就请他勾疏。顾氏便请寺内准备一堵白墙，然后"闭户往来一月余日，所画维摩诘一躯"，在最后将要给维摩诘像点眼睛时，他告诉寺僧把门打开任人参观，要求参观者第一天施十万钱，第二天施五万，第三天不计。当寺门打开，只见"光照一寺"，前来布施参观的人们无不目瞪口呆，惊讶得说不出话来，结果寺内顷刻间得了百万钱财。这个故事的意义不仅说明了顾氏画艺的高超，还意味着他很早就继承了其师卫协的衣钵，将眼睛视为人物美的关键所在。他所画的这位维摩诘居士，据说有着"清羸示病"的容貌和"隐几忘言"的神态，完全一副"得意而忽忘形骸"的魏晋名士风度。连四百年以后的杜甫看了这幅画，依然感叹道："虎头金粟影，神妙独难忘。"（《送许八归江宁》。"虎头"是顾氏小字。"金粟"是金粟如来的简称，指维摩诘居士）这也向我们喻示了他的人物画与魏晋玄学语境的内在联系。据说他在画嵇康、阮籍等人的肖像时，也是很长一段时间不点眼睛。而且不光眼睛，凡是最能显示人的典型特征的细节，他都给以格外关注和表现。他画裴楷的肖像，就突出了典型细节，在其额上加三毛，顿使观者觉得裴楷的形象"神明殊胜"。正因为他对人物的形神表现有着独到的理解和高度的自觉，所以他的画在当时即独冠朝野，为世人所看重。他的长辈谢安就夸奖他说："卿画，自生人以来未有也。"至于后世对他的褒奖就更是连篇累牍，毋庸细述了。

这里需要注意的是顾氏画维摩诘居士时，突出的是其"清羸示病"之容，这实际上就在美术领域开了晋宋之际人物之美偏重"秀骨清相"的先风。"秀骨清相"的审美内涵一是重神略形，突出人物的神情超然之状和放逸脱俗之态；二是融人物的阳刚之美于阴柔之韵之中。不是纯粹的阴柔，而是涵蕴着内在骨力，但这骨力又潜含在一定的清秀形相里。这两点其实是一回事，都突出的是魏晋玄风所影响、所塑造的一种人物内在之美，一种"得意而忽忘形骸"的美。这种"秀骨清相"的人物美范式，一直到南朝齐梁的宫廷画依然不改，同时在北朝的造像文化中也有所反映。这说明玄学精神对中古审美文化的影响何其深远！

顾氏人物画的另一审美特点，就是将人物置于山水之间。《世说新语·言语》有记载说，他对山水自然有着非常敏锐的感受。有一次，他从会稽回到他所任殷仲堪参军时的驻地荆州，别人问他对会稽山水的印象，他回答说："千岩竞秀，万壑争流，草木蒙笼其上，若云兴霞蔚。"这一回答，言简意赅，说明他对山川之美的观察体会是深刻的。反映在创作上，据说他曾画有《云台山图》、《雪霁望五老峰图》等，为晋室东迁后山水题材之名作。他还另撰《画云台山记》一文，具体记述了他画云台山的构思和意图，可为参照。不过由此记述，可知《云台山图》中画有树木、崖石、禽兽、天师及其弟子，显然这是一幅具有道教内容的山水画，并非纯以山水景物为对象的山水画。认识到这一点非常重要，这有助于我们准确阐释顾氏山水题材画的意义。实际上，以顾恺之为代表的东晋时期的山水描画，总体上没有取代人物画的主流地位，大都是以人物为主题、为中心，围绕着人物来做的，未脱离人物之背景、衬托、环境的地位。如《画云台山记》中所说，在绝崖、崇山、险渊、耸石、清天、水色、伏流、林荫、白虎、游风等等之间，有一位"瘦形而神气远"的"天师坐其上"，他正"回面谓弟子"，而那两位弟子，则"神爽精诣"，"穆然坐答"。显然，这正是一种以人物为中心，以山川为背景和烘托的构图模式。潘天寿对此指出，顾氏于晋室东迁后所作的山水题材名画，"尚多以人物为主题，未完全脱离人物之背景而独立"（《中国绘画史》第28页）。顾氏的这一构图模式实际上表现在他的所有类似绘画中。有一次他为谢鲲画像，把谢鲲画在了岩石中间。人问其故，顾氏回答说："谢云，'一丘一壑自谓过之。'此子宜置丘壑中。"（《世说新语·巧艺》）这也是对这一构图模式的一种具体贯彻。相传为其摹本的《洛神赋图》也是这样一种构图，一切景物，包括山石、树木、水浪、禽兽等，都是围绕着人物来设置的。这种设置，"更能显出画面上的宾主之分，有益于内容和主体人物之突出。因为在这里，山水树石所起的作用，只不过是一种陪衬和烘托而已"（李浴《中国美术史话》第451页）。这一切都在告诉我们，顾恺之的所谓山水题材画，正如宗白华先生所说，也是"拿自然界的美来形容人物品格的美"。

总之，顾恺之的绘画所反映的是魏晋之际那种以人物美为核心，以"自我超越"为主旨的审美文化精神，也可以说他的人物画即标志着这一审美文化精神在绘画领域所达到的完满境界。

其后人物画，特别是肖像画依然流行，到南朝时期，反映宫廷生活，描画佳人容色，成为画官们的主要工作。谢赫就是这样一位以"善画妇女"著称的宫廷画家，姚最说他"写貌人物，不俟对看，所需一览，便工操笔"，可见其画人物的技巧是非同凡响的。那么他画人物有什么特点呢？可参见姚最的这段评述：

> 点刷精研，意存形似。……目想毫发，皆无遗失。丽服靓妆，随时变改，直眉曲鬓，与时竞新。别体细微，多从赫始。遂使委巷逐末，皆类效颦。至于气韵精灵，未尽生动之致；笔路纤弱，不副壮雅之怀。然中兴已来，象人为最。（张彦远《历代名画记》卷七）

从这段评述中可看出，谢赫的人物画在"别体细微"的技巧层面确已进了一步。但同时，他画人最重的还是"形似"原则，为此，他讲究"新变"，即要追随生活中人物服饰打扮的不断变化。这使他在"象人"方面，为当时人所不及。然而正因他的"象人"仅限于"形似"，所以他的画就自然少了些精灵和气韵，在"生动"方面也就稍逊一筹。同时，由于他更多注重的是女性的服饰妆扮，而且画法上过于"细微"，因而不免多了些脂粉气、阴柔气，当然就显得"笔路纤弱"，不太"壮雅"。从这里我们不难作出判断，到谢赫,人物画虽在发展,但多流于形色技术一途,同顾恺之"以形传神"的审美趣味相比,其差距是非常明显的,甚至可以说已现出某种倒退的征象。这一情势直到盛唐吴道子的出现才得以改变,人物画才又重现活力,再创辉煌。

山 水 画

晋宋以降最具代表性的绘画是山水画。因为在东晋以后的现实美领域,山水自然之美已从单纯作为人物之背景、人格之衬托的附属地位中解脱出来,走向了审美文化的"前台",走向了自身的独立。这一变化反映在绘画领域,便是山水画的历史性崛起。

山水画基本于南朝方始兴起,一般归因于南方地理多山水花色和文人名士多遁迹山林等,这都不无道理。但山水美、自然美的凸现和独立,离不开的是与之相应的人的超功利、超现实的自由心灵。而这自由心灵的形成,固然在根本上是社会历史的物质实践的结果,但从晋宋之际直接的原因看,无疑与以精神(心灵)为本体的般若佛学这一社会主流意识和思想文化语境有着更为密切的关系。所以,当我们谈到这时期的山水画,就不能不谈到当时首屈一指的山水画家宗炳,而要谈宗炳,就不能忽略他作为佛学家这一事实。

宗炳是名僧慧远大师的弟子,世号"宗居士",其所著《明佛论》,又名《神不灭论》,为其佛学思想的代表作。我们之所以重视这一著作,是因为在其佛学表述中,蕴含着很新很重要的美学信息,了解这些信息不仅有助于对宗炳本人的审美理念的深入解读,而且也有助于对整个审美文化发展趋向的准确阐释。

他的佛学观念中最让我们感兴趣的主要有这么几个方面,一是他指出了"礼义"与"人心"的内在矛盾。他慨叹到:"悲夫!中国君子,明于礼义,而暗于知人心,宁知佛心乎?今世业近事,谋之不臧,犹与丧及之,况精神我也?"在他看来,儒家只讲礼义,而对超乎感性生命之上的心灵、精神活动却知之甚少;而单纯地"明于礼义",还是一种粗蛮的、原始的、外在的、人性极不发展的思想形态,并不符合文明人日益复杂的内心活动和需求,"乃知周、孔所述,盖于蛮触之域,应求治之粗感,且宁乏于一生之内耳,逸乎生表者,存而未论也。"所以他认为,从价值论的意义上说,那种不惜抑制甚至扼灭自己的内在心灵,一味信奉外在的礼义规范的人,不过是"中德以下者"。而"上德者,其德之畅于己也无穷",亦即充分满足和发扬自己的内心,自觉追求自我精神之无限的人,才是一种最高最美的品德。由此他明确提出了"精神我"的概念,并在《又答何衡阳书》中还断然声称"人是精神物",直接把人规定为一种精神的、心灵的存在。应当说,这一"精神我"概念的提出，是史无前例的。同儒家标榜的"礼义"人格和玄学追求的"自我"人格比起来，这一"精神"人格的出现，在古代士人人格理想由外而内、由形而神、由生命而精神、由存在而心灵的拓展深化过程中，无疑具有十分醒目的里程碑意义。它不仅是中世纪中国一束瑰丽的思想之光，而且在古代思想文化、审美文化的历史上也是极其重要的飞跃，应给予足够重视。

二是把"礼义"与"人心"的矛盾视为"形"、"神"分野的根源。这也是一种很值得注意的新观点。宗炳认为，重"礼义"者，必强调外在形象的整饬和行为规范的拘守，因而必以"形"为主；而重"人心"者，则必不拘礼法形骸，唯求内心自由，因而必以"神"为尚。由此他感叹道，周孔的礼义规范"何其笃于为始形而略于为神哉"！佛法却不同，它主张的是"心为法本"，故讲究"人形至粗，人神实妙"，以能"入精神"、"明精神"为至境。这样，他便由重"人心"轻"礼义"的价值取向，自然地导向了重"神"轻"形"的思维之途，从而为此后"畅神"、"写意"审美思潮的崛起做了充分的理论准备。

三是对"形"、"神"关系做出重新阐释。正如他认为"佛法"高于"周孔"，但却并不决然排斥"周孔"，而是主张"依周孔以养民，味佛法以养神"，进而实现"孔氏之训，资释氏而通"的儒、佛调和一样，他在形、神关系上，也是一方面明确反对一般的"形神相资"之见，尤其反对"资形以造，随形以灭"的"以形为本"之说，认为"神非形之所作"，"精神极，则超形独存"，从而将"神"视为绝对自由的本体，把"神"绝对地置于"形"之上；但另一方面，又认为"神"虽"超形独存"，但与"形"并不截然两分，而是可以无限地化入为"形"，做到"随情曲应，物无遁形"。因为宇宙万物，世间一切，都是由"神"所感应化生的，"法身无形，普入一切"，"众变盈世，群象满目，皆万世以来，精感之所集矣"，而"精"、"神"也就是"佛"，"神道之感，即佛之感也"。所以宗炳宣称："佛为万感之宗焉！"这样一来，大千世界，天地事象，其本源无不在"佛"，无一不是"佛法"、"精神"所化入、所感生、所表形、所显现，"夫精神四达，并流无极，上际于天，下盘于地"。这跟前面所举僧肇"佛无定所，应物而现，在净为净，在秽为秽"一语基本同义。于是，在宗炳的佛学话语中，自然万物便不再是纯然外在、僵死冷漠的"物"了，而是成为"佛"所感生、所普入、所表形、所显现的存在了，"物"与"非物"、"真有"与"假有"之间的界限模糊了，消失了，正如宗炳所说，万事万物"皆如幻之所作，梦之所见，虽有非有，将来未至……凡此数义，皆玄圣致极之理"。然而也正是在这种如幻如梦的心理感觉中，自然万象写满了灵趣，充满了韵味，形成了人与自然心心相印息息相通的亲密关系，显现出了超以象外无以穷尽的诗情画意。这正是自然美之独立、山水画之崛升的思想背景与义理根源，当然也是宗炳得以集佛学家、美学家和第一位真正的山水画家于一身的思想背景与义理根源。

宗炳不是一位专门的山水画家，他也画人物，《历代名画记》对他的人物画有记载。但毫无疑问，他在画史上首次以能画山水为擅长和特色，因而把他称作第一位真正的山水画家当不为过。只可惜的是，他的这些山水画迹今天已难以看到，无法直接进行评说，但我们注意到，他在画完那些山水景致后，曾对别人说过这样一句话："抚琴动操，欲令众山皆响。"这是一句富于想象的、充满诗意的话，它表达的是一种特殊的状态，一种独有的情境。它意味着，他画那些满墙整壁的山水画，那些仿佛能与音乐产生共鸣汇成交响的山水画，并不真的只是为了摹拟曾经游历过的物象景致，而更是为了抒写一种心情，表达一种内在无限不可言喻的精神和意趣，或用他的话说，就是为了"畅神"。从审美文化发展的角度看，它正标志着绘画艺术中一种真正的写意理念的兴起。比他稍晚的谢赫在《古画品录》中评论他说："炳于六法，无所遗善，然含毫命素，必有损益，迹非准的，意可师效。"谢赫把他列于六品，看来是不太喜欢宗炳的山水画。但他的评述又是矛盾的，一方面说宗炳所画是"迹非准的"、"必有损益"的，亦即过于主观随意，不太合绘画规则、不太似所画对象，另一方面又说宗炳对于绘画"六法"的运用是很完善的，而且其所表现的"意"也是值得学习的等等。不过这倒是透露了这样一个信息，即宗炳的山水画既然"迹非准的"、"必有损益"，而且还是"意可师效"的，那么很明显，它并不是讲究形似写实，而是追求畅神写意的。这实际上就初步建立起了中国山水画偏于畅神写意的基本审美范式。宗炳晚年所作的《画山水序》一文，则是对他这一绘画美学理念的一个总结。

绘画美学

作为对绘画艺术的一种理性思考和表述，绘画美学在东晋南朝也有了划时代的发展。

同对绘画艺术的描述一样，我们在这里将魏晋之际文化语境中所形成的人物画美学，同这一阶段所兴起的山水画美学放在一起来进行解读，其目的也是为了使绘画美学自魏晋至南朝以来的演化脉络显得更清晰、更便于把握一些。

顾恺之的"以形写神"说 以形、神关系为核心来思考绘画艺术问题，应当说是这一时期绘画美学的突出特点，也是中国绘画美学开始趋于独立的一大标志。在这方面，第一个有代表性的美学思想家大概就数顾恺之了。他以"以形写神"的著名学说拉开了真正的古典绘画美学的序幕。

　　如前所述，顾恺之主要是一位人物画家，因此他的"以形写神"说涉及的自然是所画人物的形、神关系。那么这个"以形写神"说究竟是什么意思？有一种看法认为，顾恺之强调的是"传神"，而人的四体之"形"对于"传神"并不重要，所以他是"否定'以形写神'的"（叶朗《中国美学史大纲》第201-202页，上海人民出版社，1985年版）。显然这是一个值得商榷的意见。要真正弄明白顾恺之绘画美学思想的实质，至少需要从两个基本角度入手，一是他所在的时代文化语境，一是他本人的整体美学理念，当然这两个基本角度也是内在相连不可分割的。

　　我们已经肯定地认为顾的人物画所对应的，主要是玄学人格本体论的话语系统。那么，我们对顾氏"以形写神"说的理解，自应首先放在这一文化语境中来进行，特别要同玄学有关形、神关系的理论阐释联系起来。我们知道，玄学讲究的是"以无为本"、"统无御有"、"崇本举末"。这一理论的总体构架内在地规定着玄学对形、神关系的阐释。玄学对形、神关系的阐释，主要体现在它的所谓"言意之辨"上，"形"所对应的是"言"，"神"所对应的是"意"。王弼对此所作的著名解说是：

　　　　夫象者，出意者也。言者，明象者也。尽意莫若象，尽象莫若言。言生于象，故可寻言以观象；象生于意，故可寻象以观意。意以象尽，象以言著。故言者所以明象，得象而忘言；象者，所以存意，得意而忘象。（《周易略例·明象》）

在这里，王弼将"意"放在第一位，强调的是"得意忘言"这一面是毫无疑义的。在他看来，"言"（感性、表象、形式）只是为了显示"意"（理性、本质、内容）而存在的，"言"只是达到、显示"意"的一种媒介和手段，它本身并不是最重要的，最重要的是它所显示的内容，是对象的内在深层本质，因此把握事物，应扬弃外在的感性表象形式，直达其内在深层本质。可以看出，王弼的这一"得意忘言"说，与他"以无为本"的哲学主旨是根本一致的。从思想文化史的角度看，"得意忘言"说是对《周易》的"立象尽意"说（《系辞上》），以及由此所反映的偏于感性、表象、重形、尚实的审美文化取向（这是先秦两汉时期比较鲜明的审美文化取向）的一种扬弃和超越，标志着审美文化向理性、本质、重神、尚意的历史性转型。这是玄学语境之于魏晋之际审美文化的主要意义之所在。但是，从另一方面说，这并不能说明玄学是完全忽略、否定"言"、"象"（即"形"）的，相反，它又是重视"言"、"象"的，是把"言"、"象"看做显示"意"、达到"意"的必要途径和中介的。因为"意"虽然是最本质、最重要的，但它毕竟要凭借"言"、"象"显现出来，所以王弼又讲"尽意莫若象，尽象莫若言"。他甚至还认为：最高的本体（"无"）是"大象"、"大音"，而"大象"、"大音"虽然"无形无名"、"超言绝象"，但它要充分实现自己,依然离不开有形有名的"四象"、"五音",即所谓"四象不形,则大象无以畅;五音不声,则大音无以至"(《老子指略》)。这就非常明确地肯定了"言"、"象"(即"形")的不可缺失性,肯定了它对于显示和达到"意"(即"神")所无法忽略的"在场"性与必然性。这与玄学既讲"以无为本"又讲"统无御有"、"崇本举末"的思路正是相通的。对这一点,我们也应给以充分的注意。否则,就会带来玄学解读上的片面性。

将玄学的"言意之辩"用之于形、神关系,则显然对应的是这样一种道理:一方面,"神"是最主要、最根本的,而"形"则是次要的、非根本的;"形"的价值和意义就在于显现"神",突出"神",一旦达到了"神"的层面,"形"的媒介功能就完成了,"忘形"的飞跃也就发生了。而从另一方面说,这种"忘形"的飞跃也不是无条件、无前提的,它必须是在承认、肯定"形"的合理性和必要性的基础上产生的。在逻辑上,应首先有客观的"形",然后才有主观的"忘形",才会进入"神"的层面。"形"对于"神"来说是不可缺失的,是具有无法忽略的"在场"性、必然性的。这两方面结合起来,即构成顾恺之"以形写神"说所依托的玄学语境之核心。汤用彤先生说:"顾氏之画理,盖亦得意忘形学说之表现也。"(《魏晋玄学论稿·言意之辩》第226页)汤先生在玄学研究上卓然大家,成就超著,但对顾氏画理所下的这个结论却并不是很全面的。

再看一看顾恺之本人的整体美学理念。顾氏首次提出绘画重在"传神"、"写神"的思想,这使他成为中国绘画美学史上"传神"观念的发轫者。顾氏以画人物为主,他首次指出:"凡画,人最难,次山水,次狗马。"(《论画》)在他之前,有韩非子所谓"犬马最难","鬼魅最易"说(《韩非子·外储说左上》),有《淮南子》对"今夫画工好画鬼魅而憎狗马"的责难,又有张衡关于"画工恶图犬马而好作鬼魅,诚以实事难形而虚伪不穷也"(《后汉书·张衡传》)的评论等。这些论说,均依据同一个美学原则,即要求所画的对象(犬马之类)应该"像"这个对象,应该做到"形似",即形体相貌的逼真。正因为画工们很难做到这一点,所以他们便避实就虚,去画那种没有实物作比照的鬼魅了。顾恺之却认为画人比画狗马要难得多,是绘事之中最难的一科,因为人与其他对象不同,人不仅有外在的相貌形体,更主要的是有内在的精神和灵魂。所以,仅仅做到像汉代毛延寿那样"人形丑好老少必得其真"的"形似"还是不够的,更重要,当然也更难的是通过人的外在形貌动作传达出人物的内在精神,表现出人物的心理性情,这才是人物画的最高审美境界。所以他画人物,往往数年不点目睛,人问其故,顾氏答道:"四体妍媸,本无关于妙处,传神写照,正在阿堵中。"(《历代名画记》)"阿堵"是晋代的一个俚词,意思是"这个"。顾氏说的是,画人物要达到"传神"之趣,全在"这个"(眼睛)上面。顾氏画人物数年不点眼睛，正说明了他对"传神"的高度重视。他还极"重嵇康四言诗，画为图"，因而常用嵇康的一句诗"手挥五弦易，目送归鸿难"，来说明眼睛对于"传神"的重要性，以及"写形"易而"传神"难的道理。顾恺之首次视"传神"为人物画创作的审美至境，这就开辟了中国绘画美学一种崭新的理论视界，使之进入了一个更高的审美自觉阶段。当然，顾氏本人也因此奠定了自己在绘画美学史上的崇高地位。

但是，这并非顾恺之绘画美学思想的全部。如果说他的"传神"说反映的是玄学话语中"得意忘言"这层意思的话，那么，他所提出的另一个重要概念即"悟对"说，则反映了玄学话语中"意以言著"这一层意思。也就是说，顾氏在高倡"传神之趣"的同时，并没有否定"形似"、"写实"原则，而是强调"神似"、"传神"要以"形似"、"写实"为前提和途径。如果离开了客观的"形似"、"写实"原则，那么"传神之趣"也就无从谈起。最能体现这一点的即为他的"悟对"说：

> 凡生人无有手揖眼视而前无所对者。以形写神而空其实对，荃生之用乖，传神之趣失矣。空其实对则大失，对而不正则小失，不可不察也。一像之明昧，不若悟对之通神也。（《魏晋胜流画赞》）

这段话大意是说，人的动作、姿态、表情、眼神都是指向一定对象的，因为人和人、人和物、人和环境之间并不是彼此孤立的，而是具有一定的客观对应关系的，所以要达到"传神之趣"，就必须把握好这种客观对应关系，通过对它的真实反映和描绘，来传达出人物独特的内在神情。对于这种客观对应关系的把握就叫"悟对"、"实对"，而只有"悟对"、"实对"，才会达到"通神"、"传神"之目的。这样，"悟对"、"实对"作为对某种客观的现实对应关系的把握和再现，或者说，作为一种广义的"形似"、"写实"原则之贯彻，就成为"传神"、"通神"的一种途径和手段，一种顾氏所谓的"荃生之用"。如果这一"荃生之用"，这一"写实"手段出了错（"乖"），那么这个"传神之趣"也就没有了。顾氏对"实对"、"悟对"这个"荃生之用"的强调，还体现在此话之前的一段文字中，即："若长短、刚软、深浅、广狭与点睛之节，上下、大小、浓薄，有一毫之失，则神气与之俱变矣。"这里对"形似"、"写实"原则之于传达人物"神气"重要性的重视，是明明白白清清楚楚的。这怎么能说顾氏是"否定'以形写神'"的呢？

当然这里所谓"以形写神"的"形"，还主要是一种广义的"形"，是就人物与他（她）周围事物之间客观对应的"形势"而言的。那么顾恺之讲没讲过人物自身的"形"、"神"关系？没有专门记载，但也间接地有所论述。比如他在《论画》中就涉及了这个问题。他在谈《北风诗》时说：该图画"即形布施之象，转不可同年而语矣。美丽之形，尺寸之制，阴阳之数，纤妙之迹，世所并贵。神仪在心而手称其目者，玄赏则不待喻"。这段话中"神仪在心而手称其目"一句，可以看做"以形写神"说和"悟对"说的具体发挥；而"即形布施之象"和"美丽之形"等语，则明显是讲形似原则的，顾氏对此也并没流露出明显的"否定"之意，实际上他的态度更多的是欣赏。在谈《小列女》时，顾氏一方面从"传神"角度出发，批评该画"面如恨，刻削为容仪，不尽生气"，另一方面又从"形似"原则出发，肯定该画"服章与众物既甚奇，作女子尤丽，衣髻俯仰中，一点一画，皆相与成其艳姿，且尊卑贵贱之形，觉然易了，难可远过之也"。这里也无半点"否定'以形写神'"的意思。他评《周本记》时说："重叠弥纶有骨法，然人形不如《小列女》"，此语也明确表示了他对"人形"的重视；而他说《伏羲》、《神农》"有奇骨而兼美好"，则贯彻的是"形神兼备"思想。再从后人对他的评论看，谢赫说他"格体精微"，张怀瓘说他"运思精微"，张彦远说他"紧劲连绵"、"笔迹周密"，"传写形势，莫不绝妙"等等，都可以看出顾氏是不排斥"形似"原则，不"否定'以形写神'"的。

无论从所在的时代文化语境，还是从本人的整体美学理念，都可以明白无误地看出，顾恺之绘画美学思想的核心是"以形写神"说，一方面，他把人物画艺术的最高境界放在"通神"、"写神"、"传神"上，从而将中国绘画美学推向了一个崭新的阶段；另一方面，他也并不否定形似原则，认为写形是传神的必备前提和中介，脱离了写形，传神就无从谈起，从而又意味着先秦两汉偏于写实象形美学传统在他这儿的某种程度的遗留。这表明顾恺之的绘画美学具有重要的承前启后、继往开来的意义。

谢赫的"气韵生动"说　继顾恺之"传神"说之后，南朝齐谢赫提出了著名的"气韵生动"说，而这两种学说在义理上又是有内在联系的。元代杨维桢在《图绘宝鉴序》中讲："传神者，气韵生动是也。"这也意味着，"气韵生动"说至少是对"传神"说的一种深化和发展。

我们前面谈人物画时，曾指出谢赫所画的人物更多地偏重于"形似"一面，而在"传神"上却远不及顾恺之。但谢赫在绘画美学上却以"气韵生动"之论大大发展了顾恺之的"传神"之说，从而奠定了他在画史上的重要地位，这不能不说是一种奇特的审美文化现象。为什么说谢赫大大发展了顾氏的"传神"说？这要从谢赫在其名作《古画品录》中提出的"图绘六法"谈起：

> 六法者何？一气韵生动是也；二骨法用笔是也；三应物象形是也；四随类赋彩是也；五经营位置是也；六传移模写是也。

谢赫在这里将"气韵生动"列为六法之首，视为最高境界，其他诸法则位居其次，而且在功能上它们也只是实现"气韵生动"这一最高境界的必要条件。这种对绘画审美要素明确区分等次品位的做法是前所未有的。那么,"气韵生动"该作何解? 杨维桢说它就是"传神"之意,有一定道理。就"气韵"一词的本义看,它大约指的是一种既在形象又超形象的能够彰显事物本质的内在神气和韵味;"气韵生动",则大体是指这种内在神气和韵味所达到的一种鲜活饱满生命洋溢之状态。如此说来,它与顾恺之"传神"说的意思应当是差不多的。谢赫在美学思想上,比他在绘画实践上确实更加有意识地强调"传神",更加自觉地将具有"神气"、"韵味"的绘画视为至境,标为一品。如他认为陆探微的画"穷理尽性,事绝言象",即超越了对象的外在形貌,准确地抓住了其内在的性格和神韵,所以列为一品。又说卫协的画"虽不备该形似,颇得壮气",故亦列为一品。另外他还说晋明帝"虽略于形色,颇得神气",说丁光"非不精谨,乏于生气",说顾骏之"神韵气力,不逮前贤。精微谨细,有过往哲"等等,这一切,都体现了谢赫对人物画的"传神"之趣或"气韵生动"境界的高度重视(谢赫这些批评用语"神气"、"神韵"、"壮气"、"生气"等其实皆为大体相类的概念,而且与它们相对的则都是"形色"、"言象"、"形色"等近似术语,这也足可证明"传神"说与"气韵生动"说都是围绕形、神关系而发的,因而是相近相通的)。谢赫绘画美学中这一独标"气韵生动"的倾向,在对张墨、荀勖的一品画的评点中表现得尤为突出:

> 风范气候,极妙参神,但取精灵,遗其骨法。若拘以体物,则未见精粹;若取之象外,方厌膏腴。可谓微妙也。

这段带有某种佛学话语意味的评论,可以看做是谢赫对"气韵生动"的最好诠解。所谓"气候"、"参神"、"精灵"等语,即相当于"气韵"或"神韵"概念;而所谓"遗其骨法"、"取之象外"、"不拘体物"、"但取精灵"等意,亦即超越人物对象感性的骨相体貌,抓住其超骨相超形貌的内在性灵与精神,这样也就达到了一种精微神妙的艺术境界。值得注意的是谢赫在这里用了"参"、"取"等字,意味着他不仅强调要着力传达对象本身的气韵,而且还隐约要求画家以一种主体性精神去主动"参与"、自由"选取",体现出画家主体自己的审美趣味。谢赫在《古画品录》中反对"但守师法"(评袁倩),认为这样"更无新意",并肯定张则的"师心独见"等等,这都可视为他开始关注和强调画家的主体性表现了。这种对审美主体性的强调,虽不很明确和自觉,但比顾恺之只是围绕着对象而讲究"以形写神"说,已显示出某种新的、即将由宗炳等人所正式提出的偏于畅神写意的美学趋向。

　　但是,这并不意味着谢赫由此放弃了"形似"原则。他虽然在主张"传神"方面比顾恺之进了一步,但在强调"象形"方面又依然与顾恺之差不多,从其"图绘六法"的第二至第六法都涉及形似原则来看,他甚至比顾氏更讲究"象形"。第二法是"骨法用笔",指的是如何描绘人的骨相形貌;第三法"应物象形",更是指如何象形写实;第四法"随类赋彩",讲如何用色才更合乎所画对象,也属象形写实之法;第五法"经营位置",讲如何进行整体结构布局,使之主次得当,疏密有致,与写实法有关;第六法"传移模写",则主要讲的是临摹古人学习成法,也跟象形意思相近。总之,谢赫在讲究"形似"方面,比顾恺之更自觉化、理性化、系统化了。应当指出的是,谢赫也反对刻意追求形似,认为"泥滞于体,颇有拙也"(评毛惠远),"纤细过度,翻更失真"(评刘顼),即单纯在形体外貌上下功夫,尽力精细地逼肖对象,反而会丧失对象的真实性。谢赫所要求的"形似"、"象形",总体上是为"气韵生动"服务的,是围绕着"神似"的"形似",突出着"传神"的"象形"。他所谓"图绘六法"中,后五法其实都是为实现第一法"气韵生动"这个最高境界服务的。谢赫的绘画理念应是顾恺之人物画美学思想的一种深化和完成,同时他对"参神"、"师心"等等的关切,也在某种程度上预示着绘画美学向畅神写意发展的新动向。在这个意义上,谢赫可视为从顾恺之发展向宗炳的一个中介环节。

宗炳的"畅神"说　　如前所述,宗炳是以画山水为主的。既然是画,就依然离不开形、神问题。但山水画又不同于人物画,所画对象不一样,这就必然带来阐释上的变化。再加上宗炳是一位深谙佛理的山水画家,因而绘画美学到宗炳这儿,便有了一种新的趋向,新的发展(从历史的时间顺序说,宗炳比谢赫要早一些,似应放在谢赫前面谈,但根据绘画从人物向山水的发展轨迹和绘画美学思想的内在逻辑顺序,我们把宗炳放在谢赫之后来描述)。

宗炳绘画美学思想的核心是"畅神"说。这里的"神"与顾、谢所讲的"神"最大的不同,就是它不再是人物对象本身的个性神情,而主要发生了两大变化,一是佛学意义上的变化,"神"成为一种普遍的无限的精神本体,一种洋溢在山水自然万千气象中的、与人的心灵息息相通的无限神韵和意趣;二是由偏于对象向偏于主体的变化,"神"不再仅仅是对象所显现出来的神情气韵,而且更是画家自身所要表抒的某种心神、神意,一种主体的自由精神。且让我们解读一下宗炳的美学著作《画山水序》吧。

宗炳在著作中开宗明义地指出:

圣人含道映物,贤者澄怀味象。

这里所谓"含道"、"澄怀",是就审美主体的特定状态而言的,它指审美主体是一种掌握了最高精神本体的、摒弃了一切世俗认识和现实功利的无限自由的心境；而所谓"映物"、"味象"，则是就审美主体与对象的关系而言的，它指审美主体以一种无限自由的心境，去观照外物，品味对象，从而形成山水画创作中一种新的形、神关系，或者叫心、物关系。在这种新的心、物关系中，宗炳首先确认心灵、精神是自主和自由的。"心"不再追随于物、受制于物，也不再盲目地主宰"物"、占有"物"，而是用"含道"、"澄怀"的绝对超越的姿态去映照"物"、品味"物"，把握既在"物"之中又在"物"之外的趋于无限的神味意趣，用他的话说，主体是可以"旨微于言象之外"、"意求于千载之下"的，心灵是畅游于天地万象之间的；另一方面，"物"也不再是外在于心灵、精神的东西，而是在主体心灵的自由感应中，在精神本体的照耀和显现中，成为向心灵敞开的具有精神意味的"人化自然"。这样自然万象不再是纯粹的"物"了，而是成为精神本体栖息感应普遍显现的所在了。所以宗炳认为，当"圣人以神法道"时，与之相应的便是"山水以形媚道"，便是"山水质有而趣灵"。"以形媚道"，就是指山水用一种充满魅力的姿态去亲附于"道"，取悦于"道"，使自己成为"道"的普遍显现形式。"质有而趣灵"是指山水作为有形有质的物态存在，它则因"道"的显现而具有了超形质、超物态的神灵意趣。这样一来，主体作为心灵，与山水作为趣灵，双方便没有了差异和区别，便形成了两忘俱一和谐自由的关系。宗炳把这种心物两忘主客俱一的和谐关系，表述为"目以同应，心亦俱会"的境界。这与前述宗炳所谓"夫精神四达，并流无极，上际于天，下盘于地"等精神与天地并流的佛学理念不正是相通相合的吗？

不过有一点是关键的，那就是宗炳并不认为心与物之间，或精神与天地之间的关系是平分对等的。他在佛学上所标榜的"精神我"的概念，所提出的"人是精神物"的思想，在他的山水画美学中依然得到了贯彻和体现。因此，他认为在心物两忘主客俱一的审美关系中，最高精神本体的绝对超越性依然得到了充分的显现，即所谓"应会感神，神超理得"。这表明心物关系的焦点、核心不是别的，而正是这个"精神我"，一切都统一到"精神我"这个本体上。正是在这个意义上，宗炳提出了"万趣融其神思"的思想，即对象方面的"山水质有而趣灵"，其根源就在这个"精神我"上，所以山水画最终会呈现为"万趣融其神思"的审美境界。

"万趣融其神思"的提出，标志着山水画美学中的形、神关系，已不同于人物画，它所关注的"神"，主要不再是对象本身的内在精神，而是一种主体化的"神思"，一种自由的"精神我"。因此，山水画的审美本质就主要不是单纯地摹拟客观自然，而是旨在表达主体的内在神意，是一种侧重写意偏于表现的艺术。所以宗炳说，山水是人们"身所盘桓，目所绸缪"的东西，其形貌景色是可以被写被画下来的。但山水画并非为了达到山水形色的逼肖，而是为了传其秀丽，得其趣灵。怎样传其秀丽，得其趣灵？他认为，昆仑山那么大，人的眼睛那么小，如果离山太近了，反而看不清山的形貌；而要是远在数里之外看，那么山就在眼皮底下了。其中的道理就是人离物越远，看到的物就越小，而山水画就是根据这个道理，来求山水之秀丽，得山水之趣灵的：

> 今张绢素以远映，则昆、阆之形，可围于方寸之内。竖划三寸，当千仞之高；横墨数尺，体百里之迥。……如是，则嵩、华之秀，玄牝之灵，皆可得之于一图矣。

这里意识到了某种定点透视的道理，但更多涉及的还是散点透视之法。散点透视是中国画的主要方法之一。因为宗炳以得山水之灵秀为主，以"诚能妙写"那个"栖形感类"的"神"为要，而不以山水形色之似为尚，所以他讲散点透视、游动透视，即"以应目会心为理"，以主观时空为法。"竖划三寸，当千仞之高；横墨数尺，体百里之迥"，突出的不是外在客观的逼真，而是自然灵趣与内在心趣的相契相合。显然，宗炳所讲的这种山水画法，体现的还是一种"精神我"原则，一种畅神写意的美学追求。宗炳在文章结尾处用一句话言简意赅地表达了这一点：

> 余复何为哉？畅神而已。神之所畅，孰有先焉！

在宗炳看来，山水画的创作目的除了"畅神"之外，别无其他。"畅神"是山水画的首要特征，是其根柢和命脉。毫无疑问，这一"畅神"说的明确提出，同顾恺之的"传神"说相比，已鲜明地突出了画家主体抒一己胸怀、写自我神意的自由特性，意味着偏于畅神写意的绘画趣尚已开始成为一种理论的自觉。应当指出，这在绘画美学史上是有划时代意义的。

与宗炳大体同时的王微，则提出了"神明降之"一说，和宗炳的"畅神"说形成彼此呼应之势，也颇值得注意。

王微在《叙画》（据明刊本《王氏画苑》）中首先对山水画独特的审美功能作了辩说，他指出：

> 夫言绘画者，竟求容势而已。且古人之作画也，非以案城域，辨方州，标镇阜，划浸流。本乎形者融灵，而动变者心也。

"夫言绘画者，竟求容势而已"，这是指一般人对绘画的看法。"竟求容势"，也就是惟事物外在的容貌形势是求，或者说绘画就是体貌写形的。然而王微认为山水画并不需要像地理图那样，从实用的角度出发，"案城域，辨方州，标镇阜，划浸流"，达到形貌的绝对客观和准确。为什么？因为山水画的特点是"本乎形者融灵，而动变者心也"。就是说，山水画所描摹的"形"，是融入了"灵"的"形"，是神灵本体普遍入驻之所在。正因如此，这种山水之形可以感动人心，使人的心灵发生通于神灵的变化。这是一种世俗心灵向审美心境的升华。

正因为"灵"是山水画不同于实用性地图的根柢所在，所以王微说：

> 灵亡所见，故所托不动；目有所极，故所见不周。于是乎以一管之笔，拟太虚之体；以判躯之状，画寸眸之明。曲以为嵩高，趣以为方丈。

就是说，如果没有"灵"，那山水就无法感动人心；而眼睛对"形"的感知是有极限的，所以它难以窥见"形"中之"灵"。这样一来，山水画的独特功能和意义就显现出来了。它可以用一支画笔，来描绘出那个眼睛无法窥见的山水之"灵"，如同通过描画人的半身形状，来显示人一寸长的眼睛中所放射出的万丈神明一样。山水画就是如此，它可以在曲折幽深、随意挥洒的笔法中表现一切。它可以让山水欢歌笑语，让万物灵趣生动。这是一种多么尽情畅神、自由写意的艺术啊！想到此，王微不禁有些兴奋地写道：

> 望秋云，神飞扬；临春风，思浩荡。虽有金石之乐，圭璋之琛，岂能仿佛之哉！披图按牒，效异《山海》。绿林扬风，白水激涧。呜呼！岂独运诸指掌，亦以神明降之。此画之情也。

这是一段充满激情的论述。它把山水画创作的高峰状态、最佳境界传达出来了。它尤其指出了面对所画山水景物，人的精神、情思、心理、意念所达到的那种飞扬激越、浩荡涌动的极致性体验，其语气、内涵很有点像刘勰在《文心雕龙·神思》中所说的"登山则情满于山，观海则意溢于海"的意思。与这种审美体验相对应的，则是山水景物所显现的类似《山海经》的那种奇异绝妙，"白水"、"绿林"，在这里已然是意趣灵动，生机勃然了。王微不由得感叹道，这哪里只是在用手作画呀，分明是有"神明"降临到了山水之间。

这里所说的"神明"，可以理解为佛学所讲的最高精神本体，也可以看做画家本人的内在神思心意，其实二者在佛学向美学的渗透转化中早已没有了根本区别。"神明降之"，即意味着"神明"不是山水本身固有的，而是被赋予的。是谁赋予的？既可以说是"佛"赋予的，更可以说是画家自己，而从本质上讲，其实就是画家自己内在心意的一种抒写。因为"佛"不过也是人的一种内在觉悟，一种特定心态，是不外乎人心的。当然，同宗炳相比，王微美学所表现出的佛学意味不那么突出，其思想中的空灵虚无、"神超理得"的色彩不那么浓厚，但佛学的精神本体论的影响依然是明显的和关键的。离开了佛学影响，他的"神明降之"一说就显得不可思议。所以，所谓"神明降之"与宗炳的"畅神"学说大致是同出一脉的，都是佛学精神（心灵）本体论语境中的美学产物，都强调和突出了山水画作为一门抒自我神思、写内在心意的艺术，其偏于主体侧重表现的审美特征。从这个角度说，在中国绘画畅神写意美学思潮的崛起中，宗炳和王微均立下了筚路蓝缕之功。

4 "笔意之间"：
书法艺术与书法美学

在中国书法艺术和书法美学的历史上，这是一个具有里程碑意义的辉煌阶段。

自汉隶代篆之后，中国文字已逐步打通了从记事走向任心，从象形走向表意，从书写走向书法，从实用走向审美的道路。汉隶的出现是中国文字的质的飞跃，但汉隶本身的实用性还仍然大于其审美性，还不能看做是成熟的书法艺术。当然汉代也出现了行、草、真等字体，而且这些字体在东汉末有了较大的发展，不过总的来看还处于初始阶段，不占主流。

然而历史进入魏晋之后，特别是自东晋王羲之始，中国书法及其美学发生了一种根本的变折，那就是它超越了政治伦理社会功用的"工具论"范畴，而真正成为中华民族所特有的一种旨在"任情恣性"的审美方式，一种以"流美"、"表意"为主的独立的艺术样态。这一点的重要性，对于书法这一中国独特的审美文化形式的演变过程讲，是无论怎样估价都不会过分的。

魏晋之际的书法

魏晋之际的书法总体上承汉末趋势而发展，是书法艺术从萌芽觉醒走向古典成熟境界的承前启后的过渡阶段。在这一阶段里，最关键的事情便是除篆、隶仍有盛行之外，中国书法真（楷）、行、草诸体的演变亦均趋向于成型和完善。这时期最具代表性的书法家主要是两位，一是曹魏时代的钟繇，一是西晋时期的陆机。

钟繇一生勤勉好学，酷嗜书道，精于隶、楷、行、草诸体，而他为后代赞赏最多的主要是楷书。张怀瓘《书断》称他"真书绝妙，刚柔备焉。点画之间，多有异趣，可谓幽深无际，古雅有余，秦汉以来，一人而已。"黄庭坚也说："钟小字笔法清劲，殆欲不可攀。"

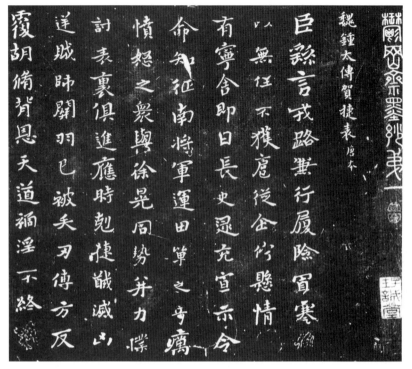

图4-4 钟繇《贺捷表》（唐摹本）

魏晋时期的楷书均为小字，钟繇当然也不例外。钟繇书法真迹未传下来，古临本有《荐季直表》，毁于民国，只有影印本传世。刻帖有《贺捷表》（图4-4）、《宣示表》、《力命表》、《墓田丙舍帖》等。我们说钟繇对书法在魏晋的发展贡献最大，即指他在推动隶书向楷书的转变过程中发挥了关键作用。不妨以《贺捷表》为例作一分析。《贺捷表》也称《戎路表》，共12行。此帖变隶书的方笔为圆笔，用真书的横、捺取代了藏锋、翻笔的隶书的蚕头燕尾，并吸收篆、草的圆转笔画，以一种方正平直、简易省写的结构，大致完成了楷体的定型。虽说有的捺画还顺势飘扬作波磔状，显示隶书的余意犹存，但总的特点是其用笔和结体已明显趋于楷书化，所以可以把《贺捷表》看做由隶书向楷书渐变过渡的典型作品。《宣和书谱》称该作品"备尽法度，为正书之祖"，是很恰当的。

西晋陆机，精通书法，但文学上的名气大大掩盖了他在书法上的成就。实际上，他在推动魏晋之际行、草书体的发展方面也是有很大功劳的。著名的《平复帖》（图4-5）便是他留给后世的草书名作，也是现存年代最早的一幅名家草书真迹，堪称稀世之宝。此帖的重要性就在于，它是反映隶草向今草渐变过渡的一件典型作品。陆机在该帖中写的是章草，却不带明显的汉隶遗意。从头至尾，以秃毫枯锋，信笔而行，笔法圆浑，结体疏淡，率性无拘，随意自然，字不相连而气脉贯通，笔迹流畅又内含遒力；看似了不经意，涂抹而成，实则精能奇古，功力深厚，笔墨之间，意韵萧散，堪为一帖难得的今草之祖。

东晋南朝的书法

东晋是中国书法艺术的成熟期。篆、隶、楷、行、草等今天仍在通行的诸种书体，皆于东晋完备定型。在创作上，这时期呈现出众多书家群星灿烂、并世称雄的极盛局面，其中尤以王羲之、王献之父子为代表。

王羲之，字逸少，琅邪临沂（今属山东）人，后徙居会稽山阴（今浙江绍兴）。官至右军将军，会稽内史，故世称"王右军"。他12岁即经父亲指点笔法，后从卫夫人（即卫铄）学书。"及渡江北游名山，见李斯、曹喜等书；又之许下，见钟繇、梁鹄书，又之洛下，见蔡邕《石经》三体书，又于从兄恰处，见张昶《华岳碑》，始知学卫夫人书，徒费年月耳。"（王羲之《题卫夫人〈笔阵图〉后》）由此可见，王羲之的书法之所以达到"贵越群品，古今莫二"（羊欣《笔阵图》）的境界，与他转益多师，广征博采，"兼撮众法，备成一家"是分不开的。

王羲之的意义就在于他并不止于博学多习，而更是通过对书法的改革与创新，使之在审美化、艺术化的道路上最终臻于中和完美的古典境界。比如对于楷书，他在学习钟繇的同时，改革了钟繇变隶为楷后仍"左右波挑"、留存隶意的笔法，凡钟书应波挑之处，他均敛锋不发，使楷书终至定型和成熟。这方面的传世之作有《乐毅论》（图4-6）、

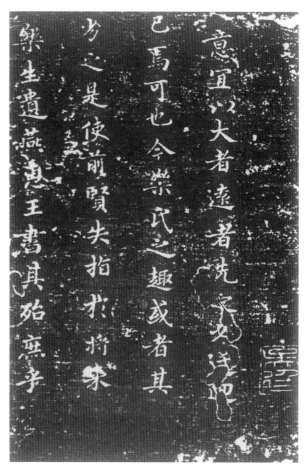

图4-6 王羲之《乐毅论》（唐摹本）

《黄庭经》、《东方朔画赞》等。不过，他在书法上的革新更主要体现在草书和行书方面。

草书，顾名思义即草率的书写。所以，草书应当是古已有之的。但把草书从一种快捷实用的书写方式上升为一种具有"观美"价值的独立书体，大约是汉代以后的事。几乎与隶书发展的同时，即出现了带隶书波磔的草书，即所谓章草，也产生了不带隶书波磔的草书，即所谓今草。西晋陆机的《平复帖》在推动章草转向今草方面已有较大进展，而王羲之则以自己富于革新精神的书法创作完成了这一转变，奠定了今草"笔方势圆"、"遒媚相生"的古典审美范式和偏于尚韵表意的美学性格。他的著名的《十七帖》（图4-7）便是草书的典范之作。《十七帖》为唐太宗李世民购集王羲之以草书体写的信札墨迹，因起首是"十七"二字而得名。观赏全帖，只见字字独立，互不牵连，然又上下俯仰，左右顾盼，气韵淋漓，生趣贯注。点画之间，似有一种深长难状的无尽意味在流溢、在涌动，素有"一笔书"之称。同时，此帖虽为信札，似乎随意写来，但不经意之中却章法有致，其用笔方折劲峭，布局形密势巧，结字从容衍如，体态婉转健朗，分明表现出了一种遒媚相生、笔方势圆的古典中和之美。

王羲之的行书则更加集中地体现了他的书法革新精神和中和审美理想，因而也最为后世所称道。行书是介于楷书与草书之间的一种书体。正因它的这一审美中介性特征，使之在体现古典审美文化理想方面更具优势和张力，所以尤为王羲之所重视。被称为"天下第一行书"的著名的《兰亭序》（图4-8）便是他的这样一个典型作品。晋穆帝永和九年三月初三，一个春光明媚的日子，他与谢安、孙绰等41位文人亲友聚会山阴兰亭，饮酒赋诗，修禊（在水边祓除不祥，实为一种游戏）之礼，其间，众人推举他为诗集作序文。面对良辰、美景、赏心、乐事，他仰观宇宙，俯察万物，感慨世事，喟叹人生，不禁游目骋怀，浮想联翩，兴到极处，便用鼠须笔蚕茧纸一挥而就写成了《兰亭序》。这篇奇妙文字一出，不仅名动天下，而且他本人也极得意。后来他想重新复书此序，结果重写了数十百本，终不如初，便愈发珍视原作。据说《兰亭序》原作传至七代孙智永，遗付辨才和尚，后被唐太宗李世民从辨才处用计赚来，秘藏于宫廷，最后随李世民葬于昭陵。现在见到的《兰亭序》只是唐代书法家欧阳询、虞世南、褚遂良、冯承素、赵模等人的摹本，以白麻纸"神龙本"（图4-8，即冯承素本，藏故宫博物院）最得原本精要。

从审美文化的角度看，《兰亭序》之所以重要，是因为它以"天下第一行书"的典范形式，集中体现了笔与意、骨与肉、形与神、刚与柔均衡中和的古典审美理想范式，用《法书要录》中的说法，即所谓"遒媚劲健，绝代所无"。这篇序文共28行，324个字，洋洋洒洒，一气呵成，其章法布白，参差多变而又浑然一体，不见着意经营的痕迹。察其

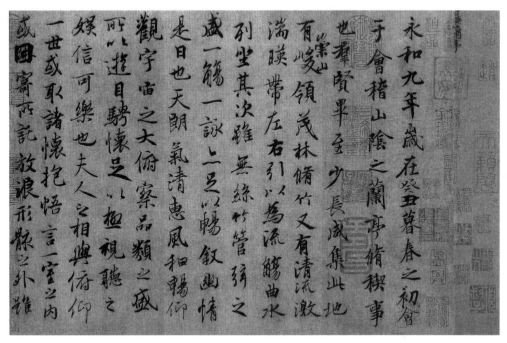

图4-8 王羲之《兰亭序》(局部, 神龙本)

用笔, 中、侧锋交替变换, 中锋取遒劲, 侧锋取妍美。线形点画, 恰如其分; 筋、骨、血、肉, 各得其所。结字极尽变化, 无一雷同, 又自然天成, 完整统一, 显得笔格骨遒肉润, 意态飘逸清雅, 情致富厚深远, 气韵灵秀飞动, 真可谓笔随意转, 意到笔至, 把作者自身的潇洒风度和高逸情怀表现得含蓄而又淋漓。在这帖行书里, 一切都显得那么和谐, 那么圆满, 那么美轮美奂, 那么不可企及。对此, 后代的一些鉴赏家、批评家也多有论及。唐太宗说:"详察古今, 研精篆索, 尽善尽美, 其惟王逸少乎!"(《王羲之传论》)"尽善尽美", 对于书法而言, 也就是笔与意、遒与媚的中和不偏。唐张怀瓘说王羲之"增损古法, 裁成今体。进退宪章, 耀文含质。推方履度, 动必中庸"(《书断》)。这个"中庸", 表现在书法上、艺术上就是中和美的理想。明代解缙说:"右军之叙《兰亭》, 字既尽美, 尤善布置, 所谓增一分太长, 亏一分太短。"(《春雨杂述》)"所谓增一分太长, 亏一分太短", 也是古典中和之美的最高境界。清代包世臣《艺舟双楫》称:"右军作草如真, 作真如草, 为百世学书人立极。"行书即介于真书与草书之间, 所以, "作草如真, 作真如草", 亦即达到真、草的中和均衡, 正是行书美的一种极致状态。

一般认为, 王羲之的草、行之所以有自己的独到建树, 就在于他一变汉魏以来的质朴书风, 开创了一种妍美流便的新体。此说有一定道理, 但也不可片面地理解这一说法,而是还要作一些界定和阐释。因为"妍美流便"是一种偏于阴柔优美的书风,而王羲之的行、草诚如我们所分析的,却是亦方亦圆、亦刚亦柔、有骨有肉、既媚且遒的,是妍美与健劲、壮美和优美的圆满中和。这一点是王羲之书法之所以成为古典美范本的根本标志。对王羲之行、草中的阳刚一面,不少鉴赏家、批评家也多有指出,如梁武帝萧衍称:"羲之书字势雄逸,如龙跳天门,虎卧凤阙。"(《书法钩玄》卷四《梁武帝评书》)宋代周必大说:"右军又晋人之龙虎也。观其锋藏势逸,如万兵衔枚,申令素定,摧坚陷阵。"刘熙载《艺概》更明确说:"右军书以二语评之曰:力屈万夫,韵高千古。"这些评语尽管是譬喻性的,但也不难看出它们对王羲之书法之阳刚一面的认定。

不过同汉魏书法的质朴比起来,王羲之的书法,特别是其行、草,也确实变得妍美一些了,阴柔一些了。正如唐代李嗣真所说,王羲之的"草、行杂体,如清风出袖,明月如怀"(《书后品》),其所比喻的正是其偏于优美的特点。张怀瓘则直接用"圆丰妍美"(《书议》)和"韵媚婉转"(《书断上》)来概括王羲之的行、草书法。然而尽管如此,对王羲之的阴柔妍美也决不能孤立片面地看,而应充分注意到其"正奇混成"、"似奇反正"的一面,即既妍媚婉转又遒力劲健的一面,注意到其作为中和不偏的古典范本的基本特征。

王羲之有七子,其中六子善书,而六子中,据说只有王献之从其父那里学到了书法之"源"。献之七八岁时从父学书,羲之悄悄从身后掣其笔而未脱,乃叹曰:"此儿当有大名。"献之书法诸体皆精,尤工行、草,先摹其父,后学张芝(东汉书法家,以草擅名,号为"草圣"),在此基础上,"改变制度,别创其法",遂独树旗帜,自成一格。传为王献之行草墨迹的《中秋帖》(图4-9)便是一件体现了他独特审美品格的代表作。此帖走笔如风,酣畅淋漓,一笔连写数字而不断,体势连绵牵绕而浑整,被米芾赞誉为"所谓一笔书,天下子敬第一帖也"(《书史》)。而观其狂纵奔放、生气夺人之势,更是写意味道极浓,堪称推动书法写意的急先锋。

可见,王献之的行草确实自成一格。在笔法上,他一改羲之刚正森严的"内擫"法,而为舒散展扬的"外拓"法。明代丰坊说道:"右军用笔内擫,正锋居多,故法度森严而入神;子敬用笔外拓,侧锋居半,故精神散朗而入妙。"(《书诀》)所以献之的行草如同张怀瓘所说,更显得"挺然秀出","情驰神纵","超逸优游","从意适便",因而是"笔法体势之中,最为风流者也"(《张怀瓘议书》,《法书要录》卷四)。王献之的这一笔法特点,反映在审美趣尚上,即表现为明显的自由写意色彩。书法在他这里,越来越不局限于一种结体用笔、记事摹形的书写技艺,而是变成一种任心表意的自由艺术。张怀瓘说他"率尔私心","意逸乎笔","皆发于衷,不从于外","唯行草之间,逸气过也"(《书断》上）；唐代窦臮则说羲之的"幼子子敬，创草破正"，"态遗妍而多状，势由己而靡罄"（《述书赋》上），等等，都明确指出他的行草已自觉偏于"驰情"、"从意"、"率心"、"由己"了。这是一种值得注意的变化。当然这一变化不自献之始，比如王羲之的书法就已有了写意意味，但这种写意尚牢笼在用笔的森严法度之中。献之却不泥成法，变正为奇，将表情写意化为一种自觉的审美趣尚和书法追求。明人项穆在《书法雅言》中认为"书至子敬，尚奇之门开矣"，即明确指出了这一点。正是同这一写意特色相适应，王献之的行草在结体上突破朴力古意，趋于秀逸圆美，如同窦臮所说，变得"态遗妍而多状"了。其线条圆活流畅，飘洒飞动，而其笔势则"灵姿秀出"，刚以柔显，在不失"大鹏搏风"之雄武气势的基础上更多了一些"风行雨散，润色开花"的柔媚味道。书法艺术的审美风貌由此变得愈加刚柔迭见、摇曳多姿了。

东晋王羲之父子的书法被后人评为"父之灵和，子之神骏，皆古今之独绝也"（《张怀瓘议书》）。他们既是旧书体的集大成者，又是新书体的开先风者。其所代表的"晋尚韵"（梁𪩘《评书帖》）之书风，依然显迹南朝，宋有羊欣，齐有王僧虔，梁有萧子云，陈有僧智永等，皆大致不出"二王"一路，从而铸成南朝书法"疏放妍妙"之优美品格。

总之，从魏晋到南朝，书法先由钟（繇）陆（机）变其迹，后由"二王"成其道，从而走上定型圆熟之途。自此，书法作为中国审美文化的重要成分和典范形态，体制虽纷纭繁复，风格虽活跃多变，但基本是沿着这一阶段所奠定的书法审美法则和韵趣发展的。所以说，这一阶段在中国书法的历史上具有划时代的意义。

书法美学的发展与成型

作为对书法艺术的一种理性反思和概括，书法美学在这一阶段也有了极为重要的发展。它通过对一系列书法内在矛盾关系的理性梳理，深入开掘了书法美学的独特视域和话题，促成了书法美学范畴体系的雏形。

在中国，书法与绘画常被表述为是同源的。这大约根植于两点，一是最初的中国文字是象形的，是"画成其物，随体诘诎"的；二是两者又都是以线形为媒介的，都属于"线的艺术"。但书法与绘画毕竟又是两种不同的艺术。特别是当书法从象形走向表意，进而变成真正的艺术后，便开始脱离绘画，建构着自己相对独立的意义世界。所以，同绘画美学主要关注形、神关系相比，书法美学则更加关注笔和意的关系。其他问题，如美与用（善）、象与趣、骨与肉、遒与媚、正与奇、刚与柔等等书法的矛盾关系，也都以笔、意之间的矛盾关系为核心、为根本，都是这一矛盾的生发和展开。

魏晋之际的书法美学　同书法艺术一样，魏晋之际的书法美学也是上承汉末，下启南朝。这阶段书法美学的基本特点是，虽仍有汉代美学之政治伦理功用论的某种遗响，但已开始意识到书法作为一门艺术，其超越实用而偏于审美的性格，开始欣赏和注重书法自身那种特有的超现实超功利的中和之美、形式之美、表意之美。

据宋代陈思《书苑菁华》的记述，钟繇曾说过"用笔者天也，流美者地也"的话。应当说，这是中国书法史上首次提倡书法之美的言论。西晋时期，有成公绥、卫恒、索靖等人书论传世。他们对篆、隶、草等书体的美，也几乎是首次表现出了一种异乎寻常的敏感、推崇和喜爱。

成公绥赞美隶书说："灿若天文之步曜，蔚若锦绣之有章。""缤纷络绎，纷华灿烂，絪缊卓荦，一何壮观！繁缛成文，又何可玩！"这里不仅有对隶书之美的敏锐感受和热情赞叹，而且还指出了书法之美超功利超实用的"可玩"（纯审美的）性质。这是很值得注意的新趋向。成公绥同时还说，隶书"工巧难传，善之者少，应心隐手，必由意晓"（《隶书势》）。这个"必由意晓"说就涉及了书法艺术的写意特征，虽然说得还不是很明确，但也已经是一个重要进展了。

索靖的《草书势》则深情地描绘和论述了草书之美：

> 盖草书之为状也，婉若银钩，漂若惊鸾，舒翼未发，若举复安。……忽班班而成章，信奇妙之焕烂，体磊落而壮丽，姿光润以璀璨。

这里用"壮丽"一词描述草书的美，是比较符合章草的审美风貌的。值得注意的是，索靖在这里谈到，草书的出现，是与"意"和"巧"的发展直接相关的，他说："科斗鸟篆，类物象形；睿哲变通，意巧滋生。"最初的文字是由"类物象形"而生的，是对客观外物的一种摹仿，后来聪明智慧之人善于变通，转向心意和技巧，不再局限于"类物象形"的外在摹仿，于是便产生了草书。这一认识，实际比成公绥更进一步触及了书法艺术的审美本性和写意特征。

东晋南朝的书法美学　如果说魏晋之际的书法美学还带有某种过渡性、感悟性、不明确性的话，那么，东晋南朝的人们则以相对自觉的理论意识和明确表述，将书法美学推向了基本成型的阶段。

这里首先要提到的书论著作是《笔阵图》。此文旧题卫夫人撰，后众说纷纭，或疑为王羲之作，或疑为六朝人伪托。我们认为从书法美学之内在学理的演变讲，《笔阵图》的主要观点带有明显的早期书论痕迹，所以把它作为这一阶段中较早的卫夫人的著作来看待，似较为可信。

卫夫人在《笔阵图》中首次涉及了笔、意关系。文中说：

> 有心急而执笔缓者，有心缓而执笔急者。若执笔近而不能紧者，心手不齐，意后笔前者败；若执笔远而急，意前笔后者胜。

这里推重的明显是"意前笔后"（或曰"意在笔先"）说。笔者，笔法也；意者，心意也。抽象地看，这里讲究"意前笔后"，即强调主体心意对于用笔法度的"先在"性和超越性，强调书法艺术的写意本质。但具体分析《笔阵图》，它这里所谓"意"，还主要不是指主体的内在心意，而是侧重于外向的"通灵感物"之意。卫夫人说："自非通灵感物，不可与谈斯道也。""感物"的意思很明白，就是讲对外物的感知，而"通灵"则需要解析。这里的"通灵"既然与"感物"放在一起说，那么这个"灵"也就自然是"物"之"灵"，或者说是"物"的某种本质、神韵、气象、势态等，因而"通灵"与"感物"一样，都偏于强调一种向外的感知和体悟。卫夫人提出的所谓"七条笔阵出入斩斫图"，就体现了这样一种外向的"通灵感物"之意：

一　　如千里阵云，隐隐然其实有形。

丶　　如高峰坠石，磕磕然实如崩也。

丿　　陆断犀象。

乀　　百钧弩发。

丨　　万岁枯藤。

乁　　崩浪雷奔。

㇆　　劲弩筋节。

可以看出，这是对书法点画笔法与某种客观物态、形象、状貌、气势等等之间对应关系的把握和描述，它所体现的就是一种外向的"通灵感物"精神。所以，卫夫人的"意前笔后"说，实际就是要求在动笔之前，先在心里默想出点线笔画与某种客观的物态气象的互应相通关系，然后在用笔运毫中表现出这种客观关系。从这个角度说，她的"意前笔后"或"意在笔先"说仍然是反映论意义上的，仍带有早期书法"类物象形"观念的浓重遗迹。明白了这一点，也就不难理解她为什么会对"近代以来，殊不师古，而缘情弃道"的书法倾向表示不满了；同时也就不难理解她在文章最后会对书法美做这样的结论，即"心存委曲，每为一字，各象其形，斯造妙矣，书道毕矣"。由此可见，卫夫人《笔阵图》中所表述的带有"象形"意味的书法美学观，与汉魏之际的趣尚有着更多、更密切的联系。

但是，卫夫人又毕竟是晋人。所以她提出了书的"骨力"说，指出：

> 善笔力者多骨，不善笔力者多肉；多骨微肉者谓之筋书，多肉微骨者谓之墨猪；多力丰筋者圣，无力无筋者病。

这个"骨力"说也与魏晋玄学背景下的人物品藻时尚有关。在魏晋，"骨"同"自我超越"型人格的内在个性、神情、智慧、风度等相联系，是人的个性风度之美的一种标志。如说："王右军目陈玄伯，垒块有正骨。""时人道阮思旷，骨气不及右军。""韩康伯虽无骨干，然亦肤立。""旧目韩康伯，将肘无风骨"（《世说新语》）等等，都把"骨"（或"骨气"、"骨干"、"风骨"、"正骨"）视为一种指称人的内在个性人格风度的审美化概念。那么，卫夫人在这里就把"骨"的概念运用于书法美学思考，以"骨力"一词来表示书法用笔的内在力度，也可以说表示主体通过运笔所表现出的一种内在（人格）力量。卫夫人说："下笔点画波撇屈曲，皆须尽一身之力而送之。"就是要求这样一种主体的内在（人格）力量。由此可以看出，"骨力"是与用笔有关的，是一种"笔力"。卫夫人在文章一开头就讲："夫三端之妙，莫先乎用笔。"其原因即在对"骨力"的追求上。这说明，卫夫人的书法理想是推重刚力崇尚壮美的，但同时她崇尚的又不是秦汉时代那种外在感性的"大美"，而是内在理性的刚力与壮美，显然，这与魏晋玄学所标榜的内在理性的人格美范式是息息相通的，是后者在书法美学中的一种折射和体现。

然而到卫夫人的弟子王羲之那里，书法美学便发生了较大的变化。传为王羲之所作书论著作，今存有《题卫夫人〈笔阵图〉后》、《书论》、《笔势论十二章并序》、《用笔赋》、《记白云先生书诀》、《晋王右军自论书》等数篇，但多疑为别人伪托，或后人袭取拼凑而成，但其中有些思想是很精彩的，不完全属于伪托者的粗鄙文字，也许确实不无所本，有的则可肯定是羲之的言论。我们不妨将其中比较精彩的思想，以及可以确定为羲之的言论，放在一起进行综合考察和论述。

可以确定是王羲之书法思想的，是他对"意"的特别关注，对书法写意特征的自觉认识和强调。对此他说了这样一些话：

> 顷得书，意转深，点画之间皆有意，自有言所不尽。（《晋王右军自论书》）
> 子敬飞白大有意。（见虞和《论书表》）
> 飞白不能乃佳，意乃笃好。（《全晋文》卷二十六）

羲之这里所讲的"意"，其重要性就在于，它已经不单纯是那种尽力掌握客观物象、本质、形态、气势的外向之"意"，而是偏于一种在书法的点画之间显现出来的主体之

"意"、内向之"意"、神情之"意"了。他说子敬飞白"大有意","意乃好"等,无疑就是从这个意义上讲的。他说"点画之间皆有意,自有言所不尽"一语,这个"点画之间"的、"言说不尽"的深意是什么? 当然是主体所抒发的蕴于点画之中又超乎点画之外的某种微妙难言的心绪、情致、胸怀、神意了。我们知道,王羲之的书法以行草为主,而刘熙载在《艺概·书概》中说:行、草这种书,同篆、隶、正体比起来,"他书法多于意,草书意多于法。"既然草、行是同属一类的,那么行书也应是"意多于法"的。所以刘熙载谈到王羲之的《兰亭序》等作品时,很赞成孙过庭《书谱》中的这句评价,即"推极情意神思之微",即《兰亭序》所表达出的"情意神思"是臻于极致的,这说明王羲之的书法审美趣尚是偏于表情写意的。那么,传为王羲之写的书论文章中所夹杂的一些颇精彩的话,也就很值得重视了。如《题卫夫人〈笔阵图〉后》中所说"心意者将军也","夫欲书者,先乾研墨,凝神静思","意在笔前,然后作字"等;《用笔赋》中所说"至于用笔神妙,不可得而详悉也。夫赋以布诸怀抱,拟形于翰墨也"等;《记白云先生书诀》中所说"把笔抵锋,肇乎本性","望之惟逸,发之惟静"等,皆是这样的精彩文字。可以肯定,如此强调"情意神思",强调肇性写意的话语,即使不是出自王羲之之口,也是合乎他的基本意思的。显然,这和卫夫人"每为一字,各象其形"的说法是大异其趣的。这意味着,书法美学自王羲之始,已开始真正转到表情写意的趣尚上来。

不过,王羲之虽开始注重书法的表情写意,但也仍在一定程度上保留了卫夫人那种对客观"道"、"理"的信仰。所以他又要求书法"必达乎道,同混元之理",即主观的表情写意要暗合着客观的必然规律,同客观的道理法则相一致;同时还认为"阳气明则华壁立,阴气太则风神生"(《记白云先生书诀》),要求书法应"含文抱质"(《用笔赋》),主张内与外、意与象、阴与阳、刚与柔等等的不偏不倚,和谐统一。这一点体现在具体的书法美理想上,就是既讲究"藏骨抱筋"(作为对卫夫人"骨力"说的继承,见《用笔赋》),又讲究"力圆则润"(作为对单纯"骨力"说的扬弃,见《记白云先生书诀》),追求的是一种既有"筋骨",又显"圆润"的书法之美。无疑,这是一种阳刚与阴柔均衡不偏的中和论美学观,与前述他在书法创作上的特点及后人对他书风的评价正是一致的。所以,正如他的书法是古典书法美的范本一样,他的书法美学也是古典和谐美理念的典型代表。

之后,王羲之所倡导的写意论书法美学得到了突出的发展,其中,羊欣、虞和、王僧虔等人的书法观点尤可重视。

羊欣是南朝宋书法家,其《采古来能书人名》一文,举列自秦至晋能书者凡69人,附以短评。他曾亲受王羲之传授书法,故时谚有"买王得羊,不失所望"之说。所以他在书法美学上也基本以羲之为准的。比如他断言王羲之是"古今莫二"，而对王献之的评价是"骨势不及父，而媚趣过之"。言语之间，流露出了扬父抑子，即循守中和而贬抑过媚的意思。而同时代的虞和则与羊欣不同，他开始表现出了崇尚献之书法趣味的倾向。

虞和著有《论书表》一卷，多述二王书事，兼及搜访名迹情形。其中记有一事说，有一老妪拿着十几把扇子在集市上卖，王羲之便问她一把扇子值多少钱，老妪说值二十文钱。王羲之就拿过笔来，在每把扇子上写了五个字。老妪非常惋惜地说："我们全家的早饭就仰仗着这些扇子了，你怎么能在上面乱写字，把它弄坏？"王羲之便对老妪说："你只说是王右军写的字，每把扇子要一百文钱。"老妪将这些扇子拿到集市上卖，一下子就被人抢购一空。老妪便又拿了一些扇子来找王羲之写字，羲之只是笑了笑，没再给她写。类似的事迹还记了一些。这些故事至少说明，王羲之的书法在当时已经是宝贝了，而之所以会如此，不仅因为王羲之的字写得好，而且也因为书法之美已成为时人的普遍好尚和追求。这确实是一个空前懂美、赏美、爱美、求美的时代。不过说到虞和本人的书法趣好，他虽然讲过二王父子"同为终古之独绝，百代之楷式"这样的话，但实际上他更倾向于王献之。他认为，钟繇、张芝与"二王"，甚至王羲之与王献之这"二王"之间的区别，都可以比作古与今的区别；而古与今的区别，即表现为"质"与"妍"的差异。他说：

> 古质而今妍，数之常也；爱妍而薄质，人之情也。钟、张方之二王，可谓古矣，岂得无妍质之殊？且二王暮年皆胜于少，父子之间又为今古，子敬穷其妍妙，固其宜也。
>
> 献之始学父书，正体乃不相似。至于绝笔章草，殊相拟类，笔迹流怿，宛转妍媚，乃欲过之。

所谓"质"与"妍"的区别，实际上就是形质与神采、象形与写意、功用与审美、遒力与柔媚等等区别。虞和此处观点，明显是肯定今古之变，更重写意审美的；而且他所重的书法之美，主要是一种宛转妍媚之美，一种优美。这就从理论上为王献之开辟的"妍美"书风起了推波助澜作用。其实这正反映了南朝书法审美趣尚的主流。

南齐王僧虔就是在这一书法美学的历史背景中出现的书法家和书论家（图4-10）。他有《论书》、《笔意赞》等书论文章留世。他在《笔意赞》中提出了他基本的书法美学观点，那就是：

> 书之妙道，神彩为上，形质次之，兼之者方可绍于古人。

他所谓"神彩"，其意相当于虞和所讲的"妍妙"，即指书法在点画线形的自由流动中，通过超越点画线形的有限性而达到的一种神韵无限的审美境界。它近似于一种诗学上所讲的"象外之致"、"韵外之旨",是主体所表现出的一种微妙难言耐人品味的情怀意趣。而"形质"的意思,则大致相当于"类物象形"、用笔法度等,是一种感性有限的书法实体形式。王僧虔将"神彩"视为书法的审美至境,而把"形质"放在次要地位,实际上也就是把写意论美学趣尚置于象形论之上,把主体的内心表达看做书法的审美本质之所在。他在《论书》中说"伯英之笔,穷神静思,妙物远矣,邈不可追",说张澄书"亦呼有意",在《笔意赞》中说"必使心忘于笔,手忘于书,心手达情,书不忘想"等等,其中心意思就是强调书法偏于表情写意的审美性质。所以可以说,王僧虔的主要意义就在于,他站在南朝宋齐之际书法实践的立场上,将王羲之所倡扬的写意论书法美学观推向了一个新阶段。

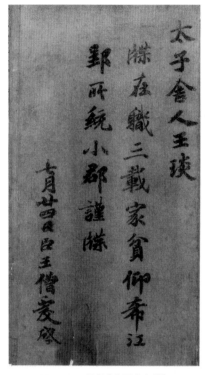

图4-10 王僧虔《太子舍人帖》

当然,王僧虔毕竟是一位古典的书法美学家。所以他在强调"神采为上"的同时,又认为"神采"与"形质""兼之者方可绍于古人",要求书家在以心为本、以意为主的基础上,达到心手两忘、笔意相契的创造境界,实际上也就是讲究写意与象形、表情与用笔、必然与自由的中和兼备,均衡统一。这个"兼之"说,正体现了古典书法美学的最高审美法则。

所以,王僧虔明显跟虞和的偏爱"妍妙"有所区别,他是既崇尚妍媚之风,又讲究骨力之美。他一方面批评"谢综……书法有力,恨少媚好",这是批评只重"力",不重"柔";一方面又说"郗超草书亚于二王,紧媚过其父,骨力不及也";说"萧思……风流趣好,殆当不减,而笔力恨弱"(《论书》)等,这则是批评只重"媚",不重"力"。他的理想就是追求一种既显"柔媚"又含"骨力"的书法之美。他强调书法应"骨丰肉润,入妙通灵"(《笔意赞》)。所谓"入妙通灵",大抵指的就是心手两忘、笔意相契的书法境界,而这样的境界,其表现形态就是一种"骨丰肉润"的美。值得注意的是,这里将卫夫人的"骨力"说变为"骨丰"说,又将王羲之的"圆润"说变为"肉润"说,一字之别,意味深长。它表明,在王僧虔这里,写意的、优美的书法理想进一步凸现出来,但并不否弃象形的、壮美的书法形态,而是希望在主体内心自由的基础上使它们圆融和谐地统一起来。这标志着中国书法美学已相当自觉了,接近成熟了。

5 "物我之间"：
诗文创作与诗文美学

　　文学，尤其是诗歌，比绘画、书法一类艺术要敏感得多，反映社会生活和士人意识要直接、迅捷得多。所以，文学创作及其美学的发展最突出最典型地体现着审美文化的变迁。魏晋之际，当其他艺术门类还几乎在沉默时，文学已对当时审美文化思潮的转变做出了强烈的反应。那么，在东晋南朝（宋、齐之际）的审美文化语境较之魏晋之际已有新的转换的情况下，文学活动及其美学思考又是怎样表现的呢？

　　从文学文本方面说，这一阶段诗歌、散文、小说等，无论在审美内涵还是在艺术形式上，都有了划时代的发展，如田园诗、山水诗、七言诗、格律诗、骈体文，还有传奇体的志怪小说、笔记体的轶事小说等，大凡后代文学所有的基本文体形态，这时期大致都已出现，并都臻于成熟。从文学美学方面说，其发展在这一阶段虽稍后于文学创作，但也有了较为深入的思考和建树，特别在对文学自身独特的审美属性、功能、价值、形式等等的注重与阐释上，更是达到了一个空前的深度。

田 园 诗

　　这一阶段文学发展的最重要的事情，大概莫过于田园诗和山水诗的相继出现了。在中国诗史上，田园诗、山水诗的出现，标志着偏于抒情的中国古典诗歌终于找到了最适合自己的审美范式。就凭这一点，这一阶段在中国审美文化发展中就写下了不可磨灭的光辉一章。

　　说到田园诗，自然要说田园诗人的代表陶渊明（图4-11）。他作为东晋初名将陶侃的曾孙，一生几次出仕，又几度归隐，在"名教"与"自然"之间，表现出了内在性格的矛盾与人生选择的彷徨。41岁那年，他终于下决心离开了官场，回归了田园，也回归了自我（图4-12）。他最有成就的田园诗大多是自此开始写的，其意义并不仅仅是建立了一种新的诗体，而更是塑造了一种新的人格；不仅仅是田园生活之描写，更是他的人生哲学和审美理想之表达。

正如画家顾恺之是东晋人，其人物画的审美文化背景却仍在魏晋之际一样，陶渊明这位东晋人的田园诗，也主要以玄学思潮为其审美文化根源。当然陶渊明对佛教也是有所接触的。据说有一次名僧慧远请他加入"白莲社"，他先以许饮酒为条件，后来又"攒眉而去"。他曾与两个佛教徒周续之和刘遗民有过来往，但从其《酬刘柴桑》、《示周续之、祖企、谢景夷三朗时三人共在城北讲礼校书诗》等诗作看，陶氏思想更近玄理，而与佛义反倒不合。由此可见他对佛教虽有接触，但所知甚少，而且也压根不感兴趣。然而他对道家之学却热衷得很。朱熹指出："渊明所说者《庄》、《老》。"（《朱子语类》卷

图4-11 陶渊明像（清《晚笑堂画传》插图）

一百三十六）而《庄》、《老》正是玄学的骨干。白居易《题浔阳楼》云："常爱陶彭泽，文思何高玄。"也说到了陶诗与玄风的关系。陶氏本人曾模仿《庄子》寓言作《五柳先生传》以自况，文中称自己"闲静少言"、"忘怀得失"等等，也都颇合玄趣。这都说明陶氏思想更近玄学语境。我们知道，玄学是一种以道为本，以儒为末，以"自然"为体，以"名教"为用的价值观念体系，甚至在以嵇康为代表的所谓"异端派"玄学那里，高举的理论旗帜干脆就是"越名教而任自然"。这种建立在"自然"与"名教"矛盾基础上的"自然"（主要是人的自然性情）本位论，实际上也正是陶渊明人生哲学的根本依托。与此相联系，魏晋玄学以"自我超越"为核心的人格本体意识，它在保留物、我差异的前提下所追求的"我"对"物"的绝对主体性和超越性，则构成陶渊明人格理想、审美理想的深层根基。这是我们解读和把握陶渊明田园诗的基本立足点。

正因为以玄学精神为特定文化语境，所以，在陶渊明的田园诗中，我们强烈感受到的主要不是田园之美，而是作者对于"自我"之独善、超越、和乐、自由人格的执着关注与铸造。在诗人的笔下，"我"虽失去了建功求名的希望，也郁积着某种苦闷和悲伤，但

却没有走向沉沦和绝望，而是坚守着以"自我"为本位的人生哲学，以一种清醒而自觉地意识超解着自己，在"物"与"我"的关系上建立了一种贵"我"轻"物"的理想范式：

> 不觉知有我，安知物为贵。(《饮酒诗》之十四)
>
> 人为三才中，岂不以我故。(《神释》)
>
> 吁嗟身后名，于我若浮烟。(《怨诗楚调示庞主簿邓治中》)
>
> 所以贵我身，岂不在一生。(《饮酒诗》之三)

世俗的功名利禄、富贵荣华，都不过是身外之"物"，都是一种个体生命的"樊笼"和"尘羁"，因此，不是现世的功业，死后的名声，而是唯有个体性情的快乐心趣的满足，才是人生的第一要义、至上价值："死去何所知，称心固为好。"(《饮酒诗》之十一)"今我不为乐，知有来岁不？"(《酬刘柴桑》)这些诗句里所贯穿的正是一种浓烈的自傲、自足、自得、自乐之情愫，一种真正的"自我"生命意识的醒觉。那么，如何实现贵"我"轻"物"的人格理想呢？在诗人看来，其直接现实的有效方式，就是离开庙堂，走出宦海，回到大自然的怀抱里，回到素朴淳真的田园生活中。只有在这里，"我"才能真正体味到生命超越的意义，享受到感性人生的快乐和自由：

> 久在樊笼里，复得返自然。(《归田园居》之一)
>
> 泛此忘忧物，远我遗世情。(《饮酒诗》之七)
>
> 静念园林好，人间良可辞。(《规林诗》之二)

这里的"自然"，既是园林田野之自然，也是人性生命之自然。返回了自然，也就返回了"自我"。那么，一切世俗的荣辱、沉浮、利害、得失，以及由此带来的伤感与痛苦，就都会在这淳朴、安适、宁静、平和的田野园林中遗忘了，净化了，因为"诗书敦宿好，林园无俗情"(《还江陵夜行途中诗》)。诗人栖息于人性生命的家园，体味着个体性情的本真，仿佛真的达到了"傲然自足，抱朴含真"(《劝农诗》)的"自我超越"型人格境界。可以看出，玄学"皆陈自然"(王弼)或"越名教而任自然"(嵇康)的精神在陶渊明这里表现得是很鲜明、很充分的。

然而，仅仅读懂这一层意思，还不能说已完全读懂了陶渊明。因为玄学思想崇尚"无"但并不绝弃"有"，本乎"内"但又讲乐乎"外"，实际上并没真正消除无与有、内与外之间的差异和对立，也就是并没真正消除"物"与"我"之间的矛盾。既然如此，"我"要想真正忘掉"物"也就是不可能的。于是，这样的问题就提出来了：陶渊明的返归自然，是否意味着他真的心情闲静灵魂安宁了？真的把大自然当成自己的"自来亲人", 当成自己的同族知己, 同它达到两忘俱一的自由了呢? 似乎还不能这么说。

陶渊明的田园诗虽总体上以平淡、自然为旨趣, 并以此体现诗人对一种超越型自我人格的刻意追求, 但仔细体味之, 陶氏灵魂其实并没有在田园生活中获得真正的闲静与安宁, 或者说并没有像人们所说的那样在人与自然之间达到两忘俱一的自由境界。陶渊明在 "或有数斗酒, 闲饮自欢然"(《答庞参军诗》)的同时, 又情不自禁地感喟起 "人乖运见疏"、"言尽意不舒"(《赠羊长史诗》)了。遥想当年, "猛志逸四海, 骞翮思远翥"(《杂诗》之五), 而今却只能在 "眷眷往昔时, 忆此断人肠"(《杂诗》之三)的怀旧中度过岁月, 于是, "有志不获骋"、"我去不再阳"(《杂诗》之二、之三)的惆怅和凄凉便始终像梦魇一样纠缠苦恼着这位田园诗人, 使他的整体人格笼罩着一层挥洒不去的悲剧色彩。朱熹说, 陶诗中最能 "露出本相者, 是《咏荆轲》一篇, 平淡的人如何说得这样言语出来"(《朱子语类》卷一四○), 这是点中陶诗要害的。所以说, 陶诗在平淡自然的表象下面仍隐藏着难以消解的内外矛盾和物我冲突, 而这与他在精神上始终未能走出玄学语境是有深刻关系的。

能进一步说明这一点的, 是陶诗对田园景物的描写, 也基本是一种以物衬我、以景喻人, 或如同顾恺之所讲 "此子宜置丘壑中" 的 "魏晋风度" 模式。陶氏的田园诗, 固然表达了诗人在园林野趣中寻求人格超越的一种行为方式, 但观其主旨, 田园景色并非诗人尽情玩味和欣赏的独立审美对象, 而总体上仍然是一种陪衬性、背景性存在, 是为突出诗人 "自我" 而设置的一种氛围, 一种底色。因此, 诗人对自然物的描写, 更多地是一种借物喻己、托景言志的修辞形式。比如诗人写的最多的是松柏、秋菊、幽兰、竹林、归鸟等等可以暗喻真纯、清高、孤傲、超拔、刚正、自由等理想品格的意象, 如写松柏, "感彼柏下人"、"青松在东园"、"青松夹路生" 等; 写兰花, "幽兰生前庭", "荣荣窗下兰" 等; 写菊花, "秋菊有佳色"、"菊为制颓龄" 等。写的最多的还是鸟, 因为鸟象征着无拘无束的飞翔和自由, 所以成为追求自我超越的诗人最爱写的意象, 诸如 "纷纷飞鸟还"、"晨鸟暮来还"、"望云惭高鸟"、"羁鸟恋旧林"、"云鹤有奇翼"、"响雁鸣云霄"、"林鸟喜晨开"、"归鸟趋林鸣" 等等, 不一而足。这类意象真正的审美意义不是对自然物本身的玩赏, 而是诗人对自我人格的一种暗喻和肯定, 显示着诗人一种玄思化的审美情怀。在这里, 自然美是依附于人格美的。所以, 严格地说, 田园诗并非真正文人化的吟风赏月模山范水的写景诗, 而仍是一种偏于社会价值内涵的言志诗。

当然, 也不能将田园诗等同于一般的言志诗, 而与山水诗截然区分开来。事实上, 陶渊明的田园诗又露出了向山水诗走去的端倪。著名的《饮酒诗》(之五)便是一例:

结庐在人境，而无车马喧。问君何能尔，心远地自偏。采菊东篱下，悠然见南山。山气日夕佳，飞鸟相与还。此中有真意，欲辨已忘言。

这一首脍炙人口的诗，在物色景致的描写中虽仍能约略现出诗人的自我形象，但其人格本体的意味已不很突出。它所呈现出的更多的是一种静谧、空灵、淡远、寂寥的审美境界。秋菊、南山、夕阳、归鸟，构成了一幅笔墨简省的山水写意画。独善的、超然的人格形象在这里隐没了，人与自然、物与我已经很接近两忘俱一了。其中"心远地自偏"一句，道出了诗境之空、静、淡、寂的心灵本体根源，虽仍不乏玄意，但也颇有些佛味了。这说明陶渊明尽管更通于玄学语境，但他毕竟生活在佛学盛行的东晋了，所以受些佛学的濡染也是不可避免的。他的这首与山水诗很接近的田园诗，大概与这种濡染是有关系的。这意味着，尽管陶渊明主要是一位以"自我超越"为主旨的田园诗人，但这种较为空灵淡静的田园诗的出现，则又在某种程度上揭开了向山水诗发展的序幕，预示了中国诗歌的一次重要变迁的即将到来。

山 水 诗

山水诗的崛然兴起，和一位叫谢灵运的著名诗人是分不开的。我们讲过，谢灵运是一位山水迷，而且他喜爱山水，不是因为政治失意（政治失意与迷恋山水之间并无必然联系），而是与他对佛学的深刻体悟以及由此所形成的特定审美趣味有着深切关系。所以，我们要谈谢灵运的山水诗，就不能不先简要地谈一下他的佛学观念。

跟山水画家宗炳同时是一位佛学家一样，山水诗人谢灵运也是有名的佛学家。汤用彤说："南朝佛法之隆盛，约有三时。一在元嘉之世，以谢康乐为其中巨子。"（《汉魏两晋南北朝佛教史》第415页，中华书局，1955年9月版）这说明，谢灵运并不是一般的佛学爱好者，而是一位很有影响的佛学家。佛学在学理层面上，关注的重心不是自我人格的塑造，而是内在精神（心灵）的扩展。这是它有别于中国本土哲学的地方。宗炳已明确指出了这一点，而谢灵运对此也极为重视。他说："六经典文，本在济俗为治耳，必求性灵真奥，岂得不以佛经为指南邪？"（何尚之《答宋文帝赞扬佛教事》引述，《弘明集》卷十一）儒家经典的功能只是"济俗为治"，而佛教经典则是专门探求心灵的"真奥"，而谢氏感兴趣的正是后者的这一"功能"。正因如此，他非常推崇竺道生的"顿悟成佛"说。"顿悟"是相对于"渐悟"而言的。"渐悟"讲的是通过"积学"、"累学"而逐渐地体悟到最高的本体。它要求的是一步一步的修炼功夫。但"顿悟"说认为，最高本体（佛）是一个不可分的整体，因而不能通过一步一步的"积学"、"渐修"达到，而只能在刹那间（一念之间）豁然体悟到它。所以，对于这个不可分的本体，要么顿悟，要么不悟，没有"渐悟"一途。那么这个"顿悟"的基本方法是什么呢？用竺道生的话说，就是"以不二之悟，符不分之理"（慧远《肇论疏》选）。因为"佛"（"理"）是一个整体，所以是"不分"；而所谓"不二"，则指不要用二元模式来思维，不要在人与佛、有和无、心和物、本体与存在等等之间设定差异和对立，实际上它们是泯然无别的，是圆融整一的，因此，成佛的关键即在对最高本体的"一念"之间的豁然顿悟，而用不着向外面、向"西方"去一点点地追求，一点点地"渐修"。对于谢灵运来说，这个"顿悟"说之所以重要，就在于它提出的这种"不二"思维。用了这种思维，一切主客、物我、情理等等差别统统消失了，变得非此非彼、亦此亦彼了，人的心灵也因此而真得"无滞"、"无累"了。所以谢灵运在《与诸道人辨宗论》中说："至夫一悟，万滞同尽耳。"所谓"万滞同尽"，也就是世俗观念中一切的差别，种种的执着，都消泯无迹、浑然如一了。这个"不二"思维实际上就是佛学所谓的"中道"，用谢灵运的话说，则是：

> 壹有无，同我物者，出于照也。

"照"，《说文》解作"明也"，即照明、神明、明慧之意，在这里即指般若智慧的顿悟洞照。通过这种"照"，有和无、我和物的差别没有了，都两忘俱一了，这样，大千世界，万事万物，都成为普遍显现着精神本体之无限韵味的意象和境界。

显而易见，如果将这一佛学思想中的宗教神秘色彩剔除掉，它不正是中国古典山水美学和意境理论的精髓之所在吗？那么，佛学家谢灵运能成为中国山水诗的一位开山鼻祖，也就是一件不足奇怪的事了。

其实，作为刘宋时代山水诗人的代表，谢灵运正是从佛学的神秘中走出来，走向山水，走向自然的。在他的山水诗中，一个主要的特点，就是不再像田园诗那样明确标榜"自我"人格，不再具有明显的贵"我"轻"物"之色彩，而是鲜明地突出了一种以"心"为本的"感心"、"赏心"、"悟心"等审美意味。在谢诗中我们可以随处看到这样的句子：

> 邂逅赏心人，与我顺怀抱。（《相逢行》）
> 将穷山海迹，永绝赏心悟。（《永初三年七月十六日之郡初发都》）
> 含情尚劳爱，如何离赏心。（《晚出西射堂》）

这里反复出现的"赏心"一词，是"心意欢乐"和"娱悦心志"之意。可见，构成谢诗核心的不是"人格"而是"心意"。但谢灵运写的是山水诗，而不是直抒心意的表情诗，因此诗人的"赏心"又是通过感物写景自然完成的。换言之，诗人观赏一山一水，感受一草一木，实质上是在观赏自己的心情，感悟自己的神意，并在这观赏感悟中体验到内在的欢畅和自由。因为按照诗人的佛学观点，在"圣心"的"洞照"下，有与无、内与外、我与物、情与景等等是泯然无别澹然如一的，所以山水自然也就成了人的心情神意的外在感应形式，或者说就是"心"之本体的生动显现。故面对自然万象，诗人就会产生"人之执情，希景悼心"（《住京诗》）、"因云往情，感风来叹"（《赠从弟弘元》）的物我两忘之体验。在这个意义上，山水诗也正是古典写意诗、抒情诗的一种范本，是诗人"灵域久韬隐，如与心赏交"（《石室山诗》）的审美产物。总之，在谢灵运那里，不是"自我"而是"心意"，不是人格的超脱而是心灵的娱悦，不是贵"我"轻"物"的情性自守而是物我两忘的精神自由，成为其山水诗的基本题旨；而这，与般若佛学以精神为本、以"圣心"为境的内在义理正是相契互应的。

说谢氏山水诗是物我两忘的抒情诗、写意诗，即意味着在诗人的笔下，山水景物既不是所谓"起兴"的手段，也不是诗人人格情操的象征，更不等同于内心苦闷的慰藉物，而是诗人自由观赏、把玩、品味的审美意象：

> 景夕群物清，对玩咸可喜。（《初往新安至桐庐口》）
> 抚化心无厌，览物眷弥重。（《于南山往北山经湖中瞻眺》）
> 援萝聆青崖，春心自相属。（《过白岸亭》）
> 心契九秋干，目玩三春荑。（《登石门最高顶》）

在诗人看来，自然和人是一见如故的、心心相属的，它本身就似乎充溢着人的情感，人的意绪；人来到它身边，仿佛遇见的是知己，是亲人，难免会"想象微景，延伫音翰"（《赠从弟弘元》），不仅同自然发生情感上的沟通和交流，而且还会与之进行某种玩耍性的审美嬉戏。这是一种真正的主客无别状态。所以，山水诗一方面是抒情写意的，是主体的"赏心"、"感心"、"悟心"，即观赏自己的心情，品味内在的快乐，表达一种主观自由的性灵和精神，但表面看来却又是"极貌以写物"的，是观风赏月模山范水的诗。诗人是将自己隐没于自然之中的，与自然合而为一的，其所表现的正是王国维所说的"无我之境"；另一方面，它似乎是纯写山水的，是真正意义的写景诗，但实质上又是写意的，是中国古典抒情诗的代表。最好的山水诗往往是最好的抒情诗。它是处处不见"我"，却又处处都是"我"，处处都凝结着"我"的情怀、意趣和风韵。如他的一些脍炙人口的诗句：

> 池塘生春草，园柳变鸣禽。(《登池上楼》)
>
> 明月照积雪，朔风劲且哀。(《岁暮诗》)
>
> 云日相辉映，空水共澄鲜。(《登江中孤屿》)
>
> 石浅水潺湲，　日落山照曜。(《七里濑》)

从这些充满无尽生机、情趣、韵味的物色景致中，我们不是正看到了诗人的一片空灵、闲静、冲淡、和悦的襟怀心境吗？

所以，在谢灵运的山水诗中，人与自然之间已经没有了田园诗里的主次、贵贱之别，其总体审美特征是内在的"有我"、"有情"，却又凝结为"无我"、"无情"的物景形态，物与我、情与景、人与自然是泯然两忘、浑然一体的。后代评家如皎然、黄子云、王夫之等，皆以"情景如一"之义解读谢诗，可谓得其三昧。需要指出的是，这个"情景如一"的概括，可不是一句简单的话，不是所有的诗都可以评价为"情景如一"的。只有在佛学文化语境中所产生的山水诗，才真正达到了"情景如一"。它所表述的正是一种既有佛禅意趣、又有审美韵味的诗化境界。

一般认为，田园诗人陶渊明比山水诗人谢灵运，无论在人格上，还是在艺术上，都要高出一筹。这种貌似合理的看法实在值得怀疑。因为且不论人格问题是一个复杂的问题，并没有一个固定的、唯一的标准，单就艺术来说，恐怕不能简单地作孰高孰低的断定。实际上，从审美文化的内在趋势讲，从中国诗歌艺术发展的规律讲，自六朝以降，真正代表诗歌主流形态的并不是田园诗，而是山水诗。同样，说起对南朝以及唐代以后诗歌发展的实际影响来，谢灵运也明显超过陶渊明。通过我们的研究也可看到，从田园诗发展到山水诗，从陶渊明发展到谢灵运，不是偶然的，而是中国审美文化在诗歌领域所显示出来的内在必然。如果缺乏历史的、美学的眼光，而只是套用狭隘的道德主义尺度，那就难以对陶、谢诗歌真实的审美价值和意义，做出客观评价。

当然，山水诗在谢灵运那里毕竟才刚刚起步，还处于一种向王维式的圆熟化写作过渡的阶段。这也就是他的诗在某些方面显得雕琢、生涩、有失"自然"的原因。其实，这与宗炳的山水画也存在着"或水不容泛，或人大于山"（张彦远《历代名画记》）的缺憾是基本相似的。这是一种可以理解的历史性缺憾。

律体诗与骈体文

自魏晋以来，中国审美文化发展的一个重要转折，就是人们对于那种几乎是纯粹之"美"的痴迷眷恋和自觉追求。这一点反映在文学上，便表现为语言形式美意识的崛然而起，其典型标志就是兴起于魏晋、全盛于南朝（北朝亦随后盛行）的律体诗和骈体文。

律体诗，一般视为近体诗的一种，起始于汉末魏晋的五言诗，初成于南朝齐的所谓"永明体"。永明，是齐武帝年号（483-493）。这一时期，围绕着武帝次子竟陵王萧子良，形成了一个由许多才名之士所组成的文学集团，其中最著名的，是萧衍、沈约、谢朓、王融、萧琛、范云、任昉、陆倕八人，号为"竟陵八友"。当时有一位跟萧子良也非常交密的人，叫周颙，他发现了汉字有平、上、去、入四种声调；"八友"中的著名诗人沈约，便根据四声和双声叠韵的学问来研究诗句中声、韵、调的配合关系，发明了"四声"、"八病"之说。沈约所归纳的诗歌声律与晋宋以来讲究对偶的诗歌新尚相配合，就形成了具有格律的新体诗，史称为"永明体"。它造成了古典诗歌从比较自由的"古体"向格律严整的"近体"演变的一次关键性过渡和变折。这是文学语言之美的真正发现和提升。

谢朓是永明诗人中最有成就的一位，他与同族前辈谢灵运均擅山水诗，有"大小谢"的并称。他的诗将写山水与运用永明声律结合起来，显示出清丽细密、铿锵抑扬的审美特点，推动了山水诗的发展。不过从律体诗的角度看，他的《入朝曲》最有代表性：

> 江南佳丽地，金陵帝王州。逶迤带绿水，迢递起朱楼。飞甍夹驰道，垂柳荫御沟。凝笳翼高盖，叠鼓送华辀。纳献云台表，功名良可收。

此诗语言大都平仄协调，对仗工整，描写洗练，词采华美，是"永明体"的典型作品。

至梁、陈时代，诗歌的格律化倾向更趋严整。比如杜甫自述曾苦心学习过的何逊、阴铿，其对格律的讲究就已臻于完善。何逊有首《临行与故游夜别》写道："历稔共追随，一旦辞群匹。复如东注水，未有西归日。夜雨滴空阶，晓灯暗离室。相悲各罢酒，何时同促膝？"此诗五言八句，平仄相间，中间两联对仗工整，承转有序，结句注重章法，已近唐代五律。陈代的阴铿有首《晚出新亭》写道："大江一浩荡，离悲足几重。潮落犹如盖，云昏不作峰。远戍惟闻鼓，寒山但见松。九十方称半，归途讵有踪？"此诗全部用平声韵，结句用反问，可谓字斟句酌，余味悠远，其营构意境与巧用声律的配合比何逊又进了一步。这表明，格律体诗距离唐代的成熟已经不远了。

所谓骈体文，也叫骈俪文、对偶文。它源于中国古代一种偶比对仗的修辞手法，该手法大抵起于先秦，习于两汉，盛于中古，成熟于唐代，进而造成了一种与散体文相区别的新文体。魏晋，特别是南朝是骈体文发展的关键时代。这时期骈体文的典型作者，如鲁迅所言，一为"文雅的庸主"，一为"柔媚的词臣"。前者如梁武帝、梁简文帝、梁元帝、陈后主等,后者如沈约、任昉、徐陵、江总、庾信等。帝王如此身体力行,群臣这样争宠翰墨,骈体文焉有不盛之理? 骈体文的主要特点,是要求通篇文章句法结构相互对称,词语对偶,而且这个对偶还要分言对、事对、正对、反对等多种类型,句子的字数也趋向于骈四俪六,有"四六文"之称。在声韵上,则要求平仄配合,"辘轳交往",达到音律和谐,抑扬铿锵。其他还有用典、比喻、夸饰、物色等各种技巧。南朝作家争先恐后地运用骈体文去表达原本由散体文来表述的内容,导致了骈体文的畸形繁荣,使骈体文成为南朝文坛最具典型性的文体。

刘宋时期最杰出的骈体文作家鲍照,不是那种围着人主转的世族重臣,但他在诗文创作上却享誉朝野,与谢灵运、颜延之并称"元嘉三大家"。他的骈体文代表作是《芜城赋》。此文以夸张对比手法描写广陵城的盛衰变迁,继而感叹繁华如梦世事无常,充满后人所说的"驱迈苍凉之气,惊心动魄之词"。其中用对偶骈俪句式描写广陵乱后的荒凉破败景象,尤让人触目惊心:

> 泽葵依井,荒葛胃涂。坛罗虺蜮,阶斗麏鼯。木魅山鬼,野鼠城狐,风嗥雨啸,昏见晨趋。饥鹰厉吻,寒鸱吓雏。伏虣藏虎,乳血飧肤。崩榛塞路,峥嵘古馗。白杨早落,塞草前衰。稜稜霜气,蔌蔌风威。孤蓬自振,惊沙坐飞。……

在作者笔下,"芜城"虽非死城,但却是一座恐怖之城。这种阴森可怖的、富于刺激性、震撼性的意象创造,除了主题的特殊意涵外,与其骈俪化、渲染性的有力描写是不无关系的。

南朝梁代善骈体文者最多,有代表性的也可以数出不少,以君主论,梁氏父子数人,萧衍的《净业赋》、萧统的《陶渊明集序》、萧纲的《晚春赋》、萧绎的《采莲赋》、《荡妇秋思赋》等皆文辞精粹,抑扬清婉。以词臣论,更是人才济济,盛极一时。著名者如沈约、任昉、陆倕、丘迟、何逊、吴均、王筠、江淹、刘峻、庾肩吾、庾信、陶弘景等。其中丘迟的《与陈伯之书》颇可一观。这是一篇寄往魏将陈伯的劝降书。文章虽为书信,但自由挥洒,收纵自如,以骈俪之体,写委婉之情。尤其写景一段,最为清丽动人:

> 暮春三月,江南草长,杂花生树,群莺乱飞。见故国之旗鼓,感生平于畴日,抚弦登陴,岂不怆恨! 所以廉公之思赵将,吴子之泣西河,人之情也。将军独无情哉?

通过描写江南的宜人风光,以激发对方的故国之情,达到使其归降的目的,可谓独具匠心。作者在这里将抒情、说理与言语的骈俪形式巧妙地融合在一起,使骈体文写作显露出这样一种迹象,即开始摆脱片面追逐言词偶对的生硬技术状态,而逐步走向一种与内容融合无迹的较为圆熟自然的审美境界。

律体诗和骈体文在魏晋、特别是南朝时期的格外盛行，遭到之后人们较多的批评，甚至把它视为文学的一种堕落，其理由主要是说它"争构纤微，竞为雕刻"，"风雅不作"，"兴寄都绝"，也就是只讲形式，不重内容；只讲辞藻，不重情志；只讲审美，不重功利，违背了"文以载道"、"经世致用"、"劝善惩恶"等等所谓的"王化之本"，所以有害无益。这种批评指出了它过于强调形式、强调审美而忽视文学的社会内容和伦理功用，不能说毫无道理。但律体诗和骈体文的出现，又自有它的内在理由和根据，倘只用那种伦理功用论美学观作为唯一的批评尺度，不仅会有削足适履之弊，而且也违背审美文化发展的内在趋势和规律。实际上，这两种文体，有一个共同点，那就是都极为精深地发掘了文学中汉语词汇特有的声调之美，音节特有的结构之美，布局谋篇的均衡和谐之美等等，一句话，将形式美规律在文学中的应用推向了一个新阶段。它所带来的，其实不仅是诗文的好读、好听、好看，不仅是文学表现方式的趋于成熟，而且它标志着古代人心灵对形式美的真正敞开和向往，标志着华夏民族美学精神的一次解放，标志着中国审美文化从偏于善的价值向重视美的韵味的转变和飞跃，标志着审美意识的真正自觉和独立。

文学美学思想

东晋南朝（宋齐）时期的文学美学思想，也进入了一个较高的发展阶段。如果说魏晋之际在玄学理性思潮的背景下，文学美学提出了著名的"诗缘情"命题的话，那么这一时期的文学美学，则在佛学精神本体论的文化语境中，对"缘情"文学的内在审美要素、结构和蕴涵作了更为深入的思索，对作为文学媒介的汉语言的独特审美价值和规律进行了突破性的探讨，进一步强调了文学的表情写意特性和审美愉悦特征，从而为古典文学美学的成熟作了充分的理论准备。显然，在整个中古美学的"大转折"趋向中，这是一个向纵深拓展的阶段。

范晔的"以意为主"说　南朝宋范晔既是一位以作《后汉书》著名的史学家，也是一位很重要的美学思想家。《宋书·范晔传》说他"少好学，博涉经史，善为文章，能隶书，晓音律"，"善弹琵琶，能为新声"。这说明他不仅懂历史，而且也很有艺术修养；还说"晔性精微有思致"，说明他是个有思想的人。从他留下的零散言论看，他对文学就有着非常独到的理解和精深的思考。

范晔文学美学思想的核心是"以意为主"说。在中国美学史上，范晔是明确提出此说的第一人。他在《狱中与诸甥侄书》中写道：

> 文患其事尽于形，情急于藻，义牵其旨，韵移其意。……常谓情志所托，故当以意为主，以文传意。以意为主，则其旨必见；以文传意，则其词不流。然后抽其芬芳，振其金石耳。此中情性旨趣，千条百品，屈曲有成理……
>
> 性别宫商，识清浊，斯自然也。……但多公家之言，少于事外远致，以此为恨，亦由无意于文名故也。（《宋书·范晔传》）

在古代对"文"的内涵的解释过程中，范晔是一个相当重要的理论环节。他此处所说的"文"，按照罗根泽的看法，实际"与我们所谓'文学'已无大异，不过未鲜明的谓此为文学定义而已"（《中国文学批评史》〈一〉第122页，上海古籍出版社，1984年版）。范晔认为，文学最忌讳的就是单纯追求形貌的逼似和辞藻的泛滥。它不能用带韵的文词来限制人的心意，更不能用王道政治的义理来代替文学的旨趣。文学源于"情志所托"，所以应"以意为主"。这个"意"指的是什么？当然不是别的什么"意"，而只能是与"情志"相通的"意"，或者说是一种内在自由的个体心意、情意、意念、意趣等。有了这样一种"意"，文学才会跟偏于现实功用的"公家之言"区别开来，达到一种趋于无限的"事外远致"，产生难以言传、不可穷尽的审美趣味。这个"事外远致"说的提出是值得注意的。它首次触及"写意"论美学的一个重要思想，即艺术的美就是在有限中显现无限，在具体的事象中显现出超事象的神韵意味。所以，范晔此论，可视为钟嵘"滋味"说的雏形，还可看做司空图"韵外之致"、"味外之旨"说的先声。

正因"以意为主"，所以在范晔看来，文学的功能就是用"文"（审美性的文辞）来传达出这样的"意"。只有以传达人的情感心意为主，文学才会呈现出不尽的趣味，而语言文辞只有用来传达人的情感心意，也才不会流于泛滥。有了这样的"意"、"文"关系，文学自然就具有了像香气乐音一样赏心悦目的美。应当说，范晔在"以意为主"基础上对文学内容与形式的关系，也做出了崭新的、富于开拓性和创造性的解释。

正是从"以意为主"的规定出发，范晔对文学的"篇辞"形式作了很精到的说明。他认为，文学的形式不是外在的东西，而是人的性情、心意的一种自然呈现，即所谓"性别宫商，识清浊，斯自然也"。人的性情的感发，心意的流动，既然是自然而然的，则必是合乎"成理"的，即符合自然和审美规律的，所以他讲"情性旨趣，千条百品，屈曲有成理"。这样，"理"主要不再是外在的王道伦理，而是与人的心意相契合的"自然"之理，就文学言，这个"自然"之理就表现为一种有序的、合乎美的规律的"篇辞"形式。这样一来，情感内容与"篇辞"形式就成为同一件事情了。范晔在《后汉书·文苑传赞》中也说了同样的意思：

> 情志既动，篇辞为贵，抽心呈貌，非雕非蔚，殊状共体，同声异气，言观丽则，永监淫费。

文学的实质是"情志既动"，形式则就是"篇辞为贵"。文学的"貌"（形式）不是外在的、另加的，而就是"心"（内容、实质）的自然呈现。这样的形式，就既不是刻意雕琢的，也不是铺张泛滥的，而是与情志内容融合为一的，因而它很自然地符合着"丽以则"的审美原则，永远不会破坏中和之美。"情"在流动中自由地暗合着"理"，而"理"又凝结为一种由情感所呈现的形式，情与理也就达到了难分难解的无限和谐。这样，在"宫商"的"清浊"有序的组合中，就产生了一种新质，那就是超越着"宫商"、"清浊"之感性有限性的"事外远致"，亦即涵蕴着人的"情性旨趣"的、不可穷尽的审美意味。应当说，范晔对形式美的这一看法，是独出机杼的，也是很深刻的。他一方面流露出了重形式之美的倾向，一方面又将形式之美统一在情意内容上，统一在内在心意的自然呈现上，使文学形式本身即具有无尽的审美意味。这无疑是对古代形式美学的一大发展，为此后沈约的形式美学构思开辟了道路。

总之，范晔的"以意为主"说的提出，可以说是为古代文学美学开拓了一种新话题、新思路，其意义跟绘画美学中宗炳的"畅神而已"说、书法美学中王僧虔的"神彩为上"说等等是大体相当的，基本处于同一历史环节的。

萧子显的"各任怀抱"说　萧子显是南朝梁史学家，曾撰《后汉书》百卷，今佚。又撰《齐书》六十卷，今称《南齐书》。萧子显同时也是位美学思想家，他在《南齐书·文学传论》里对文学的审美特性发表了非常精彩的、新鲜的意见，有些意见不仅发前人之所未发，而且对后代许多年而言，也具有明显的超前性。我们将他的美学思想概括为"各任怀抱"说，其中内涵主要有这么几个方面：

首先，萧子显认定，文学就是一种表现个人性情、抒发内在怀抱的艺术类型。他说：

> 文章者，盖情性之风标，神明之律吕也。蕴思含毫，游心内运，放言落纸，气韵天成，莫不禀以生灵，迁乎爱嗜，机见殊门，赏悟纷杂。……各任怀抱，共为权衡。

这里对文学所作的规定是明确的，颇具理论色彩的。文学之为文学，就在于它本质上是抒情的、游心的，是人的生命性情、爱欲体验的一种天然自由的表达形式，因而"情"（情感、情意等）的意义在萧子显的文学美学中是至关重要的。正因为文学是抒情表意的，所以萧氏认为，它的审美风貌必然是个性化的、绚烂多姿的，是生命个体"各任怀抱"的一种产物。这个"各任怀抱"说值得注意，它涉及了文学抒情的个性化原则，这在古典美学话语中是异乎寻常的。从理论的承续性讲，它是西晋陆机"缘情"说的一种深化，而"缘情"说在朱自清先生的解释中，就是指文学要表现"一己的穷通出处"。可见，个人化原则是魏晋以来"文的自觉"的一大标志。就萧子显本人而言，"各任怀抱"也并不是他的一个偶然想法，而是贯乎他思想的始终的。比如他还提出了"独中胸怀"说，也是讲文学应独抒自我之胸怀。所谓"怀抱"、"胸怀"，即为个人的情感意欲、内在心理，与王道伦理、现实政治等外在价值大约是没直接关系的。所以，强调文学是一种个人性情、意欲、心灵、胸怀之表现，是萧子显美学理论的一大贡献。

其次，萧子显重"情"，也重"神"。这大约是晋宋以来的佛学精神本体论观念逐渐渗入文学意识中的表现。"神"与"情"有联系，都属主观范畴，但也有差别，"情"更偏于生命、意欲之体验，而"神"则偏于心灵、精神之活动。萧子显将"神"这一概念引入文学，体现了他对文学中的心、物关系的凝视，对文学中的心灵、精神因素的关注。这一点，除表现在前面所讲的"游心内运"一说外，还主要表现在以下表述上：

> 属文之道，事出神思，感召无象，变化不穷。俱五声之音响，而出言异句；等万物之情状，而下笔殊形。

在这里，他首次提出了"神思"概念，并把这一概念视为文学的根本，认为文学创造就是一个主体以神感物、以意召象的过程。正因为是一种主体神思的自由创造活动，所以文学的世界也是千变万化、多姿多彩的，充满了个性的无穷魅力。虽然大家都讲声律规范，但彼此说出的话却又因人而异；万物的情状虽然是大家都共同面对的，但在每人的笔下却又显得迥然异趣，各有特色。这一切的原因在于文学是本乎"神思"的，而神思则是主观个别的、无限自由的。这也就是说，在"神思"与"物象"的关系上，不是主观的神思追逐、模拟客观的物象，而是主观同化着客观，神思塑造着物象。这里所深刻体现的，正是神思与物象、主观与客观、个别与一般、自由与必然等等之间的艺术辩证法、审美辩证法。对于中国审美文化来说，这个辩证法正反映着在佛学精神本体论语境中崛起的、一种偏于畅神写意的古典美学新趋势。

再次，正因为感到了文学主乎情性、本乎神思的特征，萧子显又进一步深刻触及了文学创作有意与无意、有目的与无目的的关系问题，他说：

> 若夫委自天机，参之史传，应思悱来，勿先构聚。言尚易了，文憎过意，吐石含金，滋润婉切。杂以风谣，轻唇利吻，不雅不俗，独中胸怀。

萧氏这里所说，应是对文章开头所讲"放言落纸，气韵天成"一语的深入阐发。在他看来，文学既然是"事出神思"、"各任怀抱"的，那么它当然就不应是一种预先策划的、有意"构聚"的理智活动，它来源于人的生命之天然、性情之自然，来源于一种不期而至的灵感。它在内心里涌动着，激荡着，想说出来却又说不出来，呈现为一种无意识、无目的的心理精神状态。应当让这种自然而然的生命意绪和心理精神无所拘忌地流淌出来。不能按着事先定好的框子和模子来写作，语言也要尽量地简明易懂，不要啰里啰嗦地说个没完，以至于淹没了内在的意旨。可以吸收民歌民谣的风格，它有利于真率自由地表达情感。不要刻意地追求雅或者俗，唯一应该做的，就是独抒性情，"各任怀抱"。当然，"委自天机"固然是根本的，但也不能否弃理性的东西。萧氏认为，文学还要"参之史传"，即要有一定的知识积累、文化修养和社会理想，有一个"有意"学习实践的必然过程。这样一旦进入创作，"有意"的学习就会转化为"无意"的创造，就会从必然转化为自由。这样写出的作品才会"吐石含金，滋润婉切"，具有真正的悦心动人之美。

不难看出，继范晔的"以意为主"说之后，萧子显更加深化了晋宋以来强调缘情、讲究写意的文学美学。当然差别也有一点，那就是范晔还非常重视文学的"篇辞"形

图4-13 萧统像（明刻本《三才图绘》插图）

式，而萧子显则尤为突出了文学的性情神意内容，而对其语言形式的关心却不明显，甚至对那种过于注重形式的倾向还持反感态度。从审美文化史的角度看，这正好构成了范晔美学的一个辩证否定环节。而对萧子显美学的辩证扬弃和发展，便成了萧统要做的事了。

萧统的"以能文为本"说　萧统是梁武帝萧衍的长子。武帝天监元年立为太子，未及即位而卒，谥昭明，世称昭明太子（图4-13）。信佛能文。曾召聚文学之士，编集《文选》三十卷。其美学思想多体现在《文选序》及《陶渊明集序》中。

《文选》又名《昭明文选》，是萧统主编的文章总集。既为"文选"，就有个"入选"的范围、宗旨、标准问题。正是在这里，萧统集中体现了他对文学所持的基本审美理念和趣尚。他所规定的"文选"范围、宗旨和标准，大致可用他的一句话来表述，即"以能文为本"。那么，什么是"能文"呢？

"能文"，从字面意思看，似乎主要偏重的是文华、辞采等等语言形式之美。实际上，萧统虽非常重视文学的辞采形式，但这个"能文"还不仅仅指的是形式。对此，我们不妨从他的整体审美观念说起。

首先，萧统进一步承续和发挥了魏晋以来，特别是范晔、萧子显等人所强调的文学重在表抒个人性情的思想。据《南史·萧统传》载，他本人虽为太子，却也是个性情中人。他"性爱丘山，于玄圃穿筑，更立亭馆，与朝士名素者游其中"。曾泛舟后池，有人劝他最好再弄些女乐来，他便随口念了左思的两句诗："何必丝与竹，山水有清音。"其品格趣味可见一斑。他尤好文学，每游宴赋诗，"皆属思便成，无所点易"，最喜与才学之士交，"文章著述，率以为常"，以至于"文学之盛，晋、宋以来未之有也"。了解了昭明太子的为人趣好，我们便不难走近他的文学美学思想了。他认为文学是写"情"的，而"情不在众事"（《陶渊明集序》）。"情"既不在众事，那就是一种个人的自然性情。但同时，这种个人之情，虽然远于"众事"，却又不是那种低级的情欲，因为"桑间濮上"，乃"亡国之音表"（《文选序》）；而真正的文学之"情"，却是与"道"这个本体相联系的，是"宜乎与大块而盈虚"的，因而它"岂能戚戚劳于忧思，汲汲役于人间！"萧统认为，对这一种"不在于众事"的、超乎"人间忧思"的个人之"情"，文学创作就应"随中和而任放"，加以自由地表达。他还说："含德之至，莫逾于道；亲己之切，无重于身。"（《陶渊明集序》）在这句话里，有两件事是至关重要的，那就是"含德"与"亲己"。而"含德"的标志，就是掌握最高本体和真理；"亲己"的标志，则是重视个体自我的生命。说白了，所谓"含德"，就是要有大智慧，要达到精神心灵的澄明洞达；所谓"亲己"，就是不要太难为、太拘禁自我的生命性情，而是应让它获得充分快乐和满足。可以说，这个"含德"与"亲己"之标准的设定，是对传统价值观的一种改造和突破。所以萧统在文学上要求抒发一种"与大块而盈虚"的个体之情，是以其独特的人格价值观作基础的。

其次，萧统对文学的伦理教化功能做了全新的阐释。作为一名皇太子，萧统当然要考虑文学的风教功用。但他并不拘泥于传统儒家的训诫，而是以一种新的眼光和尺度来看待这一问题。正是从前述"明道"与"重身"相统一的新的人格价值观出发，他在文学功能论上才独出机杼，认为那种发个体性情、写内心真意的作品，也是有益于社会教化的，不一定非以王化伦理为主题不可："岂止仁义可蹈，抑乃爵禄可辞。不必傍游泰华，远求柱史。此亦有助于风教也。"（《陶渊明集序》）在他看来，像陶渊明的诗文，属于"贤人遁世"之作，但却是既"明道"又"重身"的，既体现了人生的最高智慧，又满足了个体的生命性情，这样的创作，真可谓"道存而身安"了，难道不是照样有助于人伦教化的吗？萧统对文学伦理功能的这一新解释，无疑会大大促进六朝审美文化日益自觉的内在化、表情化、心意化趋势。

再次,在对文学有了新的理解的基础上,萧统首次明确提出了文学的概念和标准。在他看来,诸子百家之作,贤人忠臣之辞,虽是"孝敬之准式,人伦之师友",而且有的还才华横溢,立意深奥,巧智如悬,辞采繁茂,但它们却都有着明确的现实功利目的,而不是专意于审美愉悦的文学作品。他认为《文选》的内容应该"譬陶匏异器,并为入耳之娱;黼黻不同,俱为悦目之玩",即都能给人以赏心悦目的审美快乐和享受。那什么样的作品才能满足这一要求呢? 萧统为《文选》提出的美学标准是:

> 事出于沈思,义归乎翰藻。

所谓"事",也就是其所表现的题材内容,它们都必须是有意义的,然而这意义的表达,不同于一般哲学的、道德的、历史的、实用的文章,它应有个性化的真情实感,应经过独特的审美想象与深刻的艺术构思,并具有相应的语言辞藻之美。只有这种内容和形式在审美基础上完满统一的文章,才是文学的,才会给人以赏心悦目的快乐和享受。如此说来,萧统所谓"文",并不仅仅指的是辞藻形式,而是指一种能给人带来独特快乐的审美品性。它既包含美的形式,也包含美的内容。所以,他提出的"以能文为本"说,不仅已把文学的审美价值放在了首位,而且还由此设定了一种用以判断文学与非文学的美学标准。虽说这个美学标准尚有笼统含混之嫌,但却有非常关键的历史意义。它不仅使得《文选》成为极有价值的文学史资料,而且它的出现,也标志着古代对于文学之为文学的审美特性的认识已趋朗朗,标志着文学美学思想的发展已逐步走向成熟。

沈约的形式美理念 魏晋以来的审美文化之所以被视为一种历史性转折,呈现出空前的自觉,其重要标志之一就是形式美意识的觉醒。曹丕提出"诗赋欲丽"说,曹植首次将声律运用于诗歌创作,陆机倡导"音声迭代,五色相宣"的形式美规则等等,便是过去时代所不曾有过的。至东晋南朝,这一形式美理念更趋普遍。书法讲究"七条笔阵"、"十二笔势"等,绘画讲究画科分类、线彩构图、"图绘六法"等,文学中范晔设想出"殊状共体,同声异气"的声律标准等,都显示了这一趋势,而最突出、最有代表性的则是沈约所倡导的"四声八病"说。该说的提出,意味着中国文学(主要是诗)美学已超越了着重强调内容价值的发展阶段,而开始独立地思考文学形式本身的审美意义和效应了,正如朱光潜所说,中国文学从此进入"脱离音乐而在文字本身求音乐的时期"(《中西诗在情趣上的比较》,《中国比较文学》创刊号第40页)。

沈约历仕南朝宋、齐、梁三代,是著名的"竟陵八友"之一和"永明体"的创始人。他是一位学识渊博之人,不仅在史学方面著有《晋书》一百十卷,《宋书》一百卷,在佛

图4-2 列女仁智图（局部，顾恺之绘，宋摹本）

图4-3 女史箴图（局部，顾恺之绘，唐摹本）

图4-5 陆机《平复帖》

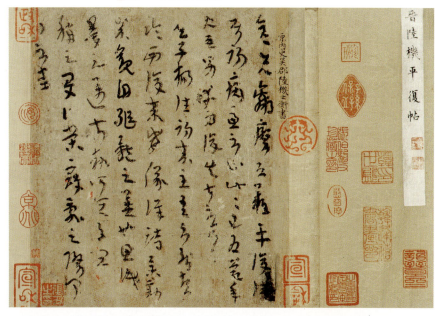

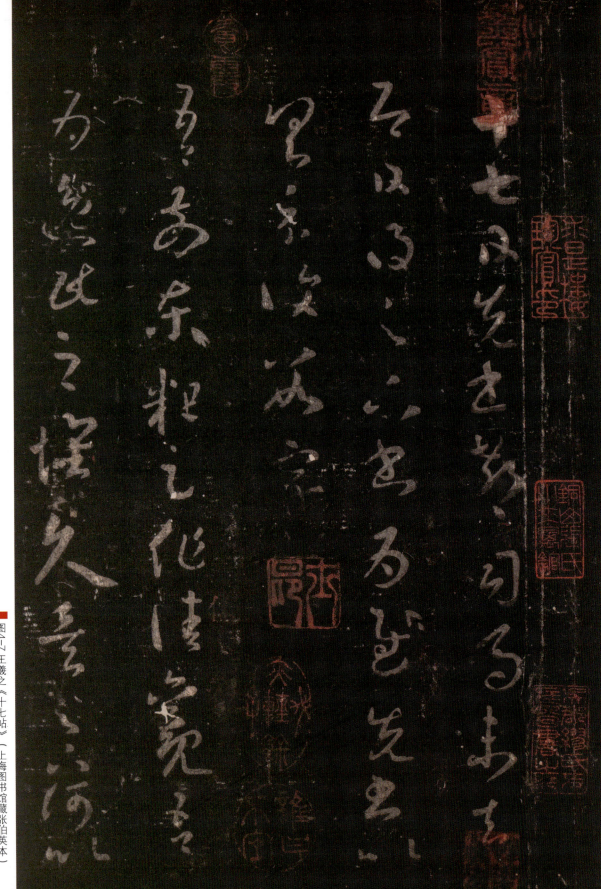

图4-7 王羲之《十七帖》（上海图书馆藏张伯英本）

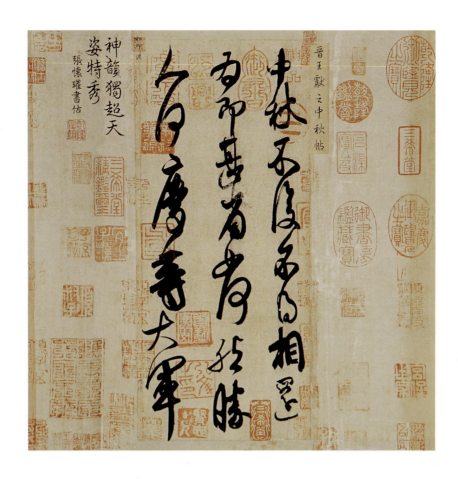

图4-9 王献之《中秋帖》

图4-12 《归去来辞图》（局部，明马轼绘）

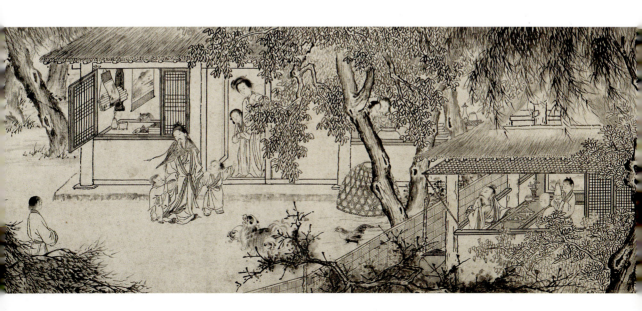

图5-1 梁武帝萧衍修陵前石兽 图5-2 南朝乐舞画像砖（河南邓县出土）

图5-4 陶弘景《瘗鹤铭》（局部）

图5-6 大同云冈石窟第20窟主佛像和东立佛

图5-7 南朝宋金铜佛坐像 ▌ 图5-8 麦积山石窟第23号窟正壁主佛像（北魏）

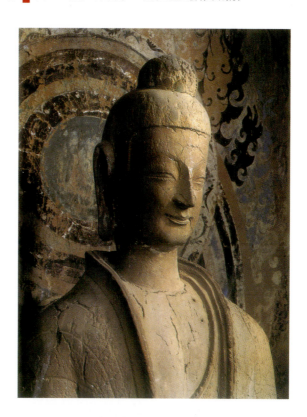

图5-9 云冈石窟第29窟东壁佛像（北魏）

图5-10 龙门石窟宾阳中洞
西正壁主佛像（北魏）

图5-11 北齐彩绘石雕佛
立像（山东青州）

图5-13 麦积山石窟第60号龛
正壁释迦牟尼佛像（北周）

图5-14 敦煌290窟彩塑菩萨像（北周）

学方面也有深厚造诣,著有《神不灭论》、《佛记序》、《佛知不异众生知义》、《齐竟陵王题佛光文》等多篇佛学论文。在文学美学上的最大贡献,则是以"四声八病"为核心的声律论的提出。那么,他的声律论与他的佛学造诣有无关系呢?《梁书·沈约传》说:沈约"撰《四声谱》,以为在昔词人,累千载而不寤,而独得胸衿,穷其妙旨,自谓入神之作"。我们知道,沈约曾把佛学称作"原本心灵"的"神道",而声律论又被他视为"入神之作",可见二者之间是有内在联系的,只是这种联系远没有宗炳、谢灵运的美学与其佛学的联系那样密切罢了。同时,印度声明论(音韵学)于魏晋之际随佛教一同传入。声与韵的研究自此成为专门学问。沈约作为佛学家自然会对声明论有所了解,这一点与他的声律论的提出也肯定不无关系。

沈约的形式美学的总体思路可以概括为"以情纬文,以文被质"(《宋书·谢灵运传论》)。也就是说,他把内容与形式的关系理解为"情"与"文"的关系("情"即是"质"),这跟当时的审美风尚是一致的。他认为诗歌创作一方面要根据情感来组织文辞,另一方面又要用文辞来润饰情感。一般认为,他无论在创作上还是在美学上,都以偏重文辞形式著称,然而他对"情"、"文"关系的这一看法却不太受人重视。事实上,他的形式美意识与其"主情"论思想是互为表里,难解难分的。

如同南朝美学主流所显示的那样,沈约也非常强调文学的抒情品性。他所谓的"情",大约有三层意思,一是指一种个体自我的、非他者、非史实的"情",即所谓"直举胸情,非傍诗史"(《答陆厥书》)的"情";一是直接规定着美的文辞的、通过美的文辞展示出来的"情",即所谓"文以情变"(《宋书·谢灵运传论》)的"情";三是这种"情"虽是个体性的、非"诗史"的,却并不与"理"相悖,而是通过"文"的自然有序之结构而"暗与理合",即所谓"高言妙句,音韵天成,皆暗与理合,匪由思至"(《宋书·谢灵运传论》)的"情"。在沈约看来,"情"的这三层意思实际上完全是一回事。"文"的根柢、本源即在个人的"胸情";有了"胸情"才会有"文","文"就是个体"胸情"的感性呈现;同时唯有本于"胸情"的"文"才会"暗与理合"、规范有序,否则就会变得杂乱无章,正所谓"天机启则律吕自调,六情滞则音律顿舛也"(《答陆厥书》)。沈约对"情"的内涵及其与"文"、"理"关系的独特把握和描述,说明他的形式美意识不是孤立的、偶然的,而是与他的"主情"论美学观念内在统一的。

沈约的形式美理念主要体现在以"四声八病"说为核心的声律论上。史载沈约曾著《四声谱》,现已不传。可窥见"四声八病"说大致精神的,仅有《宋书·谢灵运传论》、《答陆厥书》等几篇文献。我们不妨将其中的关键内容摘引如下:

夫五色相宣，八音协畅，由乎玄黄律吕，各适物宜。欲使宫羽相变，低昂互节，若前有浮声，则后须切响。一简之内，音韵尽殊；两句之中，轻重悉异。妙达此旨，始可言文。（《宋书·谢灵运传论》）

宫商之声有五，文字之别累万。以累万之繁，配五声之约，高下低昂，非思力所举……若以文章之音韵，同弦管之声曲，则美恶妍蚩，不得顿相乖反。（《答陆厥书》）

这很可能是沈约声律学说中最根本的精神。它的基本原理就是在差异中求整一，在变动中求和谐。具体说来，它要求打破诗歌音律的单调之和与无序之韵，实现音律在有序变化流动中的和谐之美。一句之内，各句之间，要充分展示其低昂、轻重、清浊、参差等"殊异"和"变动"，在整体的调和协畅之中显示出一定的差异性、多样性，同时这种差异和多样又是前后呼应，不相乖反的。在他看来，这正是诗歌美的"入神"之处和"奥秘"所在。前代诗作，"虽知五音之异，而其中参差变动，所昧实多"（《答陆厥书》）；而对于诗歌声律，更是"自骚人以来，此秘未睹"（《宋书·谢灵运传论》）。言外之意，这个秘密终于让他发现了。

沈约认为，屈原的创作是讲究声韵、节奏的参差变动的，但此后却没人了解这个声律秘密了。人们只是强调规整、平衡、同一，因而诗歌不免"忽有阐缓失调之声"，显得呆板、迟缓，"虽清辞丽曲，时发乎篇，而芜音累气，固亦多矣"（《宋书·谢灵运传论》）。这种现象为什么会产生？沈约认为根源有二，根源之一是因为片面注重理性规范，而忽视了情感的自由表达。前面说过，情感的自由表达是"文"得以形成的前提，情感所借以表现出来的"高言妙句"是"律吕自调"、"音韵天成"的。如果诗歌出现了"芜音累气"、"阐缓失调"的毛病，那肯定是由于它"未经用之于怀抱，固无从得其仿佛矣"（《答陆厥书》）；而文学恰恰是"直举胸情，非傍诗史"的，只有直抒胸情，不拘史理，才会使声韵的变化节奏分明，妙趣横生。根源之二则是受到正统的伦理功用美学束缚的缘故。沈约指出，声律形式之美在一个只重功用价值的文化语境中是不会受重视的。"若斯之妙，而圣人不尚，何耶？此盖曲折声韵之巧，无当于训义，非圣哲立言之所急也。是以子云譬之雕虫篆刻，云'壮夫不为'。"（《答陆厥书》）这段话不仅真切地描述了古代形式美意识发展的实际情况，而且还包含着一种闪光的思想，即它尖锐地指出了形式美观念与功利性语境的矛盾，深刻地触及了这样一个美学真理：形式美意识的崛起，是审美文化走向自觉和独立的最醒目的标志。

五、古今南北的融通综合

公元502年，南齐皇室萧顺之的第三子萧衍废齐立梁，从此开始了他在南朝诸帝中在位时间最长的统治。由于他近半个世纪的励精图治，南朝梁代在政治、经济、文化等方面都发生了比宋、齐两代深刻得多的变化，从而成为审美文化发展的又一重要的转型期（当然这一重要转型期的设定也不是绝对的，实际上这一过程至少从南齐即已开始，一般人们将齐梁并称，即为如此。但梁代的转型势态又确实更显著、更深刻一些，所以我们拟从南朝梁说起。在具体的表述上，有时可能会向前延伸至齐代）。北朝与此相对应的时代则大约是北魏太和改制之后。从萧梁时代和北魏后期起，审美文化在继续深化晋宋主流趣味的同时，开始滋生出一种强烈的自我反思、批判和重构的历史需求，酝酿着一种更高层面的折衷、通融与调和的内在趋势。中古时代审美文化至此已进入一种综合期。

南朝梁、陈审美文化大致呈现出这样的复杂"症状"：一方面，魏晋以来缘情主意、尚丽重文的审美新趣尚、新思潮至此已发展到了非常充分和深入的地步，在某些方面甚至已走向极端。梁简文帝萧纲的"文章须放荡"说以及由他领导创作的所谓"宫体"诗堪为典型；另一方面，魏晋以来备受抑制的偏重伦理、主善尚用的儒家美学思想，此时开始趋于复兴，并同缘情主意、尚丽重文的审美新潮形成尖锐对峙之势，其代表人物是梁史学家、文学家裴子野。同时，这两个方面的对立势态，客观上也有力地启动了审美文化的内在调节机制，使其各种矛盾因素，特别是先秦两汉的审美传统（"古"）与魏晋以来的审美新潮（"今"）两大矛盾因素之间，开始历史地要求着一种新的均衡与糅合，以为审美文化向新的历史层面的运演上升做思想的、理论的准备。这一点尤为突出地体现在刘勰的煌然大著《文心雕龙》之中。

当然，"古"（传统）与"今"（新潮）的矛盾及其综合趋向，不仅突出体现在南朝梁、陈时代,而且也集中体现在南、北两朝之间。我们知道,晋东渡之后,魏晋玄学也随之南下,而北方则仍以儒学为主。大约与梁、陈同时,北朝审美文化开始了同南朝审美文化的交流过程;这一在南、北之间发生的过程。实质上也仍然是古与今两种审美文化趣尚的交融过程,其结果便是南、北双方继西汉以来的又一次历史性汇合之态势。

我们为什么将南朝梁作为这一阶段的起始标志?要回答这个问题,自然应返回到梁代之后的社会文化语境中去。梁代以后深刻促动着审美文化转型的社会语境因素大体有这么几点:

其一,社会主导力量的变化与重组。南朝梁代的社会主导力量发生了重大的变动,这就是出身寒门庶族的新地主、新贵族的兴盛和壮大。他们改变了魏晋以来门阀世族地主的绝对统治地位,改变了"士庶之际,实自天隔"的贵贱森严的等级界限,而成为与门阀大族共享统治权利的社会政治主导力量。我们知道,魏晋,特别是东晋和南朝前期基本是门阀世族的一统天下。虽说自南朝宋起,皇帝都是从庶族地主中产生的,如宋的建立者刘裕、齐的建立者萧道成,都属寒门出身。他们当政的朝代,门阀世族的权力开始受到挫折,而寒门庶族在政治上渐趋活跃,但总的说来,门阀世族仍享有极高的政治社会地位。在这种情势下,指望魏晋以来门阀世族所代表的那种审美趣尚发生大的改变是不现实的。这也是我们将东晋南朝(宋齐)时代作为魏晋以来审美文化新潮之深化阶段的主要依据之一。但到梁就有些不同了。梁武帝(图5-1)将魏晋以来的官品九品改为十八班。此一改制的实质在于,把原来一般情况下最高能升至官品六、七品,门品约为三品的层次稍高的低级士族,吸收到门品二品的高级士族行列中来。原来寒门庶族需要挖空心思加以攀附的高门一流,现在则可以通过制度途径达到了。这意味着梁代从体制上为寒门庶族地主步入社会政治文化中心提供了保证。梁武帝此举,就将南朝宋齐以来寒族地主阶层的不断崛升进一步制度化、固定化了。当然从另一方面说,梁武帝的官制改革,也反映了寒门庶族本身已不再只是长于武职吏事"奔走之劳"的低级阶层了,而是其文化素质、儒学修养、政治经验等已经大大提高了,能为学术、文才俱佳的梁武帝看得上了,可以彼此在一起讨论经学、礼学、文学、佛学一类东西了。从这个意义上讲,寒门庶族地位的提高,也并未真正削弱高门士族,倒是更加肯定了他们的文化"霸权"。这也表现出了梁武帝的高明之处。事实上,他的政治策略最终归于一点,即努力调和门阀大族和寒门庶族之间的利益冲突,通过二者并重的官吏选拔政策,使之共同为皇权政治服务。这一种社会主导力量之间调和势态的形成,便成为梁代的一个突出特点。这个特点对于审美文化的意义就在于,它构成了后者向均衡综合方向转型的历史动力和社会基础。

其二，作为对社会主导力量之变化和重组的一种反映，梁代的整个社会意识形态也发生了相应变化。首先是魏晋以来趋于冷寂的儒学开始走出低谷，成为官方明确提倡的一种哲学。这与寒门庶族地位的上升壮大是一致的，因为正如玄、佛哲学主要是高门士族所标榜的学问一样，儒家经学则主要为"寒门"、"布衣"所研习和信守，是他们须臾不离的安身立命之术。所以梁武帝在提高了寒门庶族的政治地位的同时，也大大提高了儒家经学的文化地位。天监四年他下诏置五经博士，说：

> 二汉登贤，莫非经术，服膺雅道，名立行成。魏晋浮荡，儒教沦歇，风节罔附，抑此之由。（《全梁文》卷二）

梁武帝在这里如此明确地褒扬儒术，推重儒学，批评"魏晋浮荡，儒教沦歇"的现实，这在整个中古时代都是异乎寻常的。它作为梁代文化的显著特征，标志着思想史上一个新的时代正在到来。

其次，梁武帝标榜儒术，更多的是出于巩固统治的实际政治需要，而并非真想恢复汉代那种繁琐的章句之学和刻板的礼法秩序。所以，他在尊儒的同时，更强调崇佛，讲究儒、道、佛的合一。因为同儒学一样，佛、道之学也是为他的政治利益服务的。虽然说佛、道之学作为出世主义的宗教体系，与儒学作为入世主义的世俗学说，二者有其相互对立冲突的一面（如东晋以来的沙门是否敬王者之争，即为其冲突形式之一），但在维护现有秩序、巩固君主统治方面，二者却又有着异曲同工之妙。这也是东晋以来统治者大兴寺观、倡扬佛道的一大原因。难怪自东晋以来，就不断有人提出儒、道、释合一的思想。到梁武帝，则明确提出了"三教同源"说。不过他这个"三教同源"，是指儒、道皆源于佛释：

> 老子、周公、孔子等虽是如来之弟，而为化既邪，止是世间之善，不能革凡入圣。侯王宗室，宜反伪就真，舍邪入正。（《全梁文》）

儒、道之学主要是治"外"的，其旨归在"世间之善"，但却不能使人"革凡入圣"，而佛释之学则是治"内"的，是"反伪就真"的，这个"真"，大约指的是与"世间之善"相对的性灵之真、人心之真。儒、道为如来之弟这个说法，一方面统一了儒、道、佛，一方面又将佛置于儒、道之上，实际上是将儒、道讲的"世间之善"返归于、筑基于佛学讲的人心之真、性灵之真，将治"外"建立在治"内"的本体基础上。这正是梁武帝特别重视佛教的原因。他大修佛寺，数次舍身，率群臣信佛，使南朝佛教达到空前鼎盛。他这样做的根本目的，是把佛教也作为一种统治手段（而非单纯的学理、学术），想通过治"内"

而实现治"外"。所以他的理论表面看来是以佛为本,以儒为末,其实则是通过佛学之体来实现儒学之用,进而以更精巧的方式肯定弘扬了儒学。因此他的以儒归释,又以佛佐儒的哲学,本质上是既将儒学心性化、精神化了,同时又将佛学现实化、世俗化了。这反映了梁代奉行的确是一种旨在折衷通融、均衡综合的主流意识形态。

再次,单就梁代佛学本身来说,似乎也体现了这样一种综合意识。东晋以来的佛学最先是大乘空宗般若学,它的核心义理是"性空"说,不论本体、现象,还是主观、客观,都是"至虚无生",都是"性空不实"。"空"本身就是精神本体,就是佛性智慧、涅槃实相。但南朝宋齐出现、而到梁代盛极一时的涅槃学,则从谈"空"转到谈"有",以"有"为理论根基。这一转变,曾与僧肇一起就学于鸠摩罗什门下的竺道生为一关键环节。竺氏认为,般若学以虚空寂灭为精神本体,诸法实相,但这并不是佛教之最终义。佛教之最终义应是达到彻悟人生真相的涅槃之境。般若讲实相,涅槃讲佛性,道理本是一样的,但佛性之义,般若学却未明言。所以般若学主要讲实相之"空",而未论及佛性之"有"。然而在竺氏看来,肯定佛性之"有"恰是《涅槃》高于《般若》之处。据此,竺氏提出两点主要学说,一是涅槃佛性说,一是顿悟成佛说。所谓涅槃佛性说,即讲众生皆有佛性的学说。竺道生不同意般若学以般若的"空"来否定涅槃的"有",以"人无我"来否定"佛性我",认为应当将般若学与涅槃学结合起来,将"性空"与"真有"统一起来。因为佛作为一种普遍绝对、唯一真实的本体,是无时不在,无处不存的。它在万法乃是法性,在众生则是佛性。般若学强调众生"无我",但涅槃学认为众生的这个"无我",只是没有"生死我",而并非没有"佛性我"。竺道生注《维摩经》曰:"无我本无死生中我,非不有佛性我也。"本有"佛性我",所以不是"空"而是"有"。于是他明言:"佛性即我。""一切众生,莫不是佛。""一阐提人皆得成佛。"(《妙法莲华经注》)说"众生是佛",还可以马虎过去,但说"一阐提人皆得成佛",那似乎就有点离经叛道的意味了。因为"一阐提"是指那种断了善根的人,亦即世人所说的那种作恶多端不可救药的坏人。所以此说一出,群情大哗,都以为道生违经背义,遂将他赶出建康。他便来到苏州虎丘,继续坚持宣讲自己的观点。后证明他的观点是有佛学根据的,遂为世人所悦服。既然众生是佛,所以他又提出"顿悟成佛"说。在他看来,佛性人人皆有,但被世俗的垢障所"迷乖"、所遮蔽。只要"返迷归极",则可见性成佛。所谓"返迷归极",也就是拨开世俗"垢障",直窥本体实相,从而大彻大悟,立地成佛。他这样说道:"良由众生,本有佛之见分,但为垢障不现耳。佛为开除,则得成之。"(《注维摩诘经·方便品》)因此他反对"渐悟"说,认为真理本体玄妙整一,不可分割,要么顿悟,要么不悟,中间没有"渐悟"这样的过渡环节;而顿悟就是"以不二之悟,符不分之理"

（慧达《肇论疏》选），因而是体认佛性本体，跃入涅槃境界的唯一正确途径。

可以看出，般若学与涅槃学有同有异。二者本质上都属于精神本体论，都追求的是一种出世主义的理想境界。但二者又各有所侧重。般若学偏于宗教认识论的思辨，涅槃学则偏于宗教实践观的探索。前者面对的是整个对象界，偏于诸法实相的体认和洞照；后者则把目光集中于众生，偏于心性本体的觉悟和返归。前者重在般若智慧的领悟，后者则重在佛性真身的修持。前者玄奥深妙，适于高级士大夫阶层，其学理性、贵族气较浓，后者则通畅显易，更适于广大民间徒众，以信仰性、世俗味见胜。总之，般若学强调的是对"真"（宇宙真如实相）的神秘体认，偏于世界观方面，而涅槃学则讲究的是对"善"（人生理想境界）的瞬间觉悟，偏于目的论方面。从般若学发展到涅槃学，一方面标志着佛学的功能性、世俗性、实践性色彩更浓厚了，而另一方面，从（竺道生所代表的）涅槃学仍坚持"无我"与"有我"、"性空"与"实有"、般若与涅槃的统一来看，梁代佛学也显露出了通融综合诸派学说的理论趋向。

最后，著名的无神论者范缜的理论也很有时代意义。自佛教兴盛以来，关于"神"的"灭"与"不灭"问题就一直争论不休。"神不灭"大约算得上是主流意见，但也不时有反对者，如南朝宋就有位何承天提出"无神"一说，但终因理论上的缺陷而不占上风，其实根本原因在于那个时代还没提出"无神"的文化需要。然而从齐入梁的范缜，他不但明倡"神灭"之论，而且还在理论上大获全胜。这固然是由于其理论无懈可击，然而更根本的还是其理论适应了时代文化的需求。如前所述，南朝后期，寒门庶族地主不断壮大，至梁，已成为主导性的社会力量。基于"神不灭"论的佛学，在其社会政治功用上，只对当权的统治者有利。对于正在崛起的、渴望重整天下、称霸立业的庶族地主阶层来说，佛学很大程度上却是一种障碍。所以他们迫切需要一种无神论。范缜即出身寒门，是一位代表新兴庶族地主阶层的知识分子和思想家。他早在南齐时，就"盛称无佛"，"不信因果"。当宰相萧子良质问他：你不信因果，那为何有的人富贵，有的人贫贱？他便指着庭院里盛开的花树答道：人生就像树上的花朵一样，随风飘落，有的落在了厅堂上，有的则落在了厕所里，这完全是偶然的，哪里有什么因果报应？这就典型反映了寒门庶族地主要求打破门阀士族的世袭特权，重新分配社会政治权利的强烈愿望。由于意识到因果报应的理论基础是"神不灭论"，范缜便接着写了《神灭论》一文，一时"朝野喧哗"。萧子良纠集多人与范缜论辩，然而驳不倒他。到梁代，梁武帝便亲自撰《敕答臣下神灭论》一文，并发动了精通佛经的士人僧侣等六十余人，一起来再次围攻《神灭论》。因为他们清醒地意识到，"有佛之义既显，神灭之论自行"；而神灭论自行，则自然会否定统治者的"圣人"形象，"若论无神，亦可无圣"（王靖《答难神灭论》）。范缜则从庶族地主阶层的利益出发，针对"神不灭论"的种种观点——驳斥，"辩摧众口，日服千人"（《梁书·范缜传》），到最后范缜的论敌们只好感叹自己"情识愚浅，无以折其锐锋"（《弘明集》卷九），梁武帝无奈之下，也只得草草收兵。

那么范缜的《神灭论》到底胜利在哪里？它的基本观点就是"形神相即"，"形质神用"。范缜认为，形和神并不是可以分开独立的两个东西，而是"名殊而体一"的，"形即神，神即形"，二者是有机的整体。所以根本不存在可以脱离"形"而永恒独存的"神"；"神"要以"形"为根本，为基础，"神"的产生和存在，也只是"形"的一种功能或作用，离开了"形"，"神"就无以附丽，二者是同一事物的两方面，既有区别，又是一体。这就有力地廓清了笼罩在"神不灭论"上的思想迷雾，为庶族地主阶层在开拓进取、重整乾坤的政治实践大业吹响了号角，开辟了道路。

从思想文化的角度看，同南朝其他观念形式一样，"神灭论"的胜利一方面标志着魏晋以来那种本"无"尚"虚"、主"空"崇"神"的文化趋势业已开始转型，标志着哲学向现实、存在、实践、世俗的靠拢，另一方面也并不意味着哲学从此便彻底转向了重"形"轻"神"、尚"实"避"虚"之途。实际上，范缜"形神相即"的命题在纠正魏晋以来过于务"虚"崇"神"之文化趣尚的同时，也在一定程度上表露出了将"实"与"虚"、"形"与"神"等矛盾因素均衡融合起来的理论意向。这与当时整个社会意识形态的基本趋向也是一致的。

总之，从南朝梁开始，一种根基于政治、阶级、哲学、宗教等因素的社会文化语境的转型已经明显启动。那么，毫无疑问，这种以融通、综合为主流的社会语境的转型，自然也要在审美文化的发展轨迹中显射出来。

1 "摇荡性情":
感性生命原欲的审美化

　　南朝审美文化到齐梁之际,特别到梁代明确提出了复兴儒学、走向综合的历史需求,这绝不是偶然的,而是为审美文化内在矛盾因素的充分展开所规定的。那么这种充分展开的标志是什么? 最典型、最突出的便是个体之"情"的张扬、生命之"欲"的释放及其对传统之"理"的冲击和挑战。这是一个审美趣味感性化、感性原欲审美化的时代。

　　我们知道,自魏晋以来,随着旧的伦理价值体系的退居边缘,一种以"自我超越"为内涵的人性自觉出现了,个体、自然、性情、欲望等等一直为伦常理性所看管的东西,开始成为社会意识凝注和追逐的中心。"妇人当以色为主"(荀粲)、"人性以从欲为欢"(嵇康)、"为欲尽一生之欢"(《列子》)等等,便构成一种时代的风尚。重要的是,这种对自然人性、情感原欲等的肯定,固然一定程度上反映了高门大族、统治集团腐朽没落的生活需求和方式,但总体上它跟一般的感性享乐、情欲放纵行为还有所区别,它并不是一种纯自然的生物本能的低级欲求,而是自觉的、有意识的生存价值选择,一种具有特定文化背景和理性内涵的思想观念,甚至它本身就是一种新的哲学,新的意识形态,因而它内在地包含着一种文化批判和重建的历史意义。指出这一点,对理解魏晋以来本乎自然、主乎情欲的文化风尚是不可或缺的。

　　在开始阶段,这一文化风尚还主要表现为对某种纵情恣欲的现实性"活法"的追求,偏重的是一种具体的生活行为方式的重建,而到东晋和南朝诸代以后,这种感性化的文化倾向便同士族阶层的审美趣味结合起来了,其感性的享乐便同审美的愉悦结合起来了,它不再仅仅局限于某种生活方式,而且很大程度上还成为人们的一种审美活动、审美方式。

《西曲》、《吴歌》与"伎乐"之风

整个中古时期的乐舞世界堪称俗乐舞的一统天下。所谓俗乐舞，我们在汉代部分已有论述，它的突出审美特征就是直率奔放地抒情表意，而且大都表现的是男女两性之情意，其本原也大多来自民间乐舞。俗乐舞在西汉获得较大的发展，而晋宋以降，它在承袭汉魏乐舞旧制的基础上，又同南国民歌汇合一处，从而带上了鲜明的江南风情和时代色彩，并随着皇族文人的参与，在内容和情趣上不断达到新的审美境界。

中古时期俗乐舞的总称叫《清商乐》。汉代张衡在《西京赋》中对女乐演奏《清商乐》的情形即有描述：

> 促中堂之狭坐，羽觞行而无算。秘舞更奏，妙材骋伎，妖蛊艳夫夏姬，美声畅于虞氏。始徐进而赢形，似不任乎罗绮。嚼清商而却转，增婵娟以此豸。

看来汉代已有了"清商"乐舞。薛综注"清商"曰："清商，郑音。郑音即俗乐也。"从张衡文中看，这里的"清商"是一种"俗乐"，而且还不是一般的"俗"，它是那种"秘舞"的"俗"。何谓"秘舞"？顾名思义，大约就是一种秘密演奏的乐舞。既然是秘密演奏，就是不便公开，就有可能会触犯社会禁忌，那么它的内容、形式也就不言而喻了。实际上我们从张衡的描述中，已可约略看出，《清商乐》确实够"俗"的：在男女夹坐、纵饮欢乐的馆堂中，女伎姿态妖冶浮艳，乐曲音调轻靡淫丽，一派"伤风败俗"之气，难怪蔡邕说"清商其词不足采"（《乐府古题要解》卷上引），然而却由此可窥见《清商乐》风貌于一斑。

建安时期，曹氏一门皆好俗乐俗舞。曹操迷好清商歌舞是有名的。《魏书·武帝纪》注引《曹瞒传》说："太祖（曹操）为人佻易无威重，好音乐，倡优在侧，常以日达旦。"曹丕对"清商"俗乐的喜好，也丝毫不亚于其父。他建魏时，即设立了"清商署"。这是首次为《清商乐》设官方机构。曹芳做皇帝时也是迷恋"清商"俗乐的。《三国志·齐王芳传》注引《魏书》记述说："（帝）每见九亲妇女有美色，或留以付清商。"从这个记载可看出，"清商署"基本是个女乐机构，或者说是个专门蓄养女性乐伎，以为男权社会提供歌舞享乐的机构。

永嘉之乱后，《清商乐》的一部分流入凉州，与《龟兹乐》融合起来，成为著名的《西凉乐》，此为后话。《清商乐》的主要部分则随东晋政权而南渡，同江南的地方民间乐舞《吴歌》、《西曲》相结合，形成了所谓南朝的"新声"。在《乐府诗集》里，清商曲辞分为《吴歌》、《西曲》、《神弦歌》、《江南弄》、《上云乐》、《雅歌》六大类，其中

《神弦歌》是巫觋祀神乐曲，《江南弄》是梁武帝改《西曲》而成，《上云乐》是表现神仙事迹的乐曲，《雅歌》则属雅乐舞，而华夏"新声"《清商乐》的主体则是《吴歌》和《西曲》。

《吴歌》和《西曲》是继《诗经》的民间歌舞、汉代《相和大曲》之后，中国古代俗乐舞的又一大发展。《吴歌》流行于长江下游，以当时的首都建业（东晋、南朝时改称建康，今南京）为中心。《乐府诗集》卷四十四说："自永嘉渡江之后，下及梁陈，咸都建业，吴声歌曲起于此也。"《西曲》则流行于长江中游和汉水两岸，以江陵（今湖北江陵县）为中心。《乐府诗集》卷四十七说《西曲》"出于荆（湖北江陵）、郢（湖北武昌）、樊（湖北襄樊）、邓（襄樊略北）之间"。《吴歌》、《西曲》流行的年代，大致都是在东晋南朝时期，二者只是有些早晚差别。《宋书·乐志一》说："吴歌杂曲，并出江东，晋、宋以来，稍有增广。"而《西曲》也大多是盛行于南朝宋、齐、梁三代。

本来，自西汉以来，俗乐舞（图5-2）就一直受到统治阶级的迷恋和推崇；晋宋之后，随着儒家伦理名教体系的日渐边缘化，以《吴歌》、《西曲》为代表的俗乐舞更是登堂入室，成了皇家王族、达官贵人的须臾不离之物，而专用于祭礼仪式的所谓雅乐舞则进一步被"晾"在一边，或者是以俗代雅了，如《拂舞》、《鞞舞》、《铎舞》、《杯盘舞》、《巴渝舞》等在汉代都是俗乐舞，此时却被作为"前代正声"而进入庙堂，归于雅乐。这种重俗轻雅、以俗为雅的审美文化趣尚，之所以得以流行，自然与这时期上层社会，特别是皇族帝王异乎寻常的喜爱、激赏和推动分不开。《南齐书》卷四十六说：

> 自宋（孝武帝）大明以来，声伎所向，多郑卫淫俗；雅乐正声，鲜有好者。

宋孝武帝时代所向慕的"郑卫淫俗"，主要指的是《吴歌》、《西曲》。南齐高帝亦"好音乐"。据说他在一次宴会上，要求群臣"各效技艺：褚彦回弹琵琶，王僧虔、柳世隆弹琴，沈文季歌《子夜来》，张敬儿舞"（《南史》卷二十二）。这里的《子夜来》就是一首著名的《吴歌》。至于到梁武帝，虽比前代皇帝聪明了点，表面上勤苦节俭，但骨子里还是掩饰不住对俗乐舞的爱好。他在后宫中就设有《吴歌》和《西曲》女乐各一部。他还亲自创作了许多俗乐曲。上行下效，皇帝们的身体力行，自然对俗乐舞的"普及"起到了推波助澜作用。官宦阶层对俗乐舞的喜好情况完全可以想象，即使民间，也呈现出了俗乐俗舞盛极一时的繁荣局面。如宋文帝时代，"凡百户之乡，有市之邑，歌谣舞蹈，触处成群。"再如齐武帝时代，"都市之盛，士女昌逸，歌舞声节，袨服华装，桃花渌水之间，秋月春风之下，无往非适。"（《南史·循吏列传》）由此记述，也就不难想见《吴歌》和《西曲》在整个南朝城乡流行的繁盛境况。

俗乐舞何以在南朝上下会有如此大的魔力？最根本的一条，就是俗乐舞的抒情性题旨；而且这种抒情性非同一般，是那种强烈的、柔媚的、极具诱惑力的，其中甚至不乏淫放色彩的抒情性。当然，其所抒者更多的还是男女之间的情，这中间自然就缺不了某些性的意味。这一切，均与魏晋以来本于自然、主于性情而轻于伦理的文化趣尚相摩相荡、难分难解，是这一趣尚的必然指归。当然我们今天已看不到当时《吴歌》和《西曲》之载歌载舞的具体表演情景，对它的这一抒情特色，只能主要从其存留的歌辞中约略窥见一二。按《晋书·乐志》的说法："吴歌杂曲……其始皆徒歌，既而被之管弦。"这就是说，"徒歌"是吴歌杂曲的原初形式；而"徒歌"者，虽然大约也是亦歌亦舞的，但这种歌舞形式中的歌辞部分，应当说是更合"清商"俗乐之民间品格和表情特性的，因而也是最本色、最有价值的。

《吴歌》和《西曲》之歌辞，现在看来有两类，一类是民间创作的，一类是包括皇族在内的文人阶层模拟民歌创作的。这两类形式上有同有异，而在审美内涵与情趣上则是两种境界。民间歌辞，抒情热烈而率直，具有情感的冲击力；而文人摹写的民歌，抒情委婉而含蓄，具有清妙的审美韵味。我们不妨分别举例辨析之。

下面是从《吴歌》和《西曲》中随机摘选的民歌：

> 绿揽迳题锦，双裙今复开。已许腰中带，谁共解罗衣？（《子夜歌》）
> 妖冶颜荡骀，景色复多媚。温风入南牖，织妇怀春意。（《子夜四时歌·春歌》）
> 开窗秋月光，灭烛解罗裳。合笑帷幌里，举体兰蕙香。（《子夜四时歌·秋歌》）
> 红蓝与芙蓉，我色与欢敌。莫案石榴花，历乱听侬摘。（《读曲歌》）

这种歌辞在《吴歌》和《西曲》中是广泛存在的。这些民歌表达男女情爱，是不加掩饰的，歌声在"郎""欢"（对方）、"我""侬"（主人公）的深情倾诉中，充溢着对爱情的热切向往和大胆追求，字里行间那种情感的率真、自然、执着、浓烈，当然还有失恋的痛苦与离别的忧伤，都是那样透明如水，热烈似火，甚至如《子夜四时歌》中有句说的，是"妖冶颜荡骀"，在给人以情感心理愉悦的同时，也在某种程度上给人以健康的感官刺激和性的魅惑。这是民歌强大的生命所在、魅力所在。其实，这种民歌浓郁的抒情色彩和天然气息，也正是吸引皇家贵族、文人雅士的地方。他们不仅痴爱这些民歌，而且有些人还要模拟这些民歌来进行创作。我们可以选梁武帝为代表，这不仅因为梁武帝雅好文学，而且因为他摹写过这类歌，并且写的尤其多。比如，在《子夜歌》42首歌辞中，最后两首据《玉台新咏》说就是梁武帝拟作的，兹录于下：

> 恃爱如欲进，含羞未肯前。口朱发艳歌，玉指弄娇弦。
>
> 朝日照绮钱，光风动纨素。巧笑倩两犀，美目扬双蛾。

从遣辞用句的方式看，这两首确与《子夜歌》前四十首明显不同。那种抒情表意的直率、自然没有了，而一种宫廷味的、矫揉造作的气息则跃然纸上，诸如"朱口"、"玉指"、"两犀"、"双蛾"之类词语，在民歌中是难得见到的。说这两首歌是梁武帝所写，应当是比较合理的。当然从另一角度看，这种歌辞也有它的审美特点，如表意的委婉含蓄和语词的骈律技巧等，也不宜统统否定。据《乐府诗集》载，梁武帝还拟作过《子夜四时歌》七首，《团扇郎》两首，《杨叛儿》一首，《襄阳蹋铜蹄》三曲、《上云乐》七曲、《江南弄》七首。我们再略举几例以作辨析：

> 手中白团扇，净如秋团月。清风任动生，娇声任意发。（《团扇郎》）
>
> 草树非一香，花叶百种色。寄语故情人，知我心相忆。（《襄阳蹋铜蹄》）
>
> 美人绵眇在云堂，雕金镂竹眠玉床，婉爱寥亮绕红梁。绕红梁，流月台，驻狂风，郁徘徊。（《江南弄》）

这里的描写虽有时也显得像民歌一样明白如话，但细琢磨，便会发现它其实是很有匠心，很讲技巧的，其譬喻、联想的时空跨度和表情寓意的深微细致，都与民歌迥然异趣。至于其中不时出现的文人化、矫饰性辞藻，诸如"娇声"、"美人"、"玉床"、"婉爱"之类，也非民歌中所能有。这种描写，情感的冲击力不及民歌，但也有它独有的抒情方式和耐人咀嚼的审美意味。可以说，它赋予了感性化、情欲化对象以一种审美的距离感和朦胧感。它并没有消除那种男女情爱的感性魅力，也许，它的委婉表述反而更强化了这种魅力，使这种魅力更耐得住品味。看来，简单地在民间歌谣与文人创作之间作孰高孰低的价值裁决，从学术上说似乎并不是个好办法，二者实际上各有长短。在审美文化发展的意义上，南朝《清商乐》的流行从开始时以民歌为主，到齐梁时候皇族文人的参与创作，至少说明民歌写作及其抒情方式的一种进步，也反映了审美文化总是由"俗"而"雅"转型发展的一般规律。《清商乐》后被隋文帝称为"华夏正声"，归入了隋朝的《七部乐》、《九部乐》就是一个证明。

南朝俗乐舞的独特魅力还在于，它在演唱形式上追求娇媚轻艳、绮丽纤柔的优美风格，一种来自于感性体态的赏心悦目之美。《清商乐》本是一种载歌载舞的民间艺术，它边歌唱边舞蹈，辅以乐器伴奏，所以它的魅力不仅在于以情爱为题旨，而且还在于它能直接愉悦人的视听感官，让人看着着迷，听着快乐。中古时期南方俗乐舞类型较多，除了我们前面讲过的《拂舞》、《鞞舞》等数种"始皆出自方俗，后寝陈于殿庭"（《乐府诗集》卷五十三）的雅化乐舞外，还有《公莫舞》、《白纻舞》、《明君舞》、《前溪舞》、《翳乐》、《子夜》、《凤将雏》、《欢闻变》、《团扇郎》、《乌夜啼》、《莫愁乐》、《采桑度》等等，其中较有代表性的俗歌舞便是《白纻舞》。

《白纻舞》（图5-3）是一种以舞服为名的女子抒情舞蹈。《宋书·乐志》说："《白纻舞》，按舞辞有巾袍之言。纻本吴地所出，宜是吴舞也。"《白纻舞》产生于三国吴地，盛行于晋、宋、齐、梁、陈各朝。这个《白纻舞》的具体情况，现在只能靠《乐府诗集》所收录的《白纻舞》歌辞和观舞诗来加以了解。它在主旨意趣上，最初可能与祭仪降神的巫舞有些关系，如晋《白纻舞》歌诗中有"清歌徐舞降祇神，四座欢乐胡可

图5-3 《白纻舞》意想图（吴曼英绘）

陈"之句。不过该舞后来主要还是表现一种及时行乐的观念，《乐府解题》就说："古词盛称舞者之美，宜及芳时为乐。"所谓及时行乐，无非就是别在乎名教伦理中怎么说，而是重在生命欲求的满足和个人性情的快乐。这样一种题旨，正好应和了本乎自然、主乎性情而疏于伦理的时代审美文化趣尚，所以能够引起观看者、欣赏者的普遍共鸣。

不过《白纻舞》的特色还主要在表演形式上。该舞在舞蹈服装、形体、动作、姿态等方面的设计上，可以说极尽了轻盈、娇媚、纤柔、精妙，甚至妖冶、艳丽之美。就说服装，那是一种用白纻（用苎麻制成的白布）做成的"丽服"，上面缀以华丽的美饰。有晋歌曰："质如轻云色如银，爱之遗谁赠佳人。制以为袍余作巾，袍以光躯巾拂尘。"又有鲍照《白纻歌》曰："纤罗雾縠垂羽衣"，"珠屟飒沓纨袖飞"。从这些赞美白纻舞衣的诗中，我们不难想见该舞服装的精美与华丽。不消说，它给人视觉上的美感当是非常强烈的。它在表演动作、形态等方面，则着意于表现其轻柔之美，媚艳之丽。描写其轻柔之美的歌辞很多，如"轻躯徐起何洋洋"，"质如轻云色如银"（晋歌），"仙仙徐动何盈盈"，"体如轻风动流波"（宋刘铄歌），"歌儿流唱声欲清，舞女趁节体自轻"，"妙声屡唱轻体飞，流津染面散芳菲"（梁张率歌）等。"轻柔"作为当时舞蹈艺术的一种审美标准，反映了人们对优美之态、阴柔之趣的特别追求。它要求舞伎不仅体态动作必须"轻

柔"，而且整个身材体型都要体现出"轻柔"之美，比如其腰肢就讲究越纤细越好。《梁书》载，有一位善音律的羊侃，养了很多歌女舞伎，其中有舞人张静婉，容色绝世，其身形非常纤细，腰围仅一尺六寸，时人都推崇她能跳"掌上舞"；但有时对"轻柔"之美却不免强调得过了分。据说晋代石崇做荆州刺史时，为了使他蓄养的舞伎体态轻盈，便用能沉于水的香末，铺在"象床"上，让舞伎们从上面走过，而不要留下脚迹。谁要是不留一点脚迹，就赐珍珠百琲；若有脚迹，则减少舞伎的饮食，令其体形变得轻盈（《拾遗记》卷九）。这样来追求舞蹈的轻柔之美，简直就是对伎人的一种体罚了。不过这倒也说明了当时人们对优美之舞的一种好尚。

除轻柔之美外，当时描写《白纻舞》之华艳娇媚的歌辞更趋繁多，且越往后这种描写就越突出，到梁、陈之际则达到极致，如晋《白纻舞》歌诗有句曰："双袂齐举鸾凤翔，罗裾飘飙昭仪光"；宋鲍照的《白纻歌》有句曰："桃含红萼兰紫牙，朝日灼烁发园花"；宋汤惠休《白纻歌》曰："徘徊鹤转情艳逸"，"容华艳艳将欲然"；齐王俭的《白纻辞》曰："情发金石媚笙簧，罗袿徐转红袖扬"；梁沈约《四时白纻歌》曰："如娇如怨状不同，含笑流盼满堂中"（《春白纻》）；"朱光灼烁照佳人，含情送意遥相亲"（《夏白纻》）；"白露欲凝草已黄，金琯玉柱响洞房"（《秋白纻》）；"寒闺昼寝罗幌垂，婉容丽色心相知"（《冬白纻》）。可以看出，晋、宋时候，人们着重描写《白纻舞》的服饰动作之华美艳丽，而至齐梁时候，人们则偏于描写《白纻舞》之舞伎的色相情态了。在沈约的歌辞中，《白纻舞》是无比美妙的，而表演该舞的女伎更为娇媚多情、妖冶动人。他的用辞结语更为讲究了，然而其感性化色彩却也更浓烈了。

"宫体诗"：一种审美化的情欲话语

将南朝时代的感性化审美文化趣尚推向极致的是梁代出现的"宫体诗"。所谓"宫体诗"，简单说，就是在梁代宫廷盛行的一种诗体。一般认为，它是由梁简文帝萧纲所领导、有宫廷内皇族臣僚倾力追随而创作的一种特殊诗体。《南史·梁简文帝纪》云："（简文帝）雅好赋诗……然帝文伤于轻靡，时号'宫体'。"唐杜确《岑嘉州集序》云："梁简文帝及庾肩吾之属，始为轻浮绮靡之辞，名曰'宫体'。自后沿袭，务为妖艳。"实际上，从晋宋到梁陈，许多诗人的写作是与"宫体诗"的审美取向一路的。其中有代表性的是：晋代陆机，宋代鲍照，齐代王融、谢朓，由齐入梁的沈约，梁代萧纲、萧衍、萧绎、庾肩吾、徐摛、丘迟、吴均、何逊、江淹、王僧孺、何思澄、庾信以及由梁入陈的徐陵。可以看出，尽管"宫体诗"的审美路向自晋开始（更早一些甚至可追溯到魏晋之际的曹丕、曹植、张华等人的诗歌趣味），但其高峰期无疑是在梁代，或者说，到了梁代，魏晋以来那种本乎自然、主乎性情、崇尚绮靡、偏重艳丽的感性化审美趣尚才被推向了极致和顶峰，所以也可以说它是流行于梁代宫廷的一种诗风和诗体。

史书中对"宫体诗"审美特点的描述是"轻靡"、"妖艳"或"轻浮绮靡"等等，这种描述突出了"宫体诗"所具有的感性化、情欲化、官能化、阴柔化等审美倾向。不过，由于种种可知与不可知的原因，这种审美倾向在历史的解说过程中被过分地渲染和夸大了，"宫体诗"几乎成了色情、淫荡、堕落，以及"亡国之音"（《北史·文苑传序》）的代名词。除了艺术上被认为尚有可取之处外，它给人们的印象，基本就是一些低级的、有害的、散发着腐朽糜烂气息的文字糟粕。

其实，如果我们不局限于一种"经世致用"的伦理功利主义眼光，而是从审美的、艺术的、文化的角度来观察，从中国文人的生存状态及其写作心态来辨析，或者至少撇开历史留下的偏见，真正立足于对这些诗歌本身审美涵义的确切解读，那么就可能会得出与以往不尽相同的看法和结论。我们不妨先弄个明白，"宫体诗"在历史上何以会那样招人嫌恶甚至是仇视？它到底写了些什么？

"宫体诗"的一个最特异的地方，便是专写"闺情"。明代胡应麟说："《玉台》但辑闺房一体。"《玉台》即徐陵主编的《玉台新咏》，是收录"宫体诗"最多最集中的文献。清纪容舒说："按此书之例，非词关闺闼者不收。"所谓"闺房"、"闺闼"，也就是女人的卧室。同时，在古代男权社会的文化观念中，"闺房"、"闺闼"也是一种具有性意味的符号，是一种性的象征。专以"闺房"、"闺闼"为题，自然就是专写男女之情、两性之事。这正是"宫体诗"最为历代所诟骂的焦点所在。因为在正统诗学，特别是儒家诗学观点看来，诗是"言志"的，而这个"志"主要是一种伦理怀抱，是一种情理结合的东西，一种"发乎情，止乎礼义"的价值，所以诗虽是言志抒情的，但这个"志"和"情"却是契合"理"的；而且诗的使命和归宿也是伦理功用的，是旨在"经夫妇，厚人伦，美教化，移风俗"的。然而"宫体诗"却违反了这一诗学原则。它只发乎情，却不止乎礼，因而有悖情理中和的古典原则，有悖伦理功用的诗学目，当然就是"邪"，就是"淫"，就为男权社会所不容。所以陈玉父在《玉台新咏集·序跋》中说"宫体诗"："顾其发乎情则同，而止乎礼义者盖鲜矣。"止乎礼义者鲜，所以被称作"亡国之音"。然而，历史上也有不从王道伦理的立场，而从诗的审美本性、抒情本性来肯定"宫体诗"的，比如明代袁宏道就称赞此诗"清新俊逸，妖媚艳冶，锦绮交错，角色逼真"，直令他"读复叫，叫复读，何能已已"（《玉台新咏序跋》）。为什么唯独袁宏道会如此说？因为他作为"公安三袁"的首领，标榜的是"独抒性灵"说，呼唤的是具有浪漫主义色彩的情感解放精神，其美学立场是反古典、反正统的，因而能充分认同"宫体诗"的审美题旨。所以，"宫体诗"在历史上备受非议和责难的根源，从美学上讲就是以封建主义为基础的古典主义原则，以及伦理功用主义的美学传统。可见，美学立场不同，对"宫体诗"意义的解读也就不同。

那么，"宫体诗"又是怎样描写"闺情"的呢？

首先应当承认，"宫体诗"在题材内容上专写男女之情、两性之事，不仅闯进了一个为正统诗学所忌讳的领域，而且其遣词造句取景立意也是颇为放肆大胆的。大凡女人情态和性感、男人的性心理和性欲望，甚至同性恋、恋物癖、窥淫癖、裸露癖之类，都或多或少、或隐或现地给予了描述，正如徐陵在《玉台新咏序》中所说：

> 至如东邻巧笑，来侍寝于更衣；西子微颦，得横陈于甲帐。陪游馺娑，骋纤腰于结风；长乐鸳鸯，奏新声于度曲。妆鸣蝉之薄鬓，照堕马之垂鬟。反插金钿，横抽宝树。南都石黛，最发双蛾；北地燕脂，偏开两靥。

仅从这段文字中即可看出，在"宫体诗"的视野中是没有什么两性文化禁忌的，没有什么是不能写的。以梁简文帝萧纲为例，《玉台新咏》收了他109首诗，大多是写倡女舞伎及其体貌姿容情态服饰的，还有的则是写女人卧具睡姿等等，如《倡妇怨情》、《美人晨妆》、《咏晚闺》、《春闺情》、《林下妓》、《听夜妓》、《春夜看妓》、《倡楼怨节》、《和湘东王名士悦倾城》、《咏内人昼眠》、《和徐录事见内人作卧具》等等，甚至还有一首描写同性恋的诗《娈童》。仅从这些题目中即不难窥见萧纲所领导的"宫体诗"创作的大致题材和旨趣，就是专写女性之魅力和两性之情欲。

作为男性诗人的写作，"宫体诗"所描画的对象全是女性，所反映的则是男性世界的"情人"范式和审美趣味。那么，宫体诗人笔下的女性是什么样子呢？总体而言，她们不是那种淑女贵妇、贤妻良母的类型，而是才貌俱佳的美女、色艺双全的丽人；而且这些美人的"美"是一种艳美，这些丽人的"丽"是一种妖丽。不用说，有这种"美"、这种"丽"的女子一般是些能歌善舞的倡人乐伎，是能满足男性群体的"情人"梦想和隐秘欲念的女性。萧纲迷恋的就是这种女性，他在诗中赞美她们，"仿佛帘中出，妖丽特非常"（《倡妇怨情》）；"丽姬与妖嫱，共拂可怜妆"（《戏赠丽人》）；"朱帘向暮下，妖姿不可追"（《咏晚闺》）；"戚里多妖丽，重聘蒌燕余"（《咏舞》）；"谁家妖丽邻中止，轻装薄粉光闾里"（《东飞伯劳歌》）等。值得注意的是，这里所反复欣赏的是一种"妖丽"型女性。何谓"妖"？唐玄应《一切经音义》卷一引《三苍》曰："妖，妍也。"《玉篇·女部》曰："妖，媚也。"显然，这个"妖"就是一种艳丽、妩媚的美，用性文化的视角看,也是一种对男人来说颇具性感魅力的美。

然而,这是否意味着"宫体诗"对女性美的描写、对性心理的表抒一定是充满色情和淫秽的?细读这些诗就会发现实际不然。可以说,尽管"宫体诗"在对"妖丽"型女性的梦想中,隐含着男性群体对女性魅力的独特向往和对两性性爱的潜在期冀,而且他们一点也不耻于表露这种向往和期冀,但通观他们的作品,却几乎没有一首诗是赤裸裸地暴露"色情"的,更没有一首诗是真正"淫秽"的。它们对男女之情、两性之事的描写总体上是大胆的,但也是含蓄的、隐喻的,亦即审美化的。这是尤值得注意的一点。就萧纲的诗作来说,作为"宫体诗"的代表,它里面就很少有直接表抒性爱欲望、描写色情场景的具体内容。现在看来,有些性暗示、性隐喻、性意象的描写主要只是表现在个别句子里,诸如"荡子无消息,朱唇徒自香"(《倡妇怨情》),"青骊暮当返,预使罗裾香"(《艳歌曲》),"倡家高树乌欲栖,罗帷翠帐向君低"(《乌栖曲》)等等,皆无非此类。这种所谓的性描写,其实并没有直接的色情渲染,它大体也是含蓄蕴藉、意在言外的。至于人们多有非议的《和徐录事见内人作卧具》一诗,同样也看不到鲜明直露的色情意味或亵狎色彩:

> 密房寒日晚,落照度窗边。红帘遥不隔,轻帷半卷悬。方知纤手制,讵减缝裳妍。龙刀横膝上,画尺堕衣前。熨斗金涂色,簪管白牙缠。衣裁合欢褶,文作鸳鸯连。缝用双针缕,絮是八蚕绵。香和丽邱蜜,麝吐中台烟。已入琉璃帐,兼杂太华毡。具共雕钻暖,非同团扇捐。更恐从军别,空床徒自怜。

也许这首诗没有多少深远的诗味,也谈不上什么高妙的意境,但似乎也用不着横加指责,决然否定。写一写生活中的各种事物,包括"内人作卧具"之类,又有何不可呢?至于色情一事,在这首诗里是绝对扯不上的。不仅扯不上,而且从末尾的点题可知,这还是一首反对战争的"思妇诗"呢!

其实,在艺术上,"宫体诗"的大部分是写得很好的。它们旨在表达某种情爱意识,或者性爱心理,却表达得很委婉,很含蓄,也很有些情趣意味,是真正文人化的情爱之作,正如一首诗的题目说的那样,是属于"名士悦倾城"那一种。它们大量地从"乐府"、"清商"等民歌中吸取营养,特别模拟了江南民歌中的言情题旨,学习了其直面男女性爱的真率态度,同时又加以文人化的润饰、扩展和改造,使之更具有了言近旨远耐人品鉴的审美韵味。有些诗甚至将民歌情趣和文人情调融合得非常精妙而自然,可以说极大地推动了中国古典诗歌走向圆熟化审美境界的历史进程。兹举梁简文帝诗两首如下:

殿上图神女，宫里出佳人。可怜俱是画，谁能辨伪真？分明净眉眼，一种细腰身。所可持为异，长有好精神。（《咏美人观画》）

春还春节美，春日春风过。春心日日异，春情处处多。处处春芳动，日日春禽变。春意春已繁，春人春不见。不见怀春人，徒望春光新。春愁春自结，春结谁能申。欲道春园趣，复忆春时人。春人竟何在？空爽上春期。独念春花落，还似昔春时。（《春日》）

这两首诗都有民歌的明白爽朗之风，但又构思精巧，意趣深妙。前一首将画上的神女与观画的美人写得浑然如一，难分彼此，但尾句一转，却又点出美人比神女更可爱，因为她是"长有好精神"的活生生的人。后一首则一个"春"字贯穿到底，无一句不见春，从春天、春日、春风、春景、春光、春意写到"怀春人"，然后再写"怀春人"从享春趣、得春情到结春愁、忆春时的情感历程。全篇不直写男女之情，但又无处不是男女之情，既明朗如话，又意味深长，真个是"不着一字，尽得风流"。所以说"宫体诗"虽写的是男人眼中的女性，是男女之欲、两性之情，但写得其实并不淫荡和狎亵，也不怎么直露和低俗，而是很文人化、婉丽化、审美化的，在艺术上已达到了很高的境界，实在不可忽略，更不可轻视。

当然，从诗歌艺术的审美特性看，"宫体诗"写欲有余，而表情不足；外在的欣赏有余而内在的体验不足，总之，缺乏深刻的情感内涵和神思韵味，对此也是应该指出的。

2 "唯务折衷"：
理论的交锋、冲突与调和

在审美趣味的感性化和感性原欲的审美化方面，在魏晋以来本乎自然、主乎情性之审美文化新潮的发展方面，南朝梁代应当说已达到了一个高峰。然而物极必反，高峰之下必有转折、扬弃和重构。这便是事物发展根本的普遍的辩证法。所以，正是从梁代开始，一种新的审美文化批判、反思与调和的过程便有力地启动了。

裴子野与萧纲的尖锐对峙

魏晋以来审美文化的发展，在很大程度上，是一个儒家美学渐遭疏弃、淡出中心、走向边缘的过程。在齐梁之际感性膨胀的文化语境中，这一过程臻于极端。在此背景下，梁代出了一位挑战者裴子野。他高举着"劝美惩恶"的儒家美学大旗，向魏晋以来偏重"缘情"、"畅神"、"人自藻饰"的审美文化主潮发起了坚决而猛烈的攻击，从而在理论上掀起了一场复兴儒家美学的历史运动。

裴子野是梁代史学家、文学家，多著述，有盛名。《梁书·裴子野传》中说："子野为文典而速，不尚丽靡之词，其制作多法古，与今文体异。"可见他在文学创作实践上，就自觉地以厚古薄今、尚质轻文之追求来与当时文风相对抗。这种"孤军奋战"的人格勇气表现在他的美学思想上，则主要是撰写了《雕虫论》一文。"雕虫"一词是东汉扬雄以来，人们对主"情"尚"文"之形式美追求的一种讥称。裴氏以此为题，其美学意向可谓不言自明。

《雕虫论》一文的出发点和立足点是儒学的"劝美惩恶"说。裴氏针对"天下向风，人自藻饰，雕虫之艺，盛于时矣"的现实，在文中开宗明义地指出："劝美惩恶，王化本焉。"他在这里所讲的"美"其实就是"善"，或者说就是"与善同意"（《说文》）的

"美"，而与魏晋以来所追求的"美"不是一回事。恰恰相反，他所强烈反对的正是魏晋以来所讲究的"美"，因为在他看来，这种"美"只是一种"人自藻饰"的"雕虫之艺"。文学创作应当是为王道政治和伦理教化服务的，因而其根本的信条就是"劝美惩恶"。正因如此，裴子野坚定地继承了《毛诗序》中关于"形风"、"言志"的诗学传统，明确指出："古者四始六艺，总而为诗，既形四方之风，且彰君子之志。"他认为文学既要如实摹写社会的民风政事，又要发表自己的伦理怀抱；既要强调文学的认知功能，又要倡导艺术的实践价值，总之，一切都应合乎"王道之志"。唯有这样，文学才会起到"劝美惩恶"的社会作用。应当说，这一观点是典型的儒家美学的翻版。

正是从伦理功用主义的立场出发，裴氏对晋宋以来的主性情、重藻饰的审美文化趋向给予了尖锐抨击和全面否定，他说：

> 自是闾阎年少，贵游总角，罔不摈落六艺，吟咏情性。学者以博依为急务，谓章句为专鲁。淫文破典，斐尔为功，无被于管弦，非止于礼义。深心主卉木，远致极风云，其兴浮，其志弱。

裴氏的批判矛头主要指向这么几个文学问题，一是"缘情"倾向。文学上的"缘情"倾向，是现实中魏晋、特别是宋齐以来世族贵族纵情恣性之风气的一种反映。对此，裴氏可谓深恶痛绝。他曾另在《宋略·乐志叙》中说："（南朝宋代）周道衰微，吕失其序，乱代先之以忿怒，亡国从之以哀思，优杂子女，荡目淫心。充庭广奏，则以鱼龙靡慢为瑰玮；会同飨觐，则以吴趋楚舞为妖妍……王侯将相，歌伎填室；鸿商富贾，舞女成群，竞相夸大，互有争夺，如恐不及，莫有禁令。伤风败俗，莫不在此。"（《全梁文》卷五十三）这里说的虽是宋代，但在梁、陈之际也有过之而无不及。在裴氏的观念里，这种唯"荡目淫心"是求的文化习气，作为一种社会现实语境，直接促成了文学"摈落六艺"、"伤风败俗"的缘情倾向的浮升。二是追求丽辞华藻的形式主义好尚。裴氏说，文学的根本用途在于"劝美惩恶"，而"后之作者，（却）思存枝叶，繁华蕴藻，用以自通"，将心思用在"博依"上，而视"章句"为愚鲁之作，将之抛在一边。所谓"博依"，即指繁缛华靡之文，而所谓"章句"则指的是汉代经学，也泛指儒家的伦理之学。这些"思存枝叶"的作者，离开了儒家"劝美惩恶"的"王化"要求，脱离了文学的伦理性功能内容，走到"人自藻饰"的歧途上去了，这不是"雕虫之艺"、"乱代之征"又是什么呢？三是离开社会人生问题，专在花卉草木、山水风云之间流连徘徊，寄托心灵。这也是裴氏极为不满的事，因为文学的这种"深心主卉木，远致极风云"的作风，无助于伦理教化，是明显的"无被于管弦，无止乎礼义"的，只会走向"其兴浮"、"其志弱"的歧途。

在萧梁时代那样一种感性化、情欲化、主观化风尚趋于极致的审美文化语境中，裴子野的声音是不合时宜的，因而也就显出了一种非凡的胆识和勇气。从古典审美文化发展的总过程看，他以"孤军奋战"的姿态，独标一度被历史所搁置、所疏弃的伦理功用论美学，也在很大程度上遏制了魏晋以来偏重缘情写意的审美趣尚的片面发展，亦即为其历史地设置了一个对立面、否定面，从而为审美文化向更高阶段的综合上升提供了前提和可能。值得注意的是他明确反对文学的"兴浮"和"志弱"，这意味着文学美学已开始考虑返回现实，已开始呼唤一种刚健壮美的精神。同时，在阶级立场上，他的观念，也反映了正在上升的整个封建地主阶级希求整饬伦理、重建世界的历史欲念和渴望。从这些角度看，裴子野的"出场"是有积极意义的。实际上，他的美学主张也确实有了一定"市场"，比如萧纲就说"时有效……裴鸿胪文者"（《与湘东王书》），从这句话中，可知裴氏（时任鸿胪卿）在当时是有影响的。

但是，历史毕竟不可重复。魏晋以来凡三百余年，随着主体意识的真正觉醒，那种本于自然、主于性情、偏于美文的审美趣尚，已经在中华审美文化土壤中深深地扎下了根。裴氏用重质轻文、主理尚用的传统儒学观点去同这一审美趣尚相对抗，未免显得有些迂腐。实际上，他这种观点一出笼，就立刻遭到了时人的抨击。梁简文帝萧纲就是一个代表。萧纲在《与湘东王书》中，用嘲讽的口吻指出："裴氏乃是良史之才。"即在史学方面算个人才，但在文学创作上却"了无篇什之美"，"质不宜慕"。裴氏的美学倾向一如其文学特点，也是重质轻文，重善轻美的。萧纲对此持决然相反的意见。他认为，"今文"与"古文"在"遣辞用心"上是"了不相似"的。"今文"更强调吟咏个人情性，讲究"篇什之美"，而这正符合"文章且须放荡"的要求。文学有自己的独特性格，它跟一般的经典文章不可混为一谈。裴氏等人"未闻吟咏情性，反拟《内则》之篇"，就是把二者混同起来了。一般经典文章是以"质"为主的，是讲现实功用的；但文学则应像谢灵运的诗一样，"吐言天拔，出于自然"，是以"情"为主、唯"文"是求的，是讲审美价值的。正因如此，对裴子野那些偏重古质的文章当时人们就已"有诋词"，即使那些当初追随他的文风的人"亦颇有惑焉"。在这里，作为皇帝的萧纲对前朝（梁武帝时）重臣裴氏的批评，具有双重意义：一方面，它宣告了魏晋以来缘情写意思潮的不可扭转性，也表明汉代那种独标伦理功用美学的时代已经一去不返了；另一方面，它则以一种旗帜鲜明的理论姿态，典型地显示出了当时两种不同美学观念的尖锐对峙和冲突。

这一对峙态势的显示是有深在意味的。它表明自此开始，审美文化的发展不再是"一边倒"了，它使审美文化的进程呈现出一种对立的、矛盾的复调形态，因而涵蕴着一种强烈的内在张力和动感，一种旨在实现更高平衡与综合的历史冲动与渴望。它的出现，构成了审美文化进一步走向辩证否定与上升的深厚资源和广阔背景。

《文心雕龙》："唯务折衷"的美学体系

如果说，萧纲与裴子野的尖锐对峙为审美文化走向更高的综合提供了资源与可能的话，刘勰的《文心雕龙》则以自觉的理论意识和形态努力实践着这一更高的综合。

刘勰，字彦和，东莞莒（今山东莒县）人，世居京口（今江苏镇江）。少时家贫。二十几岁时入东林寺（故址在今南京紫金山），依名僧释僧佑而居，协助僧佑整编佛教经典十余年之久。梁初入仕，官至太子萧统的通事舍人。后出家，名慧地。南齐之末，他大约三十三四岁时，写了"体大虑周"、"笼罩群言"（章学诚语）的《文心雕龙》一书。该书虽成于齐末，但其理论倾向似更符合梁代以后的审美文化主流趋势。

他为什么要写此书？或者说，他写这本书的主要意图、想法、旨趣是什么？他在《序志》中对此有所申述。他说，他7岁那年，做了一个梦，"梦彩云若锦，则攀而采之"。他为什么要说这件事呢？原来，彩云在当时人们的心目中，是嘉祥的象征，也是美文的象征。晋宋以来许多文人都写过云之美丽，如陆机有《浮云赋》、《白云赋》，成公绥有《云赋》等等。刘勰讲他梦到彩云，实际上意味着他对美的文采的一种肯定和赞赏。我们知道，美的文采，或丽辞华藻，是与"缘情"观念密不可分的。所以，刘勰追求美的文采，也意味他对魏晋以来的"缘情"思潮的认同。谈了梦见彩云以后，刘勰接着又讲他30岁时，曾梦见自己"执丹漆之礼器，随仲尼而南行。旦而寤，乃怡然而喜，大哉圣人之难见也，乃小子之垂梦欤"。他讲梦见孔子，推崇孔子，意味着他又是服膺儒家美学的。这两个梦的陈述，实际上并不是无关紧要的，而是具有象征意味的。因为可以说，这两个梦分别代表了两种不同的审美思潮，前者代表的是魏晋以来新兴的、主流化的审美趣尚，后者则代表的是魏晋以来颇遭冷落的、边缘化的"正统"审美话语。刘勰讲这两个梦，实际是以此来表示他对这两大不同的审美思潮的一种关注态度，一种企望平衡、折衷、协调、综合二者的意图与旨趣。

刘勰是很不赞成那种片面的、各执一端的审美倾向的。他说："夫篇章杂沓，质文交加，知多偏好，人莫圆该……会己则嗟讽，异我则沮弃，各执一隅之解，欲拟万端之变。所谓'东向而望，不见西墙'也。"（《知音》）显然，刘勰要追求的是一种周备不偏的"圆该"境界，一种打破东、西墙之界限的宏阔视野和综合目标。对此，他有着非常明确的理论自觉，这个自觉就是他在梳理各种各样的审美趣味、观点、学说、思想时所遵循的"唯务折衷"原则：

> 及其品列成文，有同乎旧谈者，非雷同也，势自不可异也；有异乎前论者，非苟异也，理自不可同也。同之与异，不屑古今，擘肌分理，唯务折衷。(《序志》)

这个"不屑古今"、"唯务折衷"之说，在《文心雕龙》中非同小可，意义重大，应当给以充分注意。它在全书中既是一种基本方法，也是一种主导理念，是刘勰美学思想的核心、关键和灵魂。那么他"唯务折衷"的基本尺度是什么呢？就是"斟酌乎质文之间，檃括乎雅俗之际"(《通变》)。这就明白地告诉我们，他就是要通过此书来贯彻一种斟酌质文、檃括雅俗、协调同异、综合古今的美学意图，也就是将秦汉之际重质尚实、重理尚用的审美观念和魏晋以来重文尚虚、重情尚美的审美趣尚协调综合起来的美学精神。

《文心雕龙》的首篇为《原道》，显然，从题目上就知道这是一篇有关"文"的本体论，或者说，是给"文"寻求本体论基础的篇章。刘勰在《序志》中说："盖《文心》之作也，本乎道，师乎圣，体乎经，酌乎纬，变乎骚。"并把这称作"文之枢纽"。但实际上，这个"文之枢纽"的最根本处正是"原乎道"，它是枢纽之枢纽，是我们理解刘勰美学思想的焦点所在。

刘勰在《原道》中说了些什么呢？细究起来比较复杂，不过我们这里只想就其主要的义理内涵作一阐述。刘勰开宗明义地说道：

> 文之为德也大矣，与天地并生者何哉？夫玄黄色杂，方圆体分；日月叠璧，以垂丽天之象；山川焕绮，以铺理地之形；此盖道之文也。……心生而言立，言立而文明，自然之道也。傍及万品，动植皆文：龙凤以藻绘呈瑞，虎豹以炳蔚凝姿；云霞雕色，有逾画工之妙；草木贲华，无待锦匠之奇。夫岂外饰，盖自然耳。……故形立则章成矣，声发则文生矣。夫以无识之物，郁然有彩，有心之器，其无文欤？

我们之所以引了这段较长一些的文字，是因为它写得实在太美了。它不仅是学术的，更是审美的，文学的。它可以说是对"文"的一种热情礼赞，当然也是对"文"的一种绝妙说明。"文"是什么？在刘勰那里，"文"有广、狭二义。广义的"文"，即《情采》篇中所指的三类，"一曰形文，五色是也；二曰声文，五音是也；三曰情文，五性是也。"无论是物质的形状、声音，还是人的情感活动，都会呈现出美的外观或形式。狭义的"文"，则指的是文辞。但不管哪种"文"，它们都是由事物内在地呈现出来的、令人赏心悦目的美的文采。这里重要的是，刘勰所充分肯定的"文"，并不是人们常说的那种外加于内容之上的人为之"文"，并不是一种所谓的"外饰"，而是事物本身所自然地、必然地显现出来的一种文采。日月山川、龙凤虎豹、云霞草木等所焕发出的绮丽华蔚之美，都是客观事物本性的一种必然的显现形式，都是一种"道之文"。那么，文章、文学之"文"又是怎样的呢? 刘勰也给予了同样的解释,认为心有所动,必有所言;言有所立,必有文明。也就是说,文章、文学之"文"也是自然而然的,它是人的心情的自然显现形式,用刘勰的话说,叫做"雕琢情性,组织辞令",也体现的是一种"自然之道"。

刘勰在这里便提出了他关于文与道关系的思想。他首先是推崇"文"的,当他说"文之为德也大",是"与天地并生者"时,我们会深切感到他对"文"的推崇是那样的热烈而坚定。但这个"文"并不是别的东西,更不是人为的"外饰",它就是"道"自身的显现,就是"道之文";"道"同样也不是抽象之理,它就显现为感性的、美丽的、让人赏心悦目的"文"。日月叠璧,山川焕绮,无一不是"道"。"道"与"文"名为二,实为一。这个说法,便有力地肯定了"文"的价值,将"文"、也就是"美"的意义提升到了哲学本体的高度。这就比对"文"的一般赞赏态度有着更为坚实的理论基础。从现实的角度看,这无疑也是对魏晋以来重美尚文之审美新潮的一种肯定和支持。指出这一点是重要的,因为有一种很主流的说法,认为刘勰《原道》篇的主旨,是通过明道来批评和纠正当时创作上偏重形式("文")流弊的。这个说法实质是把刘勰的道、文一体观拆解了开来,从而离开了刘勰的原意。其实刘勰的"文"就是从"道"来的,如果说他是在"明道",那么也可以说他同时是在"明文"。单就题目来说,他一改汉代扬雄以来视美文丽辞为"雕虫"的儒家正统观点,而将之称为"雕龙",这里面"龙"与"虫"的天壤之别是人所共知、毋庸赘述的。因此,他在文字之间所表现出来的对魏晋以来充分发展了的"文"(美)的激赏与褒扬,是由衷的、深刻的、无与伦比的。若看不到这一点,还不能说已经读懂了刘勰。

但中国文化话语里的"道"又是"不远人"的,是一种涵蕴着人文伦理的"道"。刘勰所谓"道之文"就既有天文,也有人文。刘勰其人也是服膺儒家学说的,因此他谈"道",自然不会忘记"体道"之人,尤其是"圣人"。他谈"文",绝不会只讲天文,不讲人文。"文"在他那里,是真的,美的,赏心悦目的,也是善的,有教化功能的。在这个意义上,他更重的是人文。于是在"道"这一自然本体之外,又有了"圣"的伦理人格问题,有了"文"、"道"与"圣"的关系问题。

在刘勰看来,"观天文以极变,察人文以成化"。也就是说,"文"是圣人掌握世界、教化民俗的某种必不可少的方式和指标。所以结论是,圣人也离不开"文"(辞),而且圣人之"文"(辞)也是"道之文"。"辞之所以能鼓天下者,乃道之文也。"这样,"文"、"道"、"圣"之间的关系在刘勰那里便被表述为:

> 道沿圣以垂文,圣因文而明道,旁通而无滞,日用而不匮。

意思是说，自然之道依靠圣人显现在文章中，圣人则通过文章来阐明自然之道，这样就会处处通达而无阻碍，随时运用而不匮乏。显然这是一个非常圆满的境界。它的圆满就体现在"道"、"圣"、"文"的和谐如一上。在这里，"道"是"自然之道"，"圣"是功德（社会）之"圣"，"文"是美丽之"文"。三者的和谐统一，一方面表明了刘勰对"文"（雕琢情性，组织辞令）的高度重视，另一方面也给出了一种理论信息，那就是他企望实现真和善、自然与人事、规律与目的、审美与功用等等围绕着"文"的平衡和统一，即企望审美文化中各种矛盾因素、对立关系的相互协调与综合。这实际上便为整部《文心雕龙》的写作设置了基本的理论框架和美学路向。

刘勰极其自觉的美学调和意识，充分体现在他对情与理、心与物、阳刚与阴柔等等文学基本矛盾关系的阐释中。

比如，在文学的情与理关系上，他一方面提倡文学应"宗经"、"征圣"，认为"诗者，持也，持人情性"（《明诗》）。所谓"持"，即保持、扶持之义。持人情性，即保持人的善性，扶持人的情性，使之不至于走入偏邪。这便是诗的审美本性和意义。在他看来，唯有这样合乎理性的诗（文学），才会起到"正末归本"（《宗经》）、"顺美匡恶"（《明诗》）的伦理功能和教化作用，才是好诗。毫无疑问，这个观点与裴子野的"劝美惩恶"说如出一辙，表明刘勰对儒家诗学传统是持认同态度的。

但另一方面，刘勰毕竟又不是裴子野。他没有完全走向儒家美学那一极，而是还非常强调"自然"，重视魏晋以来偏重缘情写意的审美文化思潮。如前所述，他对魏晋以来的"文"的盛隆是极为赞赏的，这也使他必然推重同时高扬的"情"，因为"文"（美）与"情"在他那里是互为表里、密不可分的，即所谓"圣人之情，见乎文辞矣"（《征圣》），"吐纳英华，莫非情性"（《体性》），"辨丽本于情性"（《情采》）等等。观其全书，提到"情"字的有三十多篇，共一百四十多句，兹摘录较精粹者如下：

> 情者，文之经；辞者，理之纬。（《情采》）
> 人禀七情，应物斯感，感物吟志，莫非自然。（《明诗》）
> 情以物兴，故义必明雅；物以情观，故词必巧丽。（《诠赋》）
> 因情立体，即体成势。（《定势》）
> 情以物迁，辞以情发。（《物色》）
> 夫缀文者情动而辞发，观文者披文以入情。（《知音》）

在这些有代表性的论述中，"情"均被视为文学的核心要素。文学的感物言情，亦被看做是人性的自然。唯有"情"可以使文学成为文学，作者和读者的联结点也在"情"上，作者是通过"辞"来言情,读者则是通过"文"来入情。总之,没有"情",就没有文学;而有了"情",文学就不但变得美了,而且有"味"了。刘勰借用《淮南子·缪称训》中"男子树兰,美而不芳"这句话,指出之所以"男子树兰而不芳",是因为"无其情也"。这个"芳",就是文学的一种"味"(韵味、意味、滋味、趣味等)。有了"情",文学就变得"芳",变得有"味";相反,如果"繁采寡情",则会"味之必厌"(《情采》)。这种对文学之"味"的强调,应视为古典审美文化的一个重要发展。显而易见,同折衷综合的总体构想相一致,在情与理关系上,刘勰的理想即为一种"情理同致"(《明诗》)的和谐圆融之境界。

又比如,在文学的心物(意象)关系上,刘勰也追求矛盾双方的均衡与协调。一方面,他强调"应物斯感"(《明诗》)、"情以物迁"(《物色》)的物本论,认为客观外物是艺术表达主观心情的客观根据,心情的变化是物景变化的一种对应和折射。所以,"情以物兴,故义必明雅"(《诠赋》),只要情意内容是因外物的感应而发,就会显得明朗而真实,而不会失之于空洞和抽象。另一方面,他又讲究"物以情观"(《诠赋》)、"婉转附物"(《明诗》)、"神与神游"(《神思》)的主情(心)观,认为"物有恒姿,而思无定检,或率尔造极,或精思愈疏"(《物色》)。景物是一定的,然而人的心思却是变化无穷、能动自由的,所以描写景物时,即使面对同一对象,每个人所写出的形态意味也会千姿百态,各有不同。这就体现了一个道理:离开了人的心理体验,"物"就是死的,就没有审美的蕴涵和意味。因此,刘勰对那种"窥情风景之上,钻研草木之中"的"文贵形似"的倾向就很是不满,认为这样反而会更远离景物之美。在刘勰心目中,理想的心、物关系应该是"写气图貌,既随物以宛转;属采附声,亦与心而徘徊",应该是"目既往还,心亦吐纳","情往似赠,兴来如答"(《物色》),应该是"神用象通,情变所孕;物以貌求,心以理应"(《神思》)总之心与物、意与象是相互包含,和谐融会的。只有这种人与自然、心与物或意与象的彼赠此答,和谐交融,才会使艺术具有"味飘飘而轻举,情晔晔而更新"的蕴涵意味,才会达到"物色尽而情有余"(《物色》)的审美境界。

再比如,在阳刚与阴柔的关系上,刘勰也表达出了一种折衷调和意识。从理论上说,阳刚与阴柔是古典审美文化的一对基本范畴,是古典文艺理想的集中显现形态。所以,是崇尚阳刚,还是推重阴柔,直接体现着对审美文化之新旧理念、古今趣尚的某种立场和态度。一方面,刘勰的基本态度是倾向于阳刚理想、壮美形态的,这主要体现在他的《风骨》篇里。在这里,他在卫夫人"骨力"说的基础上,提出了著名的"风骨"概念。关于"风骨"的意思,说法很多,我们无意于在此一一分辨,只想扼要指出,若将这一概念分解开来("风"与"骨"实为两个不同的词)看,所谓"风",大约是一个与情志体验和感动相联系的审美功能范畴，一个偏于情感教化的诗学概念，正如刘勰所说："诗总六义，风冠其首，斯乃化感之本源，志气之符契也。是以怊怅述情，必始乎风"，"情之含风，犹形之包气"，"深乎风者，述情必显"等等，从这些话可以看出，"风"既与"情"、"志"有关，又与"化感"即伦理教化作用相连。这与《毛诗序》中所谓"风以动之，教以化之"说是一致的。也许"风"就暗喻一种对人的感动教化像风一样迅疾蔓延之状。所谓"骨"，刘勰说：

> 沉吟铺辞，莫先于骨。故辞之待骨，如体之树骸。
>
> 若丰藻克赡，风骨不飞，则振采失鲜，负声无力。
>
> 结言端直，则文骨成焉。……故练于骨者，析辞必精。
>
> 捶字坚而难移，结响凝而不滞，此风骨之力也。若瘠义肥辞，繁杂失统，则无骨之征也。

显然，"骨"有这样的含意，一是与"结言"、"铺辞"等语言表现形式直接相关。二，它是指符合某种规范、结构的语言形式。三，具体说，这种语言规范和结构被规定为：精炼而不芜杂，端正而不靡散，坚实而不浮滞，从而最终符合"风"的内涵、"风"的功能。这样说来，"骨"就是一种使情感内容合乎理性规范的表现方式，其审美特点是端正、坚实、凝练、有序。那么，"风"与"骨"结合起来看，就指的是作者在表抒情志体验时，应当达到的一种审美标准。这个审美标准既是符合社会伦理的、情感教化的，又是符合自然物理的、结构规范的，达到前者即为"风"，达到后者即为"骨"。刘勰认为，有了"风骨"，文章也就有了"力"。他之所以又常讲"风力"、"骨峻"、"风骨之力"等语，原因皆在于此。那么，"风骨"便是文章（文学）为追求情理教化而整体地表现出来的一种阳刚之气、劲健之美。它可以说是刘勰所特别重视的文学美理想。但另一方面，刘勰毕竟处在一个阴柔之韵、优美之趣已大大发展了的时代，而且如前所述，人们对阴柔美的喜好往往与缘情写意的审美趣尚密切相关，就如同阳刚气象往往同伦理怀抱的张扬息息相通一样。刘勰是崇尚这种缘情写意趣尚的，所以，他在推重阳刚之美的同时，自然也不反对阴柔之趣，而是主张二者的相和并济。他认为，文学是"因情立体"的，而人"才有庸俊，气有刚柔"，所以文学自然也就有"风趣刚柔"之别（《体性》）。对此，他的主张是"刚柔虽殊，必随时而适应"（《定势》），也就是不要厚此薄彼，应顺应这种或刚或柔的情势。当然最好不要刻意地追求刚或柔，而应"条畅以任气，优柔以怿怀"（《书记》），即自然任气，自由抒怀，能刚则刚，能柔则柔。显然这是一种理性的、宽容的、也是调和的精神。具体到一部作品，他提出的标准是"义直而文婉，体旧而趣新"

（《哀吊》），"精理为文，秀气成采"（《征圣》），"丽辞雅义，符采相胜"，"物以情观，故辞必巧丽"（《诠赋》）等等，即文章的情理内容应是正直的，明雅的，偏于壮美的；而其文辞形式则应是柔婉的、巧丽的，亦即优美的。所以刘勰在以阳刚为主的基础上，也充分肯定了阴柔之美的价值，"文之任势，势有刚柔，不必壮言慷慨，乃称势也"（《定势》）。这可以看做他的一个总结，即壮美和优美应相和并济，"自然"共存。

显然，刘勰在《文心雕龙》中想构建一个平衡文质、调和雅俗、统一内外、综合古今的折衷主义美学体系。应当说，他的目的基本上算是达到了。从大的方面看，他确实在相互矛盾对峙的审美要素之间，搭筑了一条可以彼此妥协调和的通道，使得秦汉时期以客观、形象、伦理、事功为主导的审美文化，与魏晋以来以主体、情意、心理、美文为本位的审美文化之间的历史性摩擦和冲突，得到了缓解和协调。这是刘勰美学的一个最大功劳。这也使《文心雕龙》成为继先秦《乐记》之后，又一部古典审美文化理想最系统、最周备的阐发者和体现者。如果把南朝梁之后称为中古审美文化的综合期的话，它就是这一时期最重要的代表。

但是，从前面的分析中我们可以看出，《文心雕龙》作为一个美学体系又是不太严谨整一的，在它综合性的构架下面，明显暴露出前后摇摆、左右动荡的理论状态。比如，魏晋以来审美文化的鲜明特征是，在审美趣尚上主情尚意、重神尚文，在审美形态上则以阴柔之韵、优美之趣为主流。我们不止一次论述过，这两方面是有内在必然联系的。刘勰对主情尚意、重神尚文的审美趣尚，可以说是极尽推崇充分肯定。但他对与这一审美趣尚内在相关的优美形态的态度却要差得多。他更崇尚的是所谓"骨力劲健"的壮美之风。这种壮美之风虽不完全等同于秦汉的大美气象，但显然也不是魏晋以来审美文化的主流形态。这里便有了某种内在的龃龉和矛盾。另外在心理与伦理、审美与功利、心神与物象等等关系上，他也表现出一定的犹疑不定、彷徨徘徊。这种总体上追求均衡综合，而内部却又摇摆矛盾的理论形态，说明了刘勰美学的过渡性特征，说明了他离古代审美文化真正的高峰期，即唐代那种古与今、文与质、雅与俗、刚与柔等各种审美矛盾因素全面综合的圆融成熟形态，还有一段历史距离。这其实正是刘勰美学所无法超越的理论囿限。

钟嵘独标"滋味"的诗歌美学

南朝梁代，是古典审美文化向更高的综合阶段和圆熟形态上升、转换的重要时代。在这一时代中，如果说刘勰是在广义的"文"（文章、文学）的领域里一般性地阐述了综合性审美理念的话，那么，在个别具体的部门美学领域里，其他美学家们也表现出了与刘勰相呼应的美学综合意识。钟嵘便是其中的代表之一。

钟嵘与刘勰是同时代人，但比刘勰活动的时间要晚。他在历史上的突出贡献便是撰写了著名的《诗品》。从较为严格的意义讲，《诗品》是古代第一部真正的诗歌美学著作。它以诗歌为独立的思考对象，对诗的审美特征、功能、品格、形态等等，进行了深入的探索，提出了较为严整的美学思想，标志着中国古代诗歌美学的真正诞生。

钟嵘在诗歌美学上的突出贡献便是提出了"滋味"范畴。"滋味"本属于生理学中的味觉概念，但古代中国人常常用它来形容审美活动。早在先秦，就有"先王之济五味，和五声，以平其心，成其政也"（《左传·昭公二十年》），"声一无听，物一无文，味一无果，物一不讲"（《国语·郑语》）等说法，将"味"同审美的种种体验联系在一起。虽然还不能断定此时的"味"本身已经是一个审美范畴了，但却跟审美活动从此结下不解之缘。日本美学家笠原仲二在《中国人的美意识》一书（北京大学出版社，1987年版）中，指出中国人原初的美意识就起源于味觉，是从味觉扩展到视、听、嗅、触等感觉，然后又从"五觉"扩展到精神性的"心觉"，云云。此意见有一定道理。当然，在先秦两汉时期，"味"这一范畴还带有较多的生理学意味。魏晋以降，先是玄学讲究以"无味"为"至味"。"无味"不是真的寡淡乏味，而是"五味"的和谐统一，所以又叫做"至味"。玄学用这种"至味"说来表述一种人格美理想。晋宋之后，"味"作为审美价值范畴从人格美领域逐渐转移到艺术美领域中，成为认识、鉴赏、判断、批评艺术的审美意蕴的一个重要概念。宗炳的"澄怀味象"说，刘勰对文学之"味"的讲究等，都是这一转移的标志。

但将"滋味"明确提升为一种具有普遍意义的美学范畴，应当说是从钟嵘开始的。钟嵘的"滋味"说是在比较四言诗、骚体诗和五言诗时提出来的，他在《诗品序》中说：

> 夫四言，文约意广，取效《风》、《骚》，便可多得，每苦文繁而意少，故世罕习焉。五言居文词之要，是众作之有滋味者也。

为什么钟嵘独推五言诗为"有滋味者"？在他看来，四言诗"文约意广"，即文辞简省，形式拘谨，与广阔的心意内容构成矛盾。骚体诗则"文繁意少"，即文辞繁芜，形式滋漫，而心意的内容却微薄稀少。前者是简约的形式限制了内容，后者则是繁富的形式遮蔽了内容。二者其实都使主体情感世界的丰富性得不到充分、自由的表现，因而就没有什么值得咀嚼的"滋味"。五言诗就不同了。它是真正的"有滋味者"。因为它在"指事造形，穷情写物"方面，"最为详切"。详，指描写的细致；切，指表达的深切。钟嵘的意思是说，五言诗大大扩展了语言表现的功能和抒情写物的"时空"。它能最充分、最真切地传达主体的内在情感和无限意趣，也能最细致、最逼真地描绘客观的外在事物和感性景象，从而使主观与客观、内心与外物、摹形与写意、再现与表现达到最完美的均衡与和谐，使诗的审美内蕴难以穷尽，趋于无限，达到只可意会不可言传之妙境，所以"是众作之有滋味者也"。

由此不难看出，钟嵘的"滋味"说的提出，实在是一种时代性的美学综合意识在诗学中的体现。它反对的是"过犹不及"、偏执一端，而要求的则是文与意的均衡、内与外的协调、情与理的折衷、心与物的综合。达到了这一步，诗歌就会产生在有限中趋于无限的审美"滋味"，就是上品之作。

从"滋味"说所蕴涵的美学义理出发，钟嵘对传统的赋、比、兴"三义"进行了重新解说和重大改造。我们知道，《毛诗序》提出诗之"六义"说，其排列顺序是：风、赋、比、兴、雅、颂。郑玄注赋、比、兴"三义"说："赋之言铺，直铺陈今之政教善恶。""比，见今之失，不敢斥言，取比类以言之；兴，见今之美，嫌于媚谀，取善事以喻劝之。"（《周礼·春官·大师》）显然，这是一种典型的伦理功用论的解释。在这里，"三义"成了"劝善惩恶"的一种工具，而其审美性质却消失了。刘勰在《文心雕龙》中对"三义"的解说则是："赋者，铺也。铺采摛文，体物写志也。"（《诠赋》）"比者，附也；兴者，起也。附理者切类以指事；起情者依微以拟议。"（《比兴》）刘勰的说法比郑玄前进了一大步，主要是大大淡化了其伦理功用色彩（尽管这种淡化并不很彻底，如以"依微以拟议"解"兴"，仍不脱经学"微言大义"的旧痕），开始强调其艺术品格和审美特点。

钟嵘在刘勰的基础上，对诗之"三义"进行了重新阐释和重大改造。首先是改变了"三义"的排列顺序，把原来居于首位的"赋"置于最后，而将"兴"列为最先，成为"兴、比、赋"；其次更为重要的是，他赋予"三义"，特别是其中的"兴"以新的内涵。他在《诗品序》中说：

> 诗有三义焉：一曰兴，二曰比，三曰赋。文已尽而意有余，兴也；因物喻志，比也；直书其事，寓言写物，赋也。

这里，钟嵘把"比"同"喻志"，"赋"同"写物"联系起来，这与刘勰已有所不同，更突出了其艺术性能，因而更接近"比"、"赋"的本义；而对"兴"解释，则可以说独出机杼，与前人是大异其趣的。他不仅最重视"兴"，而且把它深刻地理解为一种既寓于有限的感性形式，又超越形式的感性有限性，从而具有不可穷尽的无限"滋味"的美学范畴。

无疑，他对"兴"的解释，与南朝的畅神写意美学思潮有更切近的关系。当然，"兴"在钟嵘那里尽管最受推重，却并不意味着他只重"兴"之一义。他要求的其实是"三义"的综合统一：

> 宏斯三义，酌而用之，干之以风力，润之以丹彩，使味之者无极，闻之者动心，是诗之至也。若专用比兴，患在意深，意深则词踬。若但用赋体，患在意浮，意浮则文散。（《诗品序》）

这个"宏斯三义，酌而用之"，就是将"兴"的写意、"比"的"喻志"、"赋"的"写物"综合统一起来，具体地说，也就是将抒情与体物、象形与畅神、主观与客观、写实与写意等均衡统一起来。如果在这些矛盾因素之间出现了偏颇和失衡，或专用"赋体"，即只讲体物写实，就会淡化了"意"；若专用比兴，即只讲抒情写意，则会使"词"的运用不太顺畅。所以，钟嵘讲究的还是一种平衡原则和综合目标。他认为，唯有这种平衡与综合，诗歌才会具有"滋味"，具有"味之者无极，闻之者动心"的巨大艺术魅力。

钟嵘以其对诗歌艺术的独特理解，构建了自己以"滋味"说为核心的诗歌美学话语体系。这个体系的总精神呼应着时代的审美文化主流，旨在追求一种均衡与综合，因而与刘勰的基本审美意向是互通相契的。所不同的是，刘勰的美学体系尚表现出一定的矛盾性、摇摆性，而钟嵘的平衡和谐意识则是明确的、以一贯之的。前者的视野宏阔而圆周，后者的思致则具体而精妙。难怪章学诚说："《文心》体大而虑周，《诗品》思深而意远。"（《文史通义·诗话》）就是说，《文心雕龙》以庞大、周到、全面取胜，而《诗品》则以深刻、严谨、精微见长。

书画美学的和谐意识

古典审美文化从南朝梁开始的向均衡综合形态的上升，表现在具体的部门美学中，除了钟嵘的诗歌美学外，主要还有陶弘景、萧衍的书法美学和姚最的绘画美学。

书法美学　前面我们讲过，书法美学到南齐王僧虔发生了某些变化，即开始强调"骨丰肉润"的和谐之美，表现出一种调和"骨力"之壮美与"媚趣"之优美的发展趋势。不过总的来说，其崇尚阴柔偏重优美的主流倾向依然没有大的改变。然而到了梁代，情况便有了明显的转换。

首先要提到的是陶弘景。他是齐、梁时期的道教思想家，医学家，也是位书法家，是一个很有学问、很有情调的人。梁武帝萧衍很器重他，常向他请教一些朝廷的事，时人谓之"山中宰相"。他精通书法，宗师"钟王"，尤工草隶、行书。据说南朝著名的摩崖刻石《瘗鹤铭》（图5-4）就是他的作品。该铭文用笔撑挺雄健，沉稳容与，既有隶书的遒劲，又有行书的流美。点画瘦中有肥，圆中寓方；结体宽舒宏伟，骨肉相合；格韵高古，仪态大方，成为后世擅写大字书家所崇尚的典范。他在书法美学上，也有自己独到的理念，其基本倾向大约跟其作品的审美风格差不多，也是求折衷、讲综合的。

陶弘景在书法美学上的一个鲜明态度，就是对当时书界普遍摹拟王献之（子敬）的风气极为不满。他在《与梁武帝论书启》中指出，"比世皆尚子敬书"，使"海内外非惟不复知有元常，于逸少亦然"。一般说来，钟繇（元常）的字肥而有骨，王献之（子敬）的字瘦而多媚，王羲之（逸少）的字则肥瘦适中，骨肉相间，堪称书法和谐之美的典范。但齐梁之际崇尚柔媚的文化趣尚，竟使王献之的字体一时成为楷模。陶弘景强烈要求改变这一书法风尚。他主张应恢复古典和谐美的书风，不仅允许各种字体自然发展，而且尤推重王羲之的书法，他说：

> 一言以蔽，便书情顿极，使元常老骨，更蒙荣造，字敬懦肌，不沉泉夜。逸少得进退其间，则玉科显然可观。若非圣证品析，恐爱附近习之风永遂沦迷矣。

这些话虽是在奉承梁武帝的功劳，但也反映了陶弘景本人的书法美理想，那就是进一步发扬元常的骨力，同时也不否定子敬的"懦肌"（或柔媚），当然最好是将二者统一起来，像王羲之那样"得进退其间"，实现一种真正的和谐。

这种非常自觉的和谐美追求，在梁武帝萧衍那儿则得到进一步强化。萧衍作为皇帝，很有些建树。他不仅建立了梁朝，而且长于文学、精于音律，并善书法。他最好写草书，只是不太出色。然而他的书论却不错，有著作《观钟繇书法十二意》、《草书状》和《答陶隐居论书》等，观点也很有时代的代表性。他对书法美有一种很自觉的意识，那就是讲折衷之趣、和谐之美。他在《观钟繇书法十二意》中，说"元常谓之古肥，子敬谓之今瘦。今古既殊，肥瘦颇反"，指出了书法艺术当时出现的一肥一瘦、一刚一柔的分殊和对立。对这种书法趣尚的对峙情况该如何看？他在《答陶隐居论书》中是这样说的：

> 拘则乏势，放又少则；纯骨无媚，纯肉无力；少墨浮涩，多墨笨钝，比并皆然。任意所之，自然之理也。若抑扬得所，趣舍无违；值笔连断，触势峰郁；扬波折节，中规合矩；分间下注，浓纤有方；肥瘦相和，骨力相称。

他认为，在拘与放、抑与扬、连与断、骨与肉、浓与纤、肥与瘦等书法艺术的对立因素之间，扬此抑彼，偏执一方，只会导致或无媚、或无力、或浮涩、或笨钝的歧途，因而是不妥的,是违背书法和谐美原则的。他极力主张的是"任意所之"的"自然之理",这个"自然之理"其实也就是和谐美原则,即他讲的"抑扬得所,趣舍无违","扬波折节,中规合矩","分间下注,浓纤有方","肥瘦相和,骨力相称"等等。这里每句话所贯穿的折衷意识、中和精神,都是非常醒目而突出的。所以我们说萧衍的书法美学很有时代的代表性。值得注意的是,他把这种和谐(折衷、中和)看成是"任意所之"的产物,看成是"自然之理",此一观念,与刘勰崇尚"自然之道"的理论不谋而合。这显然不是偶然的,它反映了这一阶段审美文化在书法领域里,坚守自然本体论基础,反对偏颇、追求协调、讲究均衡、走向综合的必然发展趋势。

绘画美学 梁代也是绘画的一个转折期。一方面,谢赫所代表的宫廷绘画在达到高峰后转入衰落,另一方面,一种称得上唐代人物画的端倪开始出现了。这主要以张僧繇为典型,其画"天女、宫女"倾向于"面短而艳"(米芾《画史》)的造型,从而背离了晋宋以来的"秀骨清相"范式,而与唐画人物接近了。

在绘画美学上,与这一转折相呼应的代表性著作是姚最的《续画品》。姚最其人的生平,历史上没有记载,据一些间接材料推断,大约活动在梁、陈之际。《续画品》显然是续谢赫《画品》而来,思想上与谢赫有些联系,但也有不同。姚最对绘画的理解主要有两点值得注意。

一是提出了"虽质沿古意,而文变今情"的思想。"质沿古意",也就是在内容上沿袭古代的题意,具体说,就是沿袭"尽善尽美"的伦理美学传统。他认为,绘画的功能之一就是"传千祀于毫翰",因此应"九楼之上,备表仙灵;四门之塘,广图贤圣"。这样做,就是把绘画作为礼教手段之一,通过对圣王功德、贤人事业的图写,达到劝谕教化的作用。显然,这个所谓的"古意",主要是汉代绘画的传统。它的审美特点,在姚最心目中是雅正而壮美的,所以它便成为一种批评标准。姚最以此来批评谢赫的画"笔路纤弱,不副壮雅之怀",即过于追求纤微柔媚的心理情趣,使作品失去伦理的雅正之道和德性的阳刚之美。但姚最并不特别强调"质沿古意"这一点。他更重视的似乎是"文变今情"这一面。所谓"今情",也就是魏晋以来弘扬光大的重情尚意、重神尚韵的绘画趣尚。所以他赞成萧贲的绘画"含毫命素,动必依真",也就是画起画来,顺其自然,任意所之,按着自己的真情实感去创作,而不是刻意模拟,"俄成古拙"。他认为,萧贲这样做,是因为他把画画仅仅看做一种自我娱乐,而不是有什么外在的功用目的:"学不为人,自娱而已。"这个"自娱而已"与"质沿古意"的说法是大相径庭的。由此他又肯定沈粲"专工绮罗"的画,说这样的画也"颇有情趣",还赞赏稽宝钧等人的人物画"意兼真俗,赋彩鲜丽,观者悦情"等等。可以看出,姚最对"俗"、"鲜丽"、"绮罗"、"悦情"等表现着"今情"的绘画作品,表示了明确的肯定态度。这意味着,他的"虽质沿古意,而文变今情"说,要求的正是古意与今情、壮雅与柔媚、教化与自娱的均衡统一。

二是在对当时画家的批评中,也贯彻着一种和谐美精神。这就是在对待心与物、形与神、写实与写意的审美关系上,他一方面强调对客观外物世界的认识和模拟,要求画家要"学穷性表,心师造化",做到"立万象于胸怀"。所以他对谢赫"貌写人物,不俟对看,所须一览,便工操笔"的笔力功夫,以及"点刷研精,意在切似"的艺术追求颇为认同,认为"中兴以后,象人莫及"。他如此看重"象人"、"切似"的绘画趣尚,意味着他在一定程度上仍保留着象形论、写实论的秦汉遗风。但另一方面,他在肯定"象人"的同时,也更为讲究"特尽神明"。他批评那种"眼眩素缛,意犹未尽"的过分追求外形繁细的画风,指出谢赫虽然做到了"目想毫发,皆无遗失",但他在"气韵精灵"方面,却"未穷生动之致"。据说,当时南朝宫廷内部流行的生活方式,是服饰打扮讲究每天花样翻新。于是那些宫廷画师们为了达到"象人",就拼命地去适应这种"新变"。谢赫就是一个最擅长"新变"的画家。他一味追求"别体细致"、"皆无遗失"的形象逼似,而忽视了传其"气韵精灵",因此受到了姚最的批评。有的学者说,姚最的绘画倾向与谢赫基本是一致的,实际上两人的差异远比人们想象得要大。姚最特别推崇、而且更为接近的其实是顾恺之,他说"长康(顾恺之)之美,擅高往策,矫然独步,终始无双"。这个评价之高可以说是无可比拟的。为什么他独重顾恺之?因为顾氏不仅讲形似,而且更讲神似,讲究的是"以形写神",形神兼备。这本身就体现了一种中和美原则。姚最批评谢赫,推重长康,表明了他企望实现绘画艺术各矛盾因素均衡兼善、折衷并济的综合型、和谐型审美文化理想。

要之,尽管梁、陈之际的文艺创作仍在延续柔媚流妍、抑理扬情的审美遗尚,但在认识上,在美学的观念上,许多有见识的人已经敏感到了未来审美文化的综合趋势。于是他们站在各个不同的艺术立场上,不约而同地表达了一个大致相同的愿望,那就是折衷、协调、均衡、和谐。具体说,就是人与自然、伦理与心性、缘情与体物、拟形与传神、写实与写意、求善与尚美、阳刚与阴柔等等审美矛盾要素,通过重新调节和建构,使之在更高的文化级次上达到真正的圆融和统一。这既是现实的内在需要,又是历史的浩荡潮流。正是这种走到审美实践之前的美学综合思潮,也同时揭开了南、北朝审美文化合拢并流的序幕,为大圆融、大统一的盛唐审美文化的到来充当了理论先锋。

3 "合其两长"：
南北审美文化的合流

　　自西晋覆灭、皇室南渡之后，中国出现了南、北两朝。在中国古代，这种历史的、地理的南北分立，往往不仅构成地域政治的对峙，而且也导致了思想观念、文化性格、审美趣味等方面的分野。单就文学趣味而言，就称得上是判若两途。《隋书·文学传序》谈到南北词风时说："江左宫商发越，贵于清绮；河朔词义贞刚，重乎气质。气质则理胜其词，清绮则文过其意；理深者便于时用，文华者宜于咏歌，此其南北词人得失之大较也。"这称得上是对南北两朝审美文化之差异的绝妙概括。又赵翼在《廿二史札记》卷十五中说："六朝人虽以词藻相尚，然北朝治经者尚多。""北朝治经者尚多"这句话，点中了北朝审美文化趣尚的思想根源。它意味着，重伦理、尚形质、讲功用的汉代传统在南朝被突破了，而在北朝却延续了下来。当然魏晋之际的审美意识对北朝也有一定影响。正是在这样的历史背景下，北朝审美文化表现出这样的特征，一方面，它是"理胜其词"、"便于时用"的，即对艺术伦理内容和教化功用的强调远远超过了其对美的形式的追求；一方面它又是"词义贞刚"、"重乎气质"的，即在它这里，还可以看出建安以来重人格、重"文气"的审美风尚所留下的文化印迹。但是，当西晋的"缘情"思潮在南方兴盛之际，在北朝却被"治经"的语境窒息了。

　　不过，北朝这种尊古尚理、轻文重质、扬刚抑柔的审美趣尚，并没有贯彻到底。大约从北魏末至北齐始，随着孝文帝汉化政策的推行和落实，特别是随着南北之间使者往来、人员流动的不断增多，北朝渐次出现了向南朝审美趣尚看齐的倾向。同时，南朝许多人也注意到了北朝艺术的特色。这样一来，南北审美文化之间的相互交流、沟通与融合的情势就形成了。《隋书·文学传序》中说："暨永明、天监之际，太和、天保之间，洛阳、江左，文雅尤胜。"这种南北审美文化共同繁荣的局面，与相互之间的交流融会是分不开的。《隋书·文学传序》对此指出："若能掇彼清音，简兹累句，各去所短，合其两长，则文质彬彬，尽善尽美矣。"这个"合其两长"说似乎表达的只是一种期待，但实际上它并不仅仅是一种期待，而是已经在现实运行着的一种审美文化进程，一种历史的客观趋势了。

"南北称美"的文学形态

南北审美文化之间的交流与融汇，在文学领域表现得尤为突出。当然，整个北朝时期从事文学活动的人并不算多，而特别出色的就更少了，无法与南朝相比。只是从北魏末至北齐以来，才开始出现了一些比较著名的文人，如史称"北地三才"的温子昇、邢邵、魏收，还有历仕北齐、北周和隋朝的卢思道、薛道衡以及后来由南入北的庾信、王褒等。这些文人之所以成为北朝文人中的佼佼者，就是因为他们是南北审美文化交流融合的产物。

一个需要肯定的事实是，北朝文人的创作是在热烈向往并有意模仿南朝文学的情势下进行的。因为无论怎么说，南朝文学在当时来说是创新的、进步的，所以倾慕、追随、模仿南朝文学便成为北朝文人的普遍意向。如北魏名声很大的温子昇，时人称之为"足以陵颜（延之）轹谢（灵运），含任（昉）吐沈（约）"（《北史·温子昇传》）。这话固然是为赞美温子昇而发，然其向南方看齐，以南人作品为诗美标准的事实也是显而易见的。北齐的邢邵、魏收，也是一个追步沈约，一个模仿任昉。《北齐书·魏收传》中说："任（昉）、沈（约）俱有重名，邢（邵）、魏（收）各有所好。"邢邵的诗《思公子》，就很像南朝文人那种从乐府民歌中脱化出来的五言绝句："绮罗日减带，桃李无颜色。思君君未归，归来岂相识。"魏收的诗也多模仿南方风格，其《挟瑟歌》堪为代表："春风宛转入曲房，兼送小苑百花香。白马金鞍去未返，红妆玉箸下成行。"从这些诗里，已几乎看不到北国诗作的豪迈质朴了。

北朝后期，庾信、王褒等人由南朝入驻北周，更进一步成为北人推崇和效法的对象。当时滕王宇文逌为庾信作序，称道他在时人中的地位是："才子词人，莫不师教；王公名贵，尽为虚襟。"这并非夸张，实为真情。我们知道，庾信同其父庾肩吾一样，也是南朝梁宫体诗的重要诗人。他在任萧纲的东宫抄撰学士期间，曾奉和萧纲，写了一些绮艳丽靡的"宫体"作品，与徐陵同为宫廷文学的代表，时称"徐庾体"。兹举其《看妓》一首为例："绿珠歌扇薄，飞燕舞衫长。琴曲随流水，箫声逐凤凰。膺风蝉鬓乱，映日凤钗光。悬知曲不误，无事顾周郎。"此诗婉转细致，艳丽柔媚，声律讲究，对仗工巧，说明庾信的诗歌艺术技巧已相当精熟。也正是在这点上，他赢得了北人的广泛追慕和推崇。

然而，庾信的意义并不限于为北朝带去了一种新异精巧的诗歌艺术手法，一种来自南国的柔媚型审美文化趣味，更重要的是，他还直接带去了南朝文人对于北方文化的关注与兴致，带去了将南北审美文化真正融汇起来的现实契机和可能。其实，在庾信之前，南方文人已对北朝作家的文学活动颇为注意和备加赞赏了。如《北史·邢邵传》说："于时与梁和，妙简聘使。邵与魏收及从子子明被征入朝。"（可邢邵到头来并没被作为聘使派往南朝）南人曾问宾司："邢子才故应是北间第一才士，何为不作聘使？"这说明邢邵在南方是很有点名气的。又《北史·魏收传》说："（魏）收兼通直散骑常侍，副王昕聘梁。昕风流文辩，收辞藻富逸，梁主及其群臣咸加敬异。"这是说魏收的文才在梁大受欢迎的事情。庾信也是如此，他对北人作品不仅熟悉，而且颇为欣赏。《酉阳杂俎》中就记载了庾信接待东魏使者时说的一番话：

> 我江南才士，今日亦无举世所推。如温子昇独擅邺下，尝见其词笔，亦足称是远名。近得魏收数卷碑，制作富逸，特是高才也。

这些话虽不乏自谦，但对温子昇、魏收的称誉也不能说不是真诚的。当然，北朝这些人的文学创作，多是模仿的南方趣尚，所以说他们完全代表北方文学风格并不切实。但他们又毕竟是北方人，骨子里终究脱不掉北国的气质。因此其模拟南人的作品中仍含有一定的质朴刚健之气。如温子昇的《凉州乐歌》（之一）："远游武威都，遥望姑臧城。车马相交错，歌吹日纵横。"诗中那种北方诗歌特有的苍凉宏阔、沉郁雄健之意味是非常浓厚的。再如魏收的《后园宴乐诗》："束马轻燕外，猎雉陋秦中。朝车转夜毂，仁旗指旦风。式宴临平圃，展卫写屠穹。积崖疑造化，道水逼神功。树静归烟合，帘疏返照通。一逢尧舜日，未假北山丛。"像这类歌舞饮宴之作，一般会写得比较甜腻软媚，但此诗却在摹习南人作品之宛静骈俪的表象下面，蕴涵着一种古战场的苍茫武威气象，亦非一般南国文人所能写出。

所以，庾信称赏温子昇、魏收等北方文人的作品，似乎也不完全是因为这些作品符合了南方的趣味，其中或许就包含着对北人作品特有气概的某种景慕和赞美在内。这一点，从庾信到北方后的写作中大约可以证实。

梁元帝承圣三年（554），庾信奉命出使西魏来到长安。由于梁都江陵被西魏攻陷，庾信也被强留长安，历仕西魏、北周。在这期间，他的写作在内容上不再局限于歌舞绮罗的宫廷生活，而将视野投向广阔的历史和现实，投向动荡离乱的社会生活，并着重表现自己惭仕北朝、怀念故国的身世感慨和内心痛苦，这使其作品逐渐改变了原来绮艳轻靡的文风，而转为一种萧瑟苍凉、深沉悲郁的审美格调。他模拟阮籍所作的《拟咏怀》

二十七首, 便是这类诗的代表。兹举二首:

> 萧条亭障远, 凄惨风尘多。关门临白狄, 城影入黄河。秋风别苏武, 寒水送荆轲。谁言气盖世, 晨起帐中歌。

> 寻思万户侯, 中夜忽然愁。琴声遍屋里, 书卷满床头。虽言梦蝴蝶, 定自非庄周。残月如初月, 新秋似旧秋。露泣连珠下, 萤飘碎火流。乐天乃知命, 何时能不忧。

这两首皆写故国之思, 离乡之愁, 只是角度有异。前一首采用隐晦手法, 化用史实典故, 抒写自己羁留难归的悲凉之情。诗中连用李陵、苏武、荆轲、项羽等掌故, 真切表述了他屈仕异国、一去不返的无奈处境。后一首则感叹自己虽饱读诗书, 满腹经纶, 却空怀壮志, 无益于国。想学学庄子的潇洒, 可又觉得自己并非庄子, 于是备感忧愁哀伤。庾信其他诗歌的意旨跟这两首基本上差不多, 其所表现的情感大都真切而深沉, 悲郁而凝重, 具有很强的感染力。在艺术上, 庾信的作品也已达很高水平。诸如各种修辞技巧, 特别是声律、对偶、用典等手段的运用, 皆臻于精熟, 初步具有了唐代格律诗的模样。清人刘熙载说:"庾子山《燕歌行》开唐初七古,《乌夜啼》开唐七律。其他体为唐五绝、五律、五排所本者, 尤不可胜举。"(《艺概·诗概》)

这都说明, 庾信的诗歌无论在题旨、意境、格律、形式等方面, 都达到了一个新的历史高度。它的突出特色, 就是将南诗精巧纯熟的艺术技巧和北国浓郁沉重的乡愁体验密切融汇在了一起, 将南朝诗歌的细腻婉丽和北地民歌的朴质刚健完美地结合在了一起。这种融汇和结合, 实际上就开创了一种新的诗歌形态, 一种新的审美文化范型。从诗学的意义上看, 庾信的诗称得上"为梁之冠绝, 启唐之先鞭"; 而从更深远的视野说, 这种综合型的诗体的出现, 也为南、北方文学风格和艺术趣尚实现"合其两长", 进而为古代审美文化走向圆融成熟树立了一座里程碑。

"令如帝身": 雕塑艺术的嬗变轨迹

这一阶段, 能够集中体现着南北审美文化之合流趋势的, 除了文学 (特别是诗歌) 以外, 大概就是雕塑艺术了。

在中国雕塑的发展中, 如果说秦汉时代的丧葬雕塑特别发达的话, 那么, 魏晋南北朝时期的佛教雕塑则可谓兴盛繁荣, 佛教雕塑大约占了这一时代雕塑总量的90%以上, 其数量之多令人惊叹。

魏晋南北朝时期的佛教雕塑艺术又以北朝石窟艺术为代表。自晋室南渡, 南、北分立之后, 中国造型艺术也有了南北的差异, 南朝多画卷, 北朝多石窟。就佛教艺术说, 南朝行象多、摩崖多、铜像多, 而北朝石窟多、造像碑多、石像多。为什么会出现这种情形呢? 一个明显的缘由是, 佛教从兴盛那天起, 就在南、北之间显出了不同的演变趋向。一般而言, 在南方, 佛教偏于在理论上发展, 因而重佛学义理, 重玄谈思辨, 重般若智慧, 重真如本体的体悟; 而在北方, 佛教则偏于在实践上发展, 因而重宗教行为, 重坐禅造像, 重信仰修行, 重功德佛事的建树。于是, 同南方比起来, 北朝佛教寺院的建造就无论在数量、规模, 还是在成就上, 都居于绝对优势。与此相应, 石窟雕塑艺术也主要集中在北方广袤的土地上, 成为北朝审美文化之灿烂辉煌的历史见证。仅就最著名的说, 这一时期, 有新疆拜城克孜尔石窟、甘肃敦煌莫高窟、甘肃永靖炳灵寺石窟、甘肃天水麦积山石窟、山西大同云冈石窟、河南洛阳龙门石窟、河南巩县石窟、河北邯郸南北响堂山石窟、山西太原天龙山石窟等。这些石窟, 大都在北魏时就已初具规模。可以说, 石窟雕塑艺术的故乡在北方。

不过, 北朝石窟雕塑的发展不是孤立的, 而是在逐步为华夏文化所改造和同化的过程中, 尤受到南方趣味的不断冲击和影响。这种影响自北魏改制后日趋明显, 而到北齐、北周时即已见出南北融合的端倪。所以从这个意义上说, 北朝石窟艺术的发展, 既是中外文化相交流、相结合的产物, 也是南、北审美文化之间相渗透、相融汇的过程。而从文化的深层内涵讲, 这一南北之间的互相渗透与融合, 也是佛教雕塑艺术逐渐趋于民族化、世俗化的过程。

北朝石窟雕塑艺术的发展大致经历了三个阶段。

第一阶段是北魏太和改制 (约490) 之前。这个阶段石窟雕塑的造像特点, 基本是汉代雕塑与印度犍陀罗人模样的结合。我们知道, 佛教石窟是随着佛教, 经由新疆, 沿着丝绸之路传入中国、进入内地的。据甘肃敦煌武周圣历之年 (698) 的《李君修佛龛碑》记载, 前秦建元二年 (366), 乐僔和尚在敦煌开凿洞窟。这是目前所知中国开凿石窟年代最早的记载。而甘肃炳灵寺169石窟北壁上所写 "建弘元年 (420) 岁在玄枵三月廿四日造" ("建弘" 是西秦乞伏炽磐年号), 则是目前中国已知最早也最明确的石窟内纪年题记。从现存实物遗迹看, 大约自东晋十六国开始, 佛教造像才真正迎来了兴盛期。

作为一种 "舶来品", 石窟雕塑的形象最初带有明显的外来风格, 如河北石家庄十六国时期金铜佛坐像 (图5–5), 高肉髻, 隆鼻深目, 大耳垂肩, 上唇画有胡须, 一副西域人模样, 为早期典型作品。当然, 佛教造像在传入过程中也不完全是照搬异域模式, 而是从一开始就融入了本国、本地区, 特别是古代龟兹地方民族和中原地区的人像特征。其典型表现是: 大都躯体健壮, 朴拙敦厚, 面相丰满, 鼻梁高隆, 直通额际, 即所谓

图5-5 金铜佛坐像(十六国时期)

"通天鼻"者;眉长眼鼓而唇薄,耳翼、耳垂宽大,着袒右肩或通肩大衣,衣褶稠密,薄衣贴体有如"曹衣出水"等等,其形象有明显的"胡相"特征。然而也不完全是"胡相"。比如其脸型体态大都作圆胖状,和悦状,显然保存着汉晋陶俑淳朴天真的神情特色。总起来看,这一阶段的佛教雕像以敦煌某些洞窟和大同云冈的昙曜五窟为代表(图5-6)。这些主佛雕像多是高大硕壮,宽圆雄伟。云冈昙曜五窟的19号窟,主佛高17米,最矮的16号窟的释迦接引佛本尊像也高达13.5米,真可谓"雕饰奇伟,冠于一世"(《魏书·释老志》)。正如范文澜所说的,这些"大佛像高大雄伟,显示出举世独尊,无可比拟的气概"(《中国通史》第二册第654页,人民出版社,1978年版)。鲁迅先生甚至将"云冈的丈八佛像"与万里长城相提并论,把它们看做是"耸立在风沙中的大建筑","坚固而伟大"的艺术。当然,不光形体高大雄伟,这些佛的表情也是端庄而肃穆,和平而威严的,既表明着佛的伟大,又象征着帝王的至尊。从审美形态上看,这些主佛造型的内在精神之力不很显著,往往为外在的壮伟形貌所替代,这显然与汉代偏于感性形象之壮美的理想范式更为接近一些。

第二阶段,是北魏太和改制,特别在其迁都洛阳以后,佛教雕塑艺术普遍向南朝的"秀骨清相"造型靠拢。如前所述,由于玄风的影响,自东晋顾恺之起,南方造型艺术便以"秀骨清相"作为一种主导性的人物美模式。佛像造型自然也不例外。如宋元嘉十四年(437)韩谦造金铜佛坐像(图5-7),高29.2厘米,表情恬静含蓄,衣纹流畅规整,显得优雅典丽、圆润柔美,可谓"秀骨清相"之典范。大约同时或稍后的北朝,随着汉化程度的不断深入,其佛教雕塑造型也将"秀骨清相"作为流行趣尚。当然向"秀骨清相"的这种靠拢也有一个过程。比如麦积山石窟第23号窟正壁北魏主佛(图5-8),就既作高肉髻,长方睑,额宽鬓薄,眼睑稍长,高鼻深目,同时又细颈削肩,形象秀美,小嘴薄唇且呈弧线上翘,微含笑意;其造型在浑厚雄健的基础上,已向比例适中俊秀洒脱风格演变,从而显示出了由异域向本土的过渡痕迹。

佛教雕塑这种本土化的完成,最初即集中表现为向南朝"秀骨清相"之人物美范式看齐,其典型标志是:衣饰上,宽大飘逸的褒衣博带代替了轻纱透体的衣着,圆润俊秀、表情生动的人物造型代替了隆鼻深目、表情僵直的早期雕像。就敦煌佛雕来说,

"面貌清瘦，眉目疏朗，眼小唇薄，身体扁平，脖颈细长的形象蔚然成风"。这些形象的穿着也多是"大冠高履，褒衣博带，西域式菩萨变成了南朝士大夫形象"（《敦煌彩塑》第3页）。山西云冈石窟的雕像早期虽以高大雄伟著名，但从北魏后期始，它便发生了变化，佛和菩萨不仅都演变成了中国化、世俗化的人物造型，而且其审美样态也有点南方士人化。如第29窟东壁的一小龛内，有一说法式的坐佛（图5-9），面容和蔼作浅笑状，神情亲切婉柔，富于人情味，造型接近"秀骨清相"式。这一变化在河南洛阳龙门石窟更是明显。这里的主佛最高的不过8.4米，比云冈主佛要矮小得多。不仅是身高体形的由大变小，而且在穿着和表情上，也由威严变得温和，由肃穆变得满面微笑。面相由过去的圆胖型变为以清癯见长，神态恬淡超然。穿着与上述敦煌相同，也是褒衣博带，（菩萨）头戴宝冠，长裙曳地，显得洒脱风流。龙门石窟总的审美倾向就是由高大雄伟的造型转为秀丽淳厚的风格。如宾阳中洞西壁的主佛像，两肩窄削，胸平脖细，身着褒衣博带式袈裟，面相清癯秀美，温和可亲，为北魏龙门造像的典型特点。范文澜对此有很精彩的描述，他说："龙门石窟比云冈诸窟，表现出更多的中国艺术形式。大佛姿态也由云冈的雄健可畏变为龙门的温和可亲。以宾阳中洞主佛为代表的佛像（图5-10），清癯面上含着微笑，仿佛想要人和它亲近。"（《中国通史》第二册第656页）这意味着，第二阶段的佛像造型，已有脱离汉代传统和西域之风，向两个互相联系的方向转化而去的趋势。一个方向就是逐渐地中国化、民族化、世俗化。佛像那种一改威严肃穆，而为"清癯面上含着微笑"，仿佛要跟人亲近的样子，即为其典型表征。它说明佛像的神性开始慢慢淡出，而让人感到亲切的人性则逐步降临了。北魏文成帝曾"诏有司为石像，令如帝身。既成，额上足下，各有黑石，冥同帝体上下黑子"（《魏书·释老志》）。这里的"令如帝身"，已经到了连皇帝脸上、脚上的黑痣都依样画葫芦的地步，其人间化、世俗化倾向何其明朗！中国文化的非宗教性，亦即世俗性的一面显露出来；另一个方向便是向南朝的审美趣尚归拢的趋势。佛像一改高大雄伟之态，而为"秀骨清相"之姿，这无疑是南北审美文化之间交流和融汇的成果。它不仅驱走了佛像神性的疏远冷漠，还它以人间士人的可亲形象，而且也使佛像的造型从偏于感性的雄大壮美转向人格的清雅优美。

　　第三阶段，大体是北齐、北周时代。这阶段的基本审美特点是，不论是佛还是菩萨，其面相、体形均由瘦长型向丰圆型转换。比如山东青州出土的北齐石刻佛像，就明显表现出这种转换趋势（图5-11）。身形还是一种瘦长状、清秀状，但脸型面相却开始渐趋丰颐。不过这丰圆型跟第一阶段的圆胖又有不同，是圆而微长，丰而不胖。在身量体态上，还显出逐渐增高加大的趋势。河南巩县东魏、北齐时开凿的两个窟，多有礼佛图。礼佛人躯干高大，体态华贵。上海博物馆所藏北齐时的释迦像（图5-12），造型圆和略

图5-12 北齐释迦像（上海博物馆藏）

胖，双目微合，眼光下敛，唇角微露笑意，圆肩，体态优雅，表情生动，既不再是早期的质朴，也不再是北魏后的清秀，而是气度雍容，神态自若，充满明澈、智慧、慈祥的光采。甘肃麦积山石窟第60号龛正壁北周时期的释迦牟尼造像（图5-13），头作低平肉髻，面形方中显圆，晶莹如玉，耳大厚软，鼻直唇弯，眼睑轻合，神情安详，作凝思遐想状；既有释迦牟尼那种超尘绝世深不可测的神秘感，又有世间中人端庄闲雅温和慈祥的亲切感，既表现了人们所向往的佛国理想，也体现出了浓厚的人间情调和世俗趣味。敦煌290窟北周建造的彩塑菩萨（图5-14），也一改以往的清秀颀长之相和风流潇洒之态，变得方阔丰满，慈祥庄重，笑容矜持，雍华大度了。南朝士人或淑女的形象开始淡化，而表现更突出的则是贵妇人那种华丽圆韵、温柔闲和之风采。总之，在第三阶段里，北朝佛教雕塑愈加表现出了日益世俗化、民族化、富丽化、壮美化的审美趋势。

第三阶段的这种变化有些向第一阶段复归的意思，但显然不是简单的重复，而是又将第二阶段的特点融合了起来，从而使得此阶段佛教雕塑艺术呈现出神性与人性、威严与慈祥、壮大与婉柔、崇高与平和、高雅与世俗等等融合汇流的趋势。这一演化趋势，既可以说是南、北审美文化的一种融汇，也可认为是汉晋传统与南朝新变的一种综合。正是这种审美文化在雕塑领域里纵横交错的有机融合，才使得佛像造型有了愈加中国化、民族化、和谐化的发展。它们是神，但更像世俗等级社会中的人，如慈祥而不失威严的佛与菩萨，狞恶而不恐怖的力士，和悦温顺的弟子等，都不过是某些现实人格的类型化反映。它们让人在感受到某种人情味、亲切感的同时，又有强烈的敬畏感和仰拜感。当然，这一阶段的佛像雕塑还不太圆熟，还带有某种呆板、凝滞、朴重的痕迹，但重要的是，它们已经初步显露了唐代佛雕的基本风貌。这表明北齐、北周的佛雕艺术已在融合古今、南北审美文化趣味的基础上，开始向唐代石窟雕塑艺术过渡了。

要之，中国审美文化在北朝后期所呈现出来的南北、古今融汇综合的过程，一如它在南朝后期发生的同样的过程，意义重大而深远。这在形式上似乎走了一个圆圈，好像是秦汉之际南北文化大交融的重演和复归，但实质上却是中国审美文化的一种螺旋形上升，是向一个更高历史阶段的飞跃。它所构成的南北、古今审美文化大综合、大统一的趋势，为盛唐审美文化之真正圆熟境界的到来，做好了充分的历史铺垫和准备。